Paul Halpern
保羅·哈朋——著
吳那——譯

EINSTEIN'S DICE AND SCHRÖDINGER'S CAT

How Two Great Minds Battled Quantum Randomness
to Create a Unified Theory of Physics

愛因斯坦的骰子與薛丁格的貓

友誼、競逐與背叛，

兩位偉大物理學家為統合自然的不懈努力，
如何引領對萬有理論的終極追求

科普漫遊 FQ1089

愛因斯坦的骰子與薛丁格的貓

友誼、競逐與背叛，兩位偉大物理學家為統合自然的不懈努力，如何引領對萬有理論的終極追求

Einstein's Dice and Schrödinger's Cat: How Two Great Minds Battled Quantum Randomness to Create a Unified Theory of Physics

作　　者　保羅・哈朋（Paul Halpern）
譯　　者　吳那
責任編輯　黃家鴻
封面設計　廖韡
排　　版　陳瑜安
行　　銷　陳彩玉、林詩玟
業　　務　李再星、李振東、林佩瑜

發 行 人　何飛鵬
事業群總經理　謝至平
編輯總監　劉麗真
副總編輯　陳雨柔
出　　版　臉譜出版
城邦文化事業股份有限公司
台北市南港區昆陽街 16 號 4 樓
電話：886-2-25000888　傳真：886-2-25001951
發　　行　英屬蓋曼群島商家庭傳媒股份有限公司城邦分公司
台北市南港區昆陽街 16 號 8 樓
客服專線：02-25007718；25007719
24 小時傳真專線：02-25001990；25001991
服務時間：週一至週五上午 09:30-12:00；下午 13:30-17:00
劃撥帳號：19863813 戶名：書虫股份有限公司
讀者服務信箱：service@readingclub.com.tw
城邦網址：http://www.cite.com.tw
香港發行所　城邦（香港）出版集團有限公司
香港九龍土瓜灣土瓜灣道 86 號順聯工業大廈 6 樓 A 室
電話：852-25086231　傳真：852-25789337
電子信箱：hkcite@biznetvigator.com
新馬發行所　城邦（新、馬）出版集團
Cite（M）Sdn. Bhd.（458372U）
41, Jalan Radin Anum,
Bandar Baru Seri Petaling,
57000 Kuala Lumpur, Malaysia.
電話：+6(03) 90563833
傳真：+6(03) 90576622
電子信箱：services@cite.my

一版一刷　2025 年 5 月

ISBN 978-626-315-635-7（紙本書）
978-626-315-634-0（EPUB）

售價：NT 520 元

國家圖書館出版品預行編目資料

愛因斯坦的骰子與薛丁格的貓：友誼、競逐與背叛，兩位偉大物理學家為統合自然的不懈努力，如何引領對萬有理論的終極追求／保羅・哈朋（Paul Halpern）著；吳那譯 . -- 一版 . -- 臺北市：臉譜出版，城邦文化事業股份有限公司出版：英屬蓋曼群島商家庭傳媒股份有限公司城邦分公司發行，2025.05
面；　公分 .（科普漫遊；FQ1089）
譯自：Einstein's dice and Schrödinger's cat: how two great minds battled quantum randomness to create a unified theory of physics
ISBN 978-626-315-635-7（平裝）

1. CST: 愛因斯坦 (Einstein, Albert, 1879-1955)
2. CST: 薛丁格 (Schrödinger, Erwin, 1887-1961)
3. CST: 量子力學 4.CST: 混沌理論

331.3　　114003225

獻給我已故的博士班指導教授馬克斯・德雷斯登（Max Dresden）

他對二十世紀物理學史的熱情格外鼓舞人心

那麼，我究竟是誰呢？（這個問題是普遍性的，這裡的「我」並不僅僅指當下的作者。）我是上帝的形象，被賦予了思考的能力，以試圖理解祂的世界。不管我對此的嘗試有多麼天真，我仍須重視它，更甚於為了發明某種裝置而仔細研究自然……比方說，為了在吃葡萄柚時避免汁液噴上眼鏡，或者為了生活中其他的便利事物。

——艾爾溫・薛丁格，〈新場論〉（The New Field Theory）

目次

序章　亦友亦敵

這是兩位傑出物理學家的故事，講述一九四七年粉碎了他們數十年友誼的媒體論戰，也講述了科學合作與科學發現的脆弱本質。

當兩位科學家彼此對立時，他們均是諾貝爾獎得主，邁入中年，顯然過了研究生涯的巔峰期。然而，大多數國際媒體卻講述了一個截然不同的故事，這個故事有著熟悉的敘事基調：老練的戰士頑強對抗渴望從他手中奪得獎盃的後起之秀——享譽盛名的阿爾伯特．愛因斯坦（Albert Einstein）每項研究結果均為媒體所報導，相對而言，只有少數人熟悉奧地利物理學家艾爾溫．薛丁格（Erwin Schrödinger）的研究工作。

當時，關注愛因斯坦研究生涯的人皆了然，他已花費數十載工夫研究統一場論（unified field theory）。他希望延續十九世紀英國物理學家馬克士威（James Clerk Maxwell）的工作，用一組簡單的方程式將自然界的力統合起來。馬克士威解釋了電和磁本是一體，將它們統稱為電磁場（electromagnetic fields），並發現它們實為光波；愛因斯坦的廣義相對論則將重力描述為時空的彎曲。廣義相對論得到證實，已使他聲名大噪，他卻不願止步於此，他的夢想是將馬克士威的理論納入廣義相對論中，將電磁力與重力統合起來。

在此之前，愛因斯坦每隔幾年就會發表一個統一理論，並引起轟動。但這些理論最終都悄然逝去，並被新的理論取代。自一九二〇年代末起，他將一部分研究重心放在建構一個確定性的物理體系，以取代由波耳（Niels Bohr）、海森堡（Werner Heisenberg）、玻恩（Max Born）等人發展出的、機率性的量子理論。愛因斯坦雖然承認量子理論有力解釋實驗結果，但他認為此一理論並不完整。他以「理想的機械觀世界應如何造物」來思考這個問題，並言之鑿鑿：「上帝不會擲骰子。」——所謂「上帝」是指十七世紀荷蘭哲學家史賓諾莎（Baruch Spinoza）所描述的神，象徵自然秩序的最理想狀態。史賓諾莎認為，上帝（即自然）是不變且永恆的，不容許任何偶然性存在。由於贊同史賓諾莎的觀點，愛因斯坦追尋主宰自然機制的不變法則——他下定決心要證明世界是確定性的。

薛丁格與愛因斯坦一樣鄙夷正統的量子力學詮釋，並自然地將他視為合作者。那時是一九四〇年代，納粹併吞奧地利後，薛丁格流亡到愛爾蘭。愛因斯坦同樣視薛丁格為志同道合的夥伴。在兩人分享如何統合自然力的想法後，薛丁格卻突然逕行發表成果——這引起了轟動，也在二人之間劃開了一道裂痕。

你或許聽過「薛丁格的貓」——這個他最為大眾所知、有關於貓的思想實驗。但在論戰發生之時，物理圈外鮮少有人聽說過這個關於貓的悖論，更遑論薛丁格本人。據媒體所述，他不過是一個雄心勃勃的科學家，落腳於都柏林，並可能對老練的戰士作出致命一擊。

率先報導的是《愛爾蘭日報》（*The Irish Press*），國際社群因此得知了由薛丁格發起的挑戰。薛丁格提供了一份詳盡的新聞稿，描述了他那可解釋一切的新「萬有理論」，並大言不慚地將自己的發現與希臘哲學家德謨克利特（Democritus，「原子」〔atom〕一詞的創造者）、羅馬詩人陸克瑞提烏斯（Titus Lucretius Carus）、法國哲學家笛卡兒（René Descartes）、史賓諾莎以及愛因斯坦的成就相提並論。「科學家宣傳自己的發現並不是很得體的事情，」薛丁格寫道，「但既然媒體希望如此，我便順從他們。」[1]

《紐約時報》（*The New York Times*）則將薛丁格的發表定性為「非主流研究者的神祕方法」大戰「缺乏進展的既有理論」。該報導稱：「我們無法得知薛丁格的理論是如何發展的。」[2]

頃刻之間，似乎一位名不見經傳的維也納物理學家擊敗了偉大的愛因斯坦，找到了解釋宇宙萬有的理論。對此感到不解的讀者或許會想，應該是時候去更深入地認識薛丁格了。

恐怖的悖論

如今，大多數人聽到薛丁格時，腦海中浮現的是貓、箱子和一個悖論。這個著名的思想實驗被認為是科學史上最恐怖的實驗之一，於薛丁格一九三五年的論文〈量子力學的現狀〉（The Present Situation in Quantum Mechanics）中提出。人們第一次知道這個實驗時肯定會倒抽一口氣，但隨即便會放下心來——因為他們想到這只是一個假想實驗，應該從未在真實的貓上施行過。

這篇論文旨在探討量子糾纏（entanglement）可能導致的結果。「糾纏」（這個術語由薛丁格所創造）是指用單一的量子態（quantum state）描述兩個或多個粒子的狀態，因此，若其中一個粒子有任何變化，其他粒子便會立即受到影響。

「薛丁格的貓」悖論將量子物理學可能導致的後果推至極限（其部分靈感源於與愛

因斯坦的對話），因為它要求我們想像一隻貓的命運繫於粒子的量子態：貓被放置在一個箱子裡，裡面還放有放射性物質、蓋革計數器和一瓶密封的毒藥。接著，箱子被關上，倒數計時開始——計時器被設定為放射性物質的半衰期。當計時器響起時，放射物有百分之五十的機率衰變並釋放粒子。研究人員設好裝置，如果蓋革計數器檢測到任何衰變粒子，瓶子將會被打破，釋出毒藥並將貓殺死；但若放射物沒有衰變，貓就能倖免於難。

薛丁格指出，根據量子測量理論，在箱子打開之前，貓的狀態（死亡或存活）會與蓋革計數器的讀數狀態（衰變或未衰變）糾纏在一起。因此，在計時器響起之前，貓會處於「生存態」與「死亡態」的量子疊加（quantum superposition）——既死又生，宛如殭屍一般。當研究人員打開箱子時，貓和計數器的量子狀態才會「塌縮」（collapse，指濃縮）成其中的一種可能狀態。

從一九三〇年代末到一九六〇年代初期，除了偶爾作為課堂趣聞，這個思想實驗鮮少被人提及。哥倫比亞大學教授及諾貝爾獎得主李政道用這個故事向學生解釋量子塌縮的奇怪本質。[3] 一九六三年，普林斯頓大學物理學家維格納（Eugene Wigner）在一篇關於量子測量的文章中提到了這個思想實驗，並將其延伸為現在被稱為「維格納的友人」

（Wigner's friend）的悖論。

哈佛大學著名哲學家帕特南（Hilary Putnam）是物理學界外率先分析和討論薛丁格思想實驗的學者之一（他從物理學同事那裡得知這個悖論）。[4]他在一九六五年的經典論文〈哲學家看量子力學〉（A Philosopher Looks at Quantum Mechanics）中描述了它可能帶來的影響，該論文被收錄在書籍中出版。同年，《科學人》（*Scientific American*）雜誌的書評提到這篇論文，使得「薛丁格的貓」這一術語走入科普領域。而後幾十年間，薛丁格的貓作為模糊性的象徵，滲入大眾文化，並出現在故事、文章和詩歌中。

現在，儘管大眾對貓悖論已相當熟悉，但發展出這一悖論的這位物理學家在其他方面仍沒沒無聞。愛因斯坦自一九二〇年代起便一直是大眾偶像、更是卓越科學家的象徵。然而，薛丁格的生平故事幾乎不為人知。說來諷刺，因為「薛丁格的」這個形容詞——意指一種混沌的存在——恐怕格外適用於他身上。

集矛盾於一身的人

薛丁格的貓所代表的曖昧性完美反映了其創造者矛盾的人生。這位戴著眼鏡的書生教授一生都處於各種對立觀點的量子疊加，他陰陽共存的本質始於年少時期的雙語教養——他從不同的家人身上學會了德語和英語。雖然與多個國家密切相關，但是他對祖國奧地利的熱愛至高無上；他對民族主義和國際主義均無甚好感，更偏好於完全避開政治議題。

他喜歡新鮮空氣，也喜歡運動，但他的煙斗無處不在，並常常讓別人淹沒在二手煙中；在正式會議上，他穿得像個背包客；他自稱是無神論者，卻會談論神聖的動機；在某段時期，他與妻子以及為他誕下長女的女性同居；他的博士論文結合了實驗和理論物理；在職業生涯初期，他曾短暫考慮轉向哲學，但後來又回到科學領域；接著，他遊走於奧地利、德國和瑞士的多所機構之間，反覆無定。

曾與他共事過的物理學家提林（Walter Thirring）形容道：「他彷彿總是被追趕著——從一個問題到另一個問題，被他的天才追趕著；從一個國家到另一個國家，被二十世紀的政治勢力追趕著。他是一個充滿矛盾的人。」[5]

在他的職業生涯中，薛丁格一度強烈反對因果論，並支持純粹的機率觀。幾年後，在發展出確定性的薛丁格方程式之後，他又有了不同的看法。他論述道，或許因果律終究還是存在的。再後來，物理學家玻恩以機率論重新詮釋了他的方程式。在與玻恩的詮釋爭辯過後，他開始再次傾向於機率觀。晚年時，他的哲學輪盤又重新指回因果論。

一九三三年，納粹黨上台，薛丁格英勇地放棄了他在柏林人人稱羨的職位，在自願請辭的非猶太裔物理學家中，他可謂最為知名。在牛津工作一陣子後，他決定搬回奧地利，並出任格拉茲大學（University of Graz）的教授。奇怪的是，當奧地利被納粹德國併吞後，薛丁格試圖與政府達成協議以保住工作。在一份公開自白中，他為自己早先的反對道歉，並宣誓對征服者盡忠。儘管他這般討好，最終還是不得不離開奧地利，前往新成立的都柏林高等研究院（Dublin Institute for Advanced Studies）擔任重要職位。一旦到了中立之地，他又宣布收回之前那份自暴自棄的自白。

「希特勒在德國掌權後，薛丁格展現出令人印象深刻的公民勇氣，並且……放棄了德國最著名的物理學教授職位，」提林指出，「當納粹黨逮到他時，他被迫可悲地向恐怖政權投誠。」[6]

對抗量子論的戰友

愛因斯坦是薛丁格在柏林時期的同事兼摯友，從那時起便一直支持薛丁格，並且樂於與他通信，談論他們在物理學和哲學上的共同興趣。他們並肩對抗共同的敵人：全然的隨機性，因為那代表了自然秩序的反面。

他們都不容曖昧或主觀參雜進對宇宙的基本描述中。他們深受史賓諾莎與叔本華（Arthur Schopenhauer）的著作影響，後者認為統合律是意志的力量，並連結自然界的一切。儘管他們均是促進量子力學發展的重要推手，然而他們都認為這一理論是不完整的。雖然承認量子力學能成功解釋實驗結果，但他們相信更深入的理論研究將證實現實是不變且客觀的。

他們的同盟因玻恩重新詮釋薛丁格的波動方程式而鞏固。最初，薛丁格方程式的構想是以物質波（matter waves）的形式模擬（實際存在的）原子內外電子的連續行為。如同馬克士威構建了描述光作為電磁波在空間中傳播的確定性方程式，薛丁格希望創造一個方程式，詳細描述物質波的穩態流動，以此全面解釋電子的所有物理性質。

玻恩打破了薛丁格描述中的確定性，將物質波替換為機率波。如此物理量無法被直接求出，需要對機率波的值進行數學運算才能得出。這麼做使得薛丁格方程式與海森堡的不確定性觀念一致。海森堡認為，某些共軛（pairs）物理量——如位置和動量（質量乘以速度）——不能被同時精確地測量。他在著名的測不準原理（uncertainty principle）

中闡明這種量子的模糊性：研究人員越是精確地測量粒子的位置，就越不可能精確知道它的動量，反之亦然。

薛丁格批評海森堡－玻恩方法中的數學元素並不存在，因為他追求的是模擬實際的物質（如電子和其他粒子），而不僅僅是它們出現的機率。他同樣避而不談波耳的量子哲學——波耳稱之為「互補性」（complementarity）——即根據實驗者選擇的測量儀器，物質將顯示出波動性或粒子性。薛丁格認為自然理當是可預測的，不應是個無法捉摸的黑盒子，還附加黑箱操作。他如此反駁。

隨著玻恩、海森堡和波耳的理論在物理學界被廣泛接受，並合併成後來的「哥本哈根詮釋」（Copenhagen interpretation，或稱正統量子力學），愛因斯坦和薛丁格自然而然成為盟友。在晚年，他們二人都希望能發展出統一場論，以補齊量子力學的不足，並統合自然界的各種力。這樣的理論擴展廣義相對論的數學形式以納入所有自然界的力，只用幾何量來代換物質——這實現了畢達哥拉斯學派（Pythagoreans）的夢想，他們認為「萬物皆數」。

薛丁格理應感激愛因斯坦。愛因斯坦一九一三年的演講激發出他對探尋物理學基礎問題的興趣；愛因斯坦在一九二五年發表的一篇文章中引用了法國物理學家德布羅意

（Louis de Broglie）關於物質波的概念，啟發了薛丁格，進而發展出描述這種波的行為的方程式，這個方程式使薛丁格獲得了諾貝爾獎，而愛因斯坦正是提名者之一；愛因斯坦為他背書，支持他擔任柏林大學教授與普魯士科學院成員；愛因斯坦盛意邀請薛丁格到卡普特（Caputh）的避暑別墅作客，並在他們大量的書信往來中持續提供指導；愛因斯坦和他的助理波多爾斯基（Boris Podolsky）與羅森（Nathan Rosen）提出的EPR思想

晚年時期的愛因斯坦

Courtesy of the University of New Hampshire, Lotte Jacobi Collection, and the AIP Emilio Segre Visual Archives, donated by Gerald Holton.

實驗（旨在說明量子糾纏的曖昧性），以及愛因斯坦提議的有關火藥的量子悖論，都啟發了薛丁格的貓悖論；最後，薛丁格發展出的、有關如何統合基本力的想法是愛因斯坦提議的變形。這兩位理論物理學家經常通信，討論如何微調廣義相對論，使其數學形式更加靈活，以納入重力之外的其他力。

失敗結局的樣貌

一九四〇至五〇年代初，薛丁格在都柏林高等研究院擔任首席物理學家，該研究院直接仿效普林斯頓高等研究院建成，而愛因斯坦自一九三〇年代中期便在普林斯頓高等研究院擔任同樣的角色。愛爾蘭的媒體經常將他們二人相提並論，將薛丁格視為愛因斯坦在綠寶石島（Emerald Isle）①的化身。

薛丁格抓住任何能提到他與愛因斯坦關係的機會，甚至為達一己目的而透露他們私人書信的部分內容。例如，在一九四三年，愛因斯坦私下寫信給薛丁格，表示某種統一理論模型曾在一九二〇年代是他「希望的墳墓」，薛丁格利用這句話來彰顯自己在愛因斯坦的失敗之處上取得了成功。他在愛爾蘭皇家學院（Royal Irish Academy）公開宣讀了這封信，吹噓他靠著自己的計算「挖掘出」愛因斯坦的希望。這場演講被《愛爾蘭時報》（*The Irish Times*）報導，並以誤導性標題〈愛因斯坦向薛丁格致敬〉（Einstein Tribute to Schroedinger）總結。[7]

起初，愛因斯坦優雅地選擇忽略薛丁格的自誇。然而，媒體對薛丁格在一九四七年一月演講的報導愈發得寸進尺。在這場演講中，薛丁格宣稱自己在與萬有理論的搏鬥中取得了勝利，薛丁格對媒體大膽聲稱自己達成了愛因斯坦幾十年來一直無法實現的目標（發展出一個汰換廣義相對論的理論），以此挑釁愛因斯坦。

愛因斯坦作出了回應，他冷嘲熱諷的回覆反映出他對薛丁格自大言論的強烈不滿。在由他的助理史特勞斯（Ernst Straus）翻譯成英語的新聞稿中，他回應道：「薛丁格教授的最新嘗試……只能根據其數學性質來評判，而無法從『真理』以及與經驗事實是否一致的角度來評判。而單從數學角度來看，它也沒有特別的優勢，甚至與此相反。」[8]

這場爭論被各家報社報導，如《愛爾蘭日報》，其傳達了愛因斯坦的告誡，即「以任何形式向公眾呈現這些初步結果是不可取的，更甚者，營造一種彷彿你的發現是無庸

① 編案：愛爾蘭島的別稱。

置疑的形象，而這個發現還牽涉到物理上的事實」。[9]

幽默作家奧諾蘭（Brian O'Nolan）以筆名高帕林（Myles na gCopaleen）在《愛爾蘭時報》撰寫文章，激烈抨擊了愛因斯坦的回應，認為他自大且與現實脫節。「愛因斯坦對如何使用詞語、對詞語的意義了解多少？」他寫道，「我會說非常少……例如，他所謂的『真理』和『經驗事實』是什麼意思？他試圖在明智讀者的地盤上撒野，那並不教人欣賞。」[10]

這兩位一同對抗量子力學正統詮釋的老戰友從未預料到，他們會在國際媒體上兵戎相見。幾年前當他們開始就統一場論通信時分明沒有這種意圖，然而，薛丁格向愛爾蘭皇家學院發出的魯莽聲明，對熱切蒐集愛因斯坦相關新聞的記者來說顯然難以抗拒。

這場爭端也源於薛丁格需要取悅他在都柏林的東道主、愛爾蘭總理德瓦勒拉（Eamon de Valera）。德瓦勒拉此前親自安排了薛丁格前往都柏林的行程，並授予他在研究院的職位。德瓦勒拉對薛丁格的成就非常感興趣，希望他能為剛獨立的愛爾蘭共和國帶來榮耀。曾擔任數學教師的德瓦勒拉非常崇拜愛爾蘭數學家哈密頓（William Rowan Hamilton），一九四三年，他使整片愛爾蘭大地歡慶哈密頓發現四元數（quaternions）一百週年，而薛丁格的許多工作都用到哈密頓的方法。有什麼比在這片土地上推翻愛因斯坦的相對論、提出更全面的理論，更能榮耀自由的愛爾蘭以及愛爾蘭之光哈密頓呢？薛丁格迴響遼遠的聲明完美切中他贊助人的希望。德瓦勒拉擁有且掌控的《愛爾蘭日報》要確保世人知道：孕育出哈密頓、葉慈（William Butler Yeats）、喬伊斯（James Joyce）和蕭伯納（George Bernard Shaw）的土地，也可以產出「萬有理論」。

薛丁格面對科學（甚至生活）的方式是衝動的。前景樂觀的初步結果令他自我感覺良好，他想讓自己的發現傳遍全世界。當他意識到冒犯了自己最親愛的朋友和導師，已為時晚矣。薛丁格認為他的發現——一種簡單的數學方法，聲稱可以總結全部的自然法則——就像是一種神聖啟示，因此，他急於宣揚他認為只有自己才能揭示的基本真理。

不用說，薛丁格離發展出萬有理論可謂失之千里，誠如愛因斯坦正確指出的，他只是發現了一種廣義相對論在數學上的變形，技術性地為其他力提供了一席之地。然而，在找到有物理意義的解之前，這個變形的方程式僅是一道抽象的習題，而非對自然真正的描述。儘管有數之不盡的方法來擴展廣義相對論，但迄今為止還沒有一個方法能夠正確描述基本粒子的實際行為（包括它們的量子特性）。

然而，在炒作方面愛因斯坦絕非無辜——他自己也定期提出新的統一模型，並對媒體誇大它們的重要性。例如，一九二九年，他高調宣布自己找到了能統合自然力並超越廣義相對論的理論。鑑於他沒有為方程式找到（並且不會找到）有物理意義的解，他的告捷顯得為時過早。他批評薛丁格，自己卻也做了基本上並無二致的事。

薛丁格的妻子安妮（Anny Bertel）後來向物理學家弗洛因特（Peter Freund）透露，薛丁格和愛因斯坦都曾考慮起訴對方剽竊。對二人知之甚深的物理學家包立（Wolfgang Pauli）警告他們訴諸法律的潛在後果，他告誡他們，在報紙上打官司將會十分尷尬，事態將迅速淪為鬧劇，有損他們的名譽。他們的齟齬如此之深，以至於薛丁格曾告訴當時在都柏林訪問的物理學家莫福特（John Moffat）：「我的方法比阿爾伯特的好得多！莫福特，我跟你說，阿爾伯特是個老糊塗。」[11]

弗洛因特曾推測這兩位老物理學家尋求萬有理論的原因。「可以在兩個層面上回答這個問題，」他說，「一方面，這是一種極端自大的行為……（他們）曾經在物理學上成就非凡。而他們看到自己年華老去，於是在最後為了最終的問題奮力一搏，以找到終極的理論，**終結**物理學。……另一方面，也許這兩人只是被他們無法滿足的好奇心驅使——同樣的好奇心曾令年輕時的他們獲益良多。他們想知道困擾他們一生的謎題解答，他們想在有生之年一窺應許之地。」[12]

統合遭受重挫

許多物理學家傾其一生專注於研究某些非常特定的問題，他們見樹不見林；愛因斯坦和薛丁格則擁有更廣闊的願景，閱讀哲學使他們相信自然擁有宏大的藍圖。他們青年時期的旅程將他們引領至重大的發現——包括愛因斯坦的相對論和薛丁格的波動方程式——這些發現揭示了問題的部分解答，受到這部分解答的誘惑，他們渴望找到能解釋萬有的理論，以完成他們此生的使命。

然而，如同宗教上的派系主義，即使是觀點上的細微差異也可能導致

中年時期在戶外休憩的薛丁格

Photo by Wolfgang Pfaundler, Innsbruck, Austria, courtesy AIP Emilio Segre Visual Archives

重大衝突。薛丁格認為自己奇蹟般找到了愛因斯坦不知何故錯過的線索，便為時過早地衝動行事。他錯誤的頓悟，加上其學術職位面臨的壓力，迫使他在蒐集到足夠證據來證實他的理論之前便率先出擊。

他們為這場爭鬥付出了代價。從那時起，他們統合宇宙的夢想被私人恩怨所玷汙，他們浪費了餘生與彼此友好對話的機會，沉迷於探討發條宇宙背後可能的機制。數十億年裡，宇宙都在等待能圓滿詮釋其運作的解答，宇宙有耐心的本錢，但這兩位偉大的思想家卻錯失了他們一閃而逝的機會。

第一章　發條宇宙

這些短暫的現實
這些稍縱即逝的印象
必須以心智勞動轉化成
恆久的資產
然後召喚你的心智
你科學的幻想
直到景象及聲音與思想結合
成為真理的源泉

——馬克士威，〈致演奏腓尼基豎琴的首席音樂家：廷得耳（John Tyndall）頌〉②

② 譯註：腓尼基豎琴的英文（Nabla）亦有數學運算子▽之意，馬克士威在這裡使用了雙關向科學家廷得耳致敬。

在相對論和量子力學的時代來臨之前，牛頓（Isaac Newton）和馬克士威是統一物理學的兩大巨擘。牛頓的力學定律解釋了物體與他者的相互作用如何造成其運動的變化——他的萬有引力定律便描繪了其中一種相互作用：重力導致天體（例如行星）沿特定軌道（如橢圓軌道）運行。他巧妙地展示了地球上的各種現象——例如一支箭的軌跡——均可以被一個放諸四海皆準的理論解釋。

牛頓物理學完完全全是確定性的。如果在某一特定瞬間，你知道宇宙中每個物體的位置和速度，以及作用在它們身上的所有力，理論上你永遠可以預測它們的所有行為。受到牛頓定律威力的鼓舞，許多十九世紀的思想家認為，唯有實際的限制——如收集龐大數據的駭人挑戰——才能阻礙科學家完美預測一切。

從這種嚴格的決定論角度看來，隨機性是源於系統中大量的組成部分和不同環境因子混合之下的產物。舉例來說，像丟銅板這一最典型的「隨機」行為，如果科學家能夠詳盡地繪製出影響硬幣的所有氣流，並知道拋出硬幣時精確的速度和角度，原則上他就能夠預測硬幣旋轉及運動的軌跡。一些虔誠的決定論者甚至會更極端地說，如果知道夠多關於拋硬幣者的背景和過往經歷，那麼那個人的想法也可以被預測。這樣一來，研究員可以預測拋擲者觸發投擲動作的腦波、神經訊號和肌肉收縮，進而使其結果更為可期。簡而言之，相信宇宙運行如完美機械鐘的人，否認有任何事物在本質上是隨機的。

確實，在如太陽系大小的天文尺度上，牛頓定律極其準確，它們完美地再現了德國天文學家克卜勒（Johannes Kepler）描述行星如何繞太陽運行的定律。我們預測天文事件（如日食和行星合相）的能力，以及向遙遠目的地準確發射太空船的能力，都證實了牛頓力學如機械鐘般的可預測性，尤其是它應用在重力上的部分。

另一方面，馬克士威方程式則統合了另外一種自然力——電磁力。在十九世紀之前，電和磁在科學上被視為獨立的現象。然而，英國物理學家法拉第（Michael Faraday）等人的實驗展示了它們之間深刻的關聯，馬克士威進而用簡單的數學關係確立了這一關聯。他的四大方程式準確地解釋了電荷運動和電流變化如何導致能量振盪，並以電磁波的形式在空間中傳播。這些方程式是數學簡潔性的典範——精簡到既能印在T恤上，又強效到能描述各種電磁現象。馬克士威經由將電和磁結合，成為統合「力」的先驅。

今天，我們知道自然界的四種基本力是重力、電磁力、強交互作用（strong nuclear interaction）和弱交互作用（weak nuclear interation）。③我們相信所有其他的力（例如

③ 編案：強、弱交互作用又可稱為強、弱核力。

摩擦力）都是從這四種力衍生而來，每一種力在不同的尺度上運作，並且擁有不同的強度。重力是最弱的力，它使具有質量的物體在廣闊的距離間相互吸引；電磁力則遠比重力強，且作用在帶電物體上。雖然它在與重力類似的長距離下運作，但效果不彰，因為幾乎所有空間中的物體都是電中性的；強交互作用在原子核尺度上運作，將某些類型的次原子粒子（如質子〔proton〕和中子〔neutron〕，由夸克〔quark〕組成）束縛在一起。弱交互作用則同樣在原子的領域內運作，影響原子核，導致特定類型的放射性衰變。馬克士威對電磁力的統合鼓舞了後來的思想家——如愛因斯坦和薛丁格——致力於實現更大規模的統一。

正如馬克士威解釋的那樣，電磁波與傳統類型的波不同，前者可以在沒有介質的情況下傳播。一八六五年，他計算出電磁波在真空中的傳播速度，並發現其與光速相同。因此，他得出結論，電磁波和光波（包括不可見光如無線電波）本為一物。

與牛頓力學一樣，馬克士威的物理學也完完全全是確定性的：擾動發射天線中的電荷，你便可以預測接收天線收到的信號。無線電台能夠運作便是仰賴這種可靠性。

遺憾的是，馬克士威的統合與牛頓的統合並不完全一致——這兩種理論對運動中的觀測者所見的光速給出了互相矛盾的預測。馬克士威的方程式要求光速保持恆定，牛頓定律則預測光對人的相對速度取決於觀測者的速度。然而，兩種答案似乎都合理。巧合的是，這個謎題的解答者在馬克士威去世的那一年出生了。

指南針與行星之舞

一八七九年三月十四日，電氣工程師赫曼·愛因斯坦（Hermann Einstein）的妻子寶琳娜（Pauline Einstein）在德國烏爾姆（Ulm）誕下了他們的長子阿爾伯特。小男孩在這座別緻的斯瓦本小鎮上待了很短的時間，身為受馬克士威革命影響的大眾之一，赫曼很快便將家人帶到繁華的慕尼黑（Munich），並與人合夥創立了一家電氣化公司。阿爾伯特的妹妹瑪雅（Maja Einstein）在那裡出生。

阿爾伯特很早就接觸到了磁性相吸的概念。五歲時，有天他臥病在床，父親送了他一個指南針當作禮物。小男孩轉動手中閃閃發光的儀器，驚嘆於它奇妙的特性。不知何故，它的指針神祕地知道怎麼回到標有「N」的起點。他的思緒為找出這種奇怪行為背後的原因而馳騁。

儘管愛因斯坦沒有弟弟，但他將來會與一位奧地利人情同手足。一八八七年八月十二日，在埃爾德堡（Erdberg）的維也納區，薛丁格出生。他是魯道夫・薛丁格（Rudolf Schrödinger，原本學習化學）和喬爾吉娜・「喬潔」・鮑爾・薛丁格（Georgine “Georgie” Bauer Schrödinger，她是盎格魯奧地利人，父親是傑出的化學家亞歷山大・鮑爾〔Alexander Bauer〕，也是魯道夫的指導教授）的獨生子。

魯道夫繼承了一家生產油布和亞麻布的企業，收入可觀。然而，他真正的興趣在科學與藝術，尤其是植物學和繪畫。他賦予艾爾溫一種價值觀——受過教育的人應該有多樣化的追求和對文化的熱愛。

年幼的艾爾溫與他母親的妹妹米妮（Minnie Bauer）關係非常密切。從很小的時候開始，米妮阿姨就是他的知心朋友和對世俗事務的顧問。他對一切事物都充滿了好奇心，甚至在還不會讀寫之前，他就告訴她自己對於周遭事物的感想，而她忠實地記錄了下來。

據米妮回憶，艾爾溫對天文學尤其感興趣。大約在四歲時，他喜歡玩一個模擬行星運動的遊戲。小艾爾溫會圍著米妮繞圈，彷彿他是月球、而她是地球一般。然後，他們會繞著一盞燈緩慢地移動，假裝它是太陽。當艾爾溫圍著他的阿姨繞圈，而他們在環繞著發光體的軌道上移動時，他親身體驗到月球運動的複雜性。

愛因斯坦童年時對指南針的著迷與薛丁格的「行星之舞」，預示了他們日後對電磁力和重力的興趣——這兩種力在當時已是被認可的基本力。兩位年青人均抱持著一個普遍為世人所接受的信念，即大自然似乎像鐘錶一樣精確地運作。他們日後將致力於尋找一種更大規模的統合，既包含這兩種力，且同樣是確定性的。

他們都踏實地展開了自己的研究生涯，跟隨他們父親的腳步將科學應用於日常生活；但隨著生命進程的推移，他們卻轉而追求更高的志向。最終，他們都醉心於解開宇宙之謎，試圖找出其基本原則。他們在理論物理學所需的深刻理解力和計算能力上都具有非凡的天賦。

兩人都希望追隨牛頓和馬克士威的腳步，制定描述自然界的新方程式。事實上，二十世紀近代物理學中最重要的一些方程式將由他們發現，並以他們的名字命名。他們都十分依賴哲學考量來評估假設——尤其在研究生涯的晚期——仰仗史賓諾莎、叔本華和馬赫（Ernst Mach）等思想家的見解。史賓諾莎視上帝為不變的自然秩序，受此概念啟發，他們尋求一套簡單且不變的、主宰現象的法則；叔本華認為世界僅由「意志」所驅動，他們被這概念所吸引，進而尋求宏大的統一理論；馬赫則認為科學應該是實實在在的，他們因此捨棄了包含黑盒子的理論——比如不可見的非區域性量子糾纏——而偏好因果關係顯而易見的機制。

經年累月沉醉於尋找簡單的數學公式以徹底描述自然法則，需要具有宗教般的熱忱。大一統的終極方程式是他們的聖盃、他們的生命之樹（Kabbalah），以及他們的賢者之石（philosopher's stone）。對宇宙秩序深刻的感知成為判斷方程式是否優雅美麗的準則。雖然愛因斯坦和薛丁格在傳統意義上都非教徒（愛因斯坦是猶太人，薛丁格雖有新教路德宗和天主教的背景，但他們都不具有宗教信仰，也不參加宗教活動），他們均對宇宙運行的綱要準則感到驚奇，也讚嘆於這些原則如何能以數學的形式表達出來。他們都對數學充滿熱情——並非對數學本身，而是出於它是理解自然法則的工具。

對數學持續終生的興趣從何而來？有時，它僅單純地源於幾何學入門書中的美麗圖形與優雅的邏輯證明。

奇怪的平行線

一八九一年，十二歲的愛因斯坦就讀於路易波德中學（Luitpold Gymnasium）時，得到了一本幾何學的書。在他心中，這本書和指南針一樣奇妙——兩者都引領他超脫混亂的日常經驗，進入一種令人安然的秩序之中。正如他後來所描述的那樣，這本書對他來說不僅僅是一本教材，而是一部「聖經」。書中的證明均基於堅實、毫無爭議的陳述句——儘管慕尼黑街上馬車叮噹作響，香腸攤販車雜亂無章，在節日痛飲啤酒的酒鬼喧鬧嘈雜，但在這世界的表層之下，存在著一種安靜而毫不動搖的真理。「我對這種清晰感和確定性留下了難以形容的印象，」他回憶道。[1]

書中有一些論述對他來說似乎是顯而易見的。他早先學過直角三角形的勾股定理：互相垂直的二邊平方和等於第三邊（斜邊）的平方；而這本書展示了如果改變其中一個銳角（小於九十度的角）的大小，三角形的邊長也必須隨之改變。這對他來說十分自然，甚至不須證明。

然而，其他的幾何學命題並非如此不證自明——例如三角形的高（從一邊到對應頂點的垂直線）必須與一點相交。愛因斯坦喜歡這本入門書中對這些定理條理分明的證明，他並不介意書中的證明最終基於一些未經證明的陳述——即公理（axiom，普遍的觀念）和公設（postulate，特定範圍中的觀念）。他願意不加懷疑地全盤接受少數公理以換得更多由其推出的定理。

這本入門書描述的平面幾何可以追溯到兩千多年前的希臘數學家歐幾里得（Euclid）。歐幾里得的《幾何原本》（*Elements*）將幾何學知識組織成數十個經過證明的定理和推論，這些定理和推論是由五個公理和五個公設系統化地推導而來。雖然每個公理和公設都應該是不證自明的真理——例如部分小於整體、如果二物等於第三物，那麼它們彼此相等——但與角度相關的第五公設，似乎並不那麼顯而易見。

「如果兩條直線與第三條直線相交，使得同側的兩個內角之和小於兩個直角，那麼這兩條直線在延長後必定在某一有限距離處相交。」[2] 換句話說，畫三條直線，使前兩條與第三條相交的角度面對彼此且均小於九十度，最終，當前兩條線延長到足夠的程度，它們必定會相交並與第三條線形成一個三角形。例如，如果一個角是八十九度，它對面的角是八十九度，在前兩條線相交的地方必定會有一個第三角（兩度）——它們將形成一個非常狹長的三角形。

數學家們推測，第五公設被放在最後，是由於歐幾里得試圖藉由其他公理和公設證明它，但未能成功。的確，在引入第五公設之前，歐幾里得用其他四個公設成功推導出整整二十八個定理。這就像熟練的鍵盤手在音樂會上單用鍵盤便演奏出二十八首樂曲，然後發現他需要借用一把民謠吉他來創造第二十九首中的聲響——有時音樂家手頭的樂器不足以完成一首作品，需要加入另一種樂器來即興創作。

歐幾里得的第五公設被稱為「平行公設」，其名稱主要源於蘇格蘭數學家普萊費爾（John Playfair）的研究工作。普萊費爾發展出第五公設的另一個版本，雖然與原版在邏輯上不完全相等，但在證明定理上與之有異曲同工之妙。普萊費爾的版本描述道：對於一條直線和線外一點，通過該點的所有直線之中只有一條線與原直線平行。

幾個世紀以來，無數人——不論是依循歐幾里得的版本還是普萊費爾的版本——嘗試由其他公設來證明第五公設。甚至著名的波斯詩人兼哲學家開儼（Omar Khayyam）也曾嘗試將該公設轉變為由其他公設推導出的定理，卻無功而返。最終，數學界得出結論，該公設完全獨立於其他公設，並放棄了證明它的想法。

當年幼的愛因斯坦翻閱幾何書時，他對於平行公設的爭議一無所知。此外，他也具有歐氏幾何是神聖不可侵犯的舊觀念。這些定理和證明似乎和巴伐利亞阿爾卑斯山脈（the Bavarian Alps）一樣堅固、永恆與莊嚴。

然而，在北邊與慕尼黑相距甚遠的古雅大學城哥廷根（Göttingen），數學家們正進行一場重塑幾何學的大膽實驗。這個由鵝卵石建造、培養理性生活的聖地已經成為非歐幾何（non-Euclidean geometry，一種對數學的激進重構）發展的根據地。這種新型幾何學與傳統幾何學的關係，就像迷幻的馬克斯（Peter Max）海報與林布蘭（Rembrandt）

作品之間的關係一樣。當愛因斯坦學習平面上的點、線和各種形狀的老派規則時，天才數學家們——例如從萊比錫（Leipzig）招募來的克萊因（Felix Klein）——正推動一個更靈活的教戰手冊，其中涉及在彎曲和扭轉平面之上幾何量之間的各種關係。克萊因最令人驚豔的創作——克萊因瓶——有點像一個內外表面通過更高維度的扭轉而連接在一起的花瓶。這種異形不見於幾何學入門書中，歐幾里得的鐵律將它們鎖在門外。然而，克萊因證明了歐氏幾何和非歐幾何同樣有理有據。一八九〇年代，他的遠見革命性地打開了古板的幾何學俱樂部的大門，讓正方形和異形都得其門而入。

然而，非歐幾何並不能為所欲為，像其前身一樣，它受限於自己的一套規則。非歐幾何的本質在於用新的公設取代平行公設，同時保留其他所有公設。由於平行公設獨立於其他公設，某程度上等同於它是可被捨棄的，這為新的激進選項打開了大門。

數學家高斯（Carl Friedrich Gauss）是最早提出非歐幾何的人，儘管他沒有發表這些最初的構想。在高斯的版本（後來被克萊因稱為「雙曲幾何」〔hyperbolic geometry〕）中，平行公設被一個新概念取代：不與某線相交的任何一點，都有無限多條通過該點的線與原直線平行。你可以想像自己在一張狹長的桌子上方緊握摺扇的一端，如果桌子代表一條直線，你的手代表了線外一點，那麼扇子的褶皺展示了無數條通過該點而不與原直線相交的線。術語「雙曲」源於平行線分叉出的形狀類似於雙曲線的一支。

高斯注意到，雙曲幾何中的三角形有一個奇特的性質：其內角總和小於一百八十度。相比之下，歐氏幾何的三角形內角總和必然為一百八十度：例如一個等腰直角三角形有兩個四十五度角和一個九十度角。想像力豐富的藝術家艾雪（M. C. Escher）後來利用這一區別，創造出在雙曲世界中扭曲、次一百八十度三角形的奇特圖案。

一種想像雙曲幾何的方法是將點、線和形狀刻劃在馬鞍形表面，而非平面上。如果你喜愛美食更甚於騎術，想像一塊曲面形的洋芋片也同樣有用。鞍形會使鄰近的線自然地偏離彼此。儘管它們想要當「直」線，平行線組會向外彎曲，使它們更容易避開彼此。這允許了無限多條通過一點的線與不通過該點的直線平行。此外，鞍形會壓縮三角形的角，使其內角總和小於一百八十度。

在非歐幾何的另一種變形中，平行公設被另一條規則取代，該規則完全取消了平行線存在的可能性。這條公設由高斯的學生黎曼（Bernhard Riemann）首先於一八五四年提出、一八六七年發表，後來由克萊因命名為「橢圓幾何」（elliptic geometry）：對於線外的點，沒有任何通過該點的線與原直線平行。換句話說，所有通過該點的線必須在空間中的某處與原直線相交。黎曼表明，球面上的直線具有這一特性。

如果平行線不存在的概念很難想像，想想地球——它的每條經線都在北極和南極相交。因此，如果一位雄心勃勃的旅行者從多倫多市中心出發，沿著其主要大街（央街〔Yonge Street〕）向北行駛，途中租用狗拉雪橇以及破冰船，繼續向前直行抵達北極；而她的妹妹從莫斯科出發，並與她走類似的路線，她們的路徑起初會近乎平行，但這對姐妹最終將不可避免地在北極相遇。

奇怪的是，這種廢除平行線的規則會以另一種方式改變三角形的性質——在橢圓幾何中，三角形的內角總和大於一百八十度；實際上，一個三角形可以全由直角組成，使其內角總和達到二百七十度。例如，由零度和九十度經線、與連接它們的部分赤道一起組成的三角形，將具有三條相互垂直的邊。

黎曼發展了非常複雜的數學工具來分析任意維度的曲面（這些曲面被稱為流形〔manifold〕）。黎曼解釋了曲面一點與平面一點的差異，該如何用現在稱為黎曼曲率張量（Riemann curvature tensor）的工具來量化，張量是一種在座標變換過程中以特定方式改變的數學量。他展示了空間彎曲有三種主要方式——正曲率、負曲率和零曲率，這三種方式分別對應到橢圓、雙曲和歐氏（平面）幾何。

對於不是數學家的人來說，非歐幾何看來非常抽象且違反直覺——畢竟平行的常見定義是直線永不相交。如果你在路邊平行停車時撞上了旁邊的車，你不能向警察申請「非歐幾里得豁免」；大多數學童在學校學到的三角形都是平面的，而其內角總和為一百八十度。為什麼數學家要更動幾何學的基本原理來使其變得更複雜？

在愛因斯坦發展思想的過程中，在這些構想發酵成熟為廣義相對論之前，他也會這樣想。對他早期教育至關重要的幾何學入門書將他的思想牢牢根植於歐幾里得傳統之中。他經常與家族朋友兼醫學生塔爾梅（Max Talmey）討論他的想法，部分緣於塔爾梅經常來訪。塔爾梅對這名年輕男孩在數學、自然和其他學科上的深思熟慮感到震驚。

愛因斯坦直到大學期間才接觸到非歐幾何。他的心裡仍深刻烙印著他的童年幾何書，因此最初只將非歐幾何視為在科學上不甚重要的東西。直到很久以後，受到大學朋友格羅斯曼（Marcel Grossmann）的影響，他才開始看出非歐幾何的重要性。愛因斯坦將非歐幾何引入理論物理學，非凡地為這個領域帶來天翻地覆的變化。[3] 那個緊握幾何學入門書的十二歲男孩還不知道，有一天他的這雙手將會重寫物理定律，並使手中的這本書成為明日黃花。

運動中的原子

一八九〇年代晚期的維也納是科學家們就基礎科學激辯的中心。當薛丁格仍在求學階段時（最初由私人家教輔導，而後在一八九八年開始進入著名的學術中學〔Akademisches Gymnasium〕就讀），兩位對他的智性發展有重大影響的人物——波茲曼（Ludwig Boltzmann）和馬赫——正就原子的真相作激烈的爭論。

一八九四年波茲曼被任命為維也納大學（University of Vienna）理論物理學系主任時，他已因身為統計力學（當時稱為動力學理論）的開山始祖之一而聲名鵲起。這是將微觀粒子的行為與巨觀熱力學效應（如溫度、體積和壓力變化）連結起來的物理學領域。為了使用他的方法論，他需要假設每種氣體由大量微小粒子——原子和分子——所組成。

波茲曼的成就使得熱物理學成為炙手可熱的主題，並吸引了許多年輕研究員到維也納與他共事。物理學家邁特納（Lise Meitner）、弗蘭克（Philipp Frank）和埃倫費斯特（Paul Ehrenfest）等人在他的指導下完成了他們的博士論文，此後的研究生涯一路亨通。薛丁格受到了波茲曼的啟發，在他即將升讀大學時，也希望能拜入他門下。

儘管取得了這些成就，但馬赫的到來打破了波茲曼的平衡。④一八九五年，馬赫來到維也納大學，擔任歸納科學哲學系主任。他在大原則上反對原子論和波茲曼的理論，強調它們仍缺乏足夠的實驗證據。他認為熱力學應該奠基於可感知與可被直接測量的現象，例如熱流。他根植於被稱為實證主義的哲學體系，該體系拒絕抽象的知識，堅持所有假設都需要實驗證據來支持。他將「相信原子論」與宗教信仰相提並論，並認為他所定義的「科學上的嚴謹」和「感官的直接證據」更為可取。

馬赫寫道：「如果相信原子實際存在如此重要，我寧願捨棄自己物理學家的思維模式，我不願成為一名真正的物理學家，我宣布放棄科學的各個方面——簡而言之，我對成為信徒敬謝不敏，我更喜歡思想自由。」[4]

馬赫尖銳的邏輯論證並非只針對波茲曼，連最為德高望重的物理學家，當他們的立場與感官證據脫節時，馬赫都會加以抨擊。他大膽地批評了牛頓力學的一個基本原理：即透過物體與「絕對空間」（absolute space）這個抽象座標系的關係，來判斷物體是否處於慣性狀態（靜止或等速運動）。在當時（特別是在英國），牛頓在科學上的地位已近

---

④譯註：波茲曼平衡（Boltzmann's equilibrium）是波茲曼理論中最具代表性的成就，這裡作者運用了雙關。

乎成聖；然而，牛頓的慣性概念建立在抽象的基礎上，這正是馬赫所質疑的科學。

馬赫的批評提到了一個思想實驗，其中包含一個旋轉中的水桶，牛頓正是用它來編造絕對空間存在的必要性。牛頓的論述大意如下：想像樹上用繩子掛著一個幾乎裝滿水的水桶，現在小心地旋轉水桶，直到繩子被完全絞緊。你握住水桶，等待桶中的水面平靜下來，然後放手，水桶會開始自己旋轉。如果你往下看，你會看到水也在晃動，並形成漩渦，接著水面會變得越來越凹——那是因為慣性使水試圖逃逸，但由於水無法離開水桶，因此其外緣上升。如果你只看水桶的內部而忽略其外部，你可能會對水面為什麼會凹陷感到疑惑：因為相對於水桶，水似乎是靜止的。只有參考一個外部座標系——牛頓稱之為絕對空間——這種凹陷才能被合理解釋。牛頓斷言，水相對於絕對空間的旋轉改變了水面的形狀。

馬赫對牛頓的論述難以苟同，他認為沒有實驗證據支持絕對空間的存在。他提出，更可能的是，水受到了未被納入考量的拉力——比如來自遙遠恆星的拉力——的綜合影響。就像月亮的重力引起潮汐一樣，或許恆星的綜合拉力以某種方式引起了慣性。愛因斯坦後來將這一思想稱為「馬赫原理」（Mach's principle）。這個原理將在他發展相對論時成為他的靈感來源。

馬赫對牛頓的批評激發了物理學界重新思考古典力學，並促使愛因斯坦和其他物理學家尋思替代方案。馬赫認為科學必須提供可感知的證據並避免隱藏機制，這樣的觀點對薛丁格產生了深遠的影響，使他興致勃勃地研讀馬赫的著作。然而，馬赫對波茲曼原子論的批評可能對後者造成了致命性的打擊。苦於情緒劇烈波動，加上健康狀況惡化，波茲曼於一九〇六年九月與家人在的里雅斯特（Trieste）度假時上吊自殺。

大學歲月

命運不饒人：薛丁格在一九〇六與一九〇七年之交的冬季進入維也納大學就讀，幾個月之前，波茲曼自殺身亡。薛丁格以明星學生之姿從學術中學畢業，他因數學與物理而聞名——這也是他最喜愛的科目。作為班上的第一名，有主修任何科目的本錢，而他對描述物理世界的方程式充滿熱情。他渴望在大學追求理論物理學，而波茲曼本來會是非凡的導師，可惜的是，他進入大學時物理學系正籠罩在悲痛的氛圍中。

「古老的維也納學院正為失去波茲曼而哀悼……這讓我得以直接洞察這強大心智的思想，」薛丁格回憶道，「波茲曼的思想世界可以說是我在科學上的初戀。自那以後，沒有人能如此令我陶醉，而我確信將來也不會再有。」[5]

薛丁格被波茲曼勇於探討基礎問題的精神所激勵。依據他原子論的框架，波茲曼毫不畏懼地構建出主宰整個宇宙熱行為（thermal behavior）的理論。受到他的啟發，薛丁格在日後同樣雄心勃勃地嘗試找出涵蓋所有自然力的基礎理論。

波茲曼在大學的理論物理學系主任職位，由他的前學生和優秀理論學家哈森厄爾（Friedrich "Fritz" Hasenöhrl）接任。哈森厄爾以研究運動物體發出的電磁輻射而聞名，甚至在愛因斯坦提出他的著名方程式之前就發現了能量與質量之間的關係（儘管有一個倍數的誤差）。[6]他對學生友好而熱情，薛丁格雖然不能在波茲曼的指導下學習熱理論和統計力學，但他仍有幸在波茲曼訓練有素的接班人指導下，學習這些學科和其他如光學等科目。眾所周知哈森厄爾是傑出的教師，受哈森厄爾的教導及波茲曼成就的啟發，薛丁格希望在理論物理學中以新發現開創出自己的路。

身為學生的薛丁格迅速建立他的卓越聲譽。與他成為終身好友的物理系同學提爾岑（Hans Thirring）回憶自己在一次數學研討會上，看到一位金髮青年走進會場，同時聽到另一位從學校時代就認識的學生滿懷敬意地說：「哇，那是薛丁格！」[7]

儘管薛丁格對理論研究非常感興趣，但他在大學時的主要研究方向是由埃克斯納

（Franz Exner）指導的實驗工作，薛丁格在埃克斯納的指導下獲得了博士學位。埃克斯納對電的不同種表現形式感興趣，包括大氣及某些化學反應中產生的電；他還探索了光和顏色的科學，並研究了放射性。薛丁格的博士論文題為《潮濕空氣中絕緣體表面的電傳導》（On the Conduction of Electricity on the Surface of Insulators in Moist Air）。這是一篇非常實用的論文，探討如何將用於物理測量的設備絕緣以防止潮濕導致的電效應。這位未來的理論學家以實驗工作開始了他的研究生涯，在小小實驗室裡親自動手將電極連接到琥珀、石蠟等絕緣材料上，並測量通過它們的電流。他於一九一〇年獲得博士學位，並於一九一四年基於他有關原子行為與磁性的理論研究，而獲得最高學位（在奧地利教育體系中最高的學術學位，授予獲得者教學資格）。

多年之後，薛丁格和愛因斯坦才會開始探索統一重力和電磁力。然而，不可思議的是，一封一九一〇年馬赫病重時寫下、而最終落入薛丁格手中的信，竟預示了他們未來的工作。儘管馬赫已經退休，但他仍積極思索關於自然的深刻問題。他開始對重力和電力均具有平方反比的特性感到好奇，於是思考這些自然力是否可以被統合，並詢問大學裡誰有能夠回答他的問題。馬赫尤其希望能有具備足夠學識的人來評估德國物理學家格伯（Paul Gerber）具爭議性的理論。馬赫的疑問轉而被託付給薛丁格，而薛丁格覺得格伯的著作難以理解。雖然如此，這次交流代表了薛丁格與他的知識偶像馬赫的間接接觸，並預示了薛丁格即將進行的理論研究。此外，薛丁格被選中回應馬赫，也表明他在大學中受到了高度重視。不過二十多歲的年紀，薛丁格已經開始嶄露頭角。

與光競跑

儘管薛丁格沒有機會與波茲曼共事，他仍在學習中找到了許多意義和成就——他顯然是優秀的學生。愛因斯坦的大學生活則有著與薛丁格截然不同的失落：他沒有機會研究他真正感興趣、深刻的理論問題。因此，他沒有以應有的認真態度學習所有課程，尤其是數學課，因為那似乎與他在智性上的熱情無關。儘管如此，他在大學時建立起的人際關係仍對他學識的成長起到了關鍵作用。

愛因斯坦從高中到大學、再到學術生涯的過程比薛丁格要周折得多。一八九三年，愛因斯坦的父親失去了慕尼黑市的電氣化合約。次年，他解散了自己的公司，決定帶全家搬到義大利米蘭尋找工作機會。當時，愛因斯坦仍在慕尼黑的路易波德中學就讀，需要獨自留在慕尼黑。幾個月後，愛因斯坦認為自己也應該離開德國，因此申請提前離校，並獲得提前參加大學入學考試的許可。他選擇的大學是瑞士蘇黎世聯邦理工學院（Eidgenössische Technische Hochschule），以其瑞士文首字母縮寫簡稱ETH。

正是在那段期間，十六歲的愛因斯坦有了一個不尋常的幻想——他想像自己正在追逐著一束光波並試圖追上它。他想知道如果自己能以光速運動，是否會看到靜止而來回振盪的光波。畢竟，如果你跟在一輛自行車旁邊一起跑，它看起來就像靜止一樣。牛頓指出，等速運動和靜止都屬於慣性座標系，具有相同的運動定律，因此，如果兩個物體以相同速度一起運動，它們看彼此應該就像靜止一樣。然而，馬克士威的電磁學方程式並沒有提到觀測者是靜止的還是正在移動。根據他的定律，光應當總是以相同速度在空間中傳播。愛因斯坦意識到，牛頓和馬克士威的預測顯然互相矛盾，他們之中只能有一個是對的——不過，是哪一個呢？

在愛因斯坦思考這個問題的時候，光在真空中的速度恆定——甚至光可以在空無一物的「真」空中傳播——這一觀點還未被廣泛接受。當時許多物理學家相信光通過一種名為「光以太」（luminiferous aether，或稱「以太」）的無形物質傳播。然而，一八八七年美國物理學家邁克生（Albert Michelson）和莫雷（Edward Morley）進行的著名實驗未能檢測到這種效應。為了嘗試將光的行為與牛頓的力學定律統合，愛爾蘭物理學家費茲傑羅（Edward FitzGerald）和荷蘭物理學家勞倫茲（Henrik Lorentz）不約而同地提出，高速移動的物體會沿運動方向收縮。這種收縮（被稱為勞倫茲－費茲傑羅收縮〔Lorentz-FitzGerald contraction〕），會壓縮邁克生－莫雷實驗（Michelson-Morley experiment）的儀器，使光速看起來總是恆定的。在不知道邁克生－莫雷實驗的情況下，愛因斯坦獨立地思考這個問題，而沒有將以太納入考量。即使在讀到馬赫的著作之前，他似乎早有種直覺，覺得牛頓力學已經左支右絀，需要被徹底改革。

令人驚訝的是，儘管愛因斯坦後來以世界上最舉足輕重的天才而聞名，他第一次參加ETH入學考試時卻名落孫山。這次落榜或許促成了他在校數學曾經不及格的民間傳說；然而事實上，拖他後腿的弱科是法語作文。因此，他在瑞士阿勞（Aarau）的一所高中就讀一年來加強自己的法語能力。同時，他大膽放棄了德國國籍，彷彿要切斷與過去生活的所有聯繫。沒有父母在身邊、且暫時沒有任何國籍，他是一名極為不尋常的青少年。幸運的是，他第二次應考便通過了考試，以幾乎前所未有的十七歲之齡被ETH錄取。

進入ETH後，愛因斯坦發現那裡的物理學非常守舊，以力學、熱傳遞和光學等傳統科目為核心。馬赫對牛頓的批判尚未滲透到這座學術聖殿中，馬克士威的電磁理論被認為無憑無據。愛因斯坦仍然在思考他的光速問題，但在大學課程中找不到解答。

愛因斯坦在ETH就讀的時候正值物理學史上的一段非凡時期。當馬赫和波茲曼對原子論的激辯在維也納熱火朝天時，一八九七年，劍橋物理學家湯木生（J. J. Thomson）提出了有關（尺度遠小於原子的）基本粒子的實驗證據。他的同事們起初不相信這種比所謂「不可分割的東西」還要小得多的東西真實存在。湯木生將這種帶負電的粒子稱為「微粒」（corpuscle），但費茲傑羅——根據他叔叔愛爾蘭科學家斯坦尼（George Stoney）的建議——給它起了一個沿用至今的名字：「電子」（electron）。而在巴黎，貝克勒（Henri Becquerel）發現了放射性，與他的博士生瑪麗·居里（Marie Curie）和她的丈夫皮埃爾·居里（Pierre Curie）一起探究放射性鈾的性質。一八九八年，居里夫婦鑑定出另一種放射性元素——鐳。這些發現都顯示了原子的複雜性：這是一個後來愛因斯坦、薛丁格和他們那一代物理學家們都會關注的課題。然而在ETH，學生被鼓勵繼續秉持經過時間驗證的實用物理學，這與愛因斯坦對以新穎方式解釋自然現象的渴望相去甚遠。

愛因斯坦很幸運地找到了他的朋友圈，他們在課業上互相幫助，也能與愛因斯坦交流想法。其中一個最重要的討論者是聰穎的義大利裔瑞士工程師貝索（Michele Besso），他們在校外因對音樂的共同愛好而結識。貝索向他介紹了馬赫的著作，這對愛因斯坦的研究生涯有著深遠的影響。他們將終生是親密的朋友。

另一位與他穩定來往的同伴是格羅斯曼，他是高等數學的奇才。他在數學課上做的出色筆記，成為愛因斯坦的重要倚仗——因為他經常翹課。在未來，格羅斯曼將成為ＥＴＨ的數學教授，幫助愛因斯坦建立廣義相對論的數學架構。

在享譽盛名的ＥＴＨ教師門下，愛因斯坦當時應該要更重視數學才是。其中的一位教授閔可夫斯基（Hermann Minkowski）後來幫助重構了愛因斯坦的狹義相對論，使其更為優雅、實用。閔可夫斯基出生於立陶宛，在著名的柯尼斯堡大學（University of Königsberg）受教育。他是ＥＴＨ為數不多能在關鍵時刻將高等數學引入理論物理學的教授之一。令人啼笑皆非的是——基於他們未來共享的命運——那時他對這個心不在焉的學生並不以為然，閔可夫斯基對愛因斯坦多次缺課十分關注，並稱他為「懶狗」。

愛因斯坦後來為自己缺乏對數學的重視辯解道：「年輕時當學生的我不明白，深入理解物理學基本原理需要最複雜的數學方法。我在進行多年獨立的科學研究後才逐漸明瞭這一點。」[8]在理想狀況下，當時的愛因斯坦應該更用心學習他未來在研究理論物理學時所需的技能，然而，他有很好的理由從學業上分心。在大學二年級時，他愛上了班上唯一的女同學——年輕的塞爾維亞女子米列娃・瑪麗奇（Mileva Marić）。他們互相調情的信件和情詩盈溢著炙熱的感情，這些信件和情詩在愛因斯坦去世後才被公開。愛因斯坦與米列娃的關係極具波西米亞特質，他追求與她在關係中擁有真正平等、自由的愛情，並能完全支持彼此的智性成長和其他目標。愛因斯坦的母親強烈反對這段關係，認為他應該與家庭背景（社會地位、價值觀、種族）更相似的年輕女性在一起。然而，他們的熱戀最終得以持續，家人的阻撓將他們熾熱的愛情轉化為一場強悍的革命鬥爭。

在ETH的第三年，愛因斯坦選修了幾門物理課，但未能給人留下好印象。在一門名為「初階物理練習」的課中，他的出席率非常低，以至於導師佩內特（Jean Pernet）教授斥責了他，並給予他最低的分數。另一門由韋伯（Heinrich Friedrich Weber）教授開授的關於熱的課程，忽略了波茲曼等人的最新研究，愛因斯坦決定自學波茲曼的理論。對他來說，這一年課程的重點是有機會在韋伯的電工實驗室工作，進而接觸到最先進的設備。儘管他努力給韋伯留下好印象，這位務實的教授對這名蓬頭垢面、渾身理想主義的年輕人毫無耐心。

愛因斯坦試圖向韋伯傳達他對解決光速問題的興趣，但徒勞無功。他提出使用韋伯的實驗室來測量地球相對於以太的運動，卻不知道邁克生和莫雷早在數年前就完成了這樣的實驗。韋伯對馬克士威的電磁理論和其他最新研究毫無興趣，不出所料，他對愛因斯坦的提議存疑，也不支持這樣的重複實驗。而後愛因斯坦無視書面指示，在佩內特的實驗室引發爆炸導致手受傷，更無益於他的名聲。隨著他在ETH的學業即將結束，他的表現讓老師們對他毫無信心。在完成畢業考並取得數學和物理教師文憑後，愛因斯坦試圖在ETH獲得研究助理的職位，但未能成功。令他大為震驚和痛苦的是，沒有一位教授——無論是數學家還是物理學家——願意聘用他。「突然，我被所有人拋棄，」愛因斯坦痛苦地回憶道，「在人生的十字路口上迷失了方向。」[9]

更糟的是，愛因斯坦看著幾乎所有同學——包括他的好友格羅斯曼——都在ETH找到了研究生職位。米列娃是個例外，她的畢業考成績不佳，因而無法畢業。由於得不到任何教授的支持，愛因斯坦無處可去。只有一系列奇蹟才能挽救他的研究生涯。

通往奇蹟之路

隨著世紀之交的鐘聲敲響，物理學界對領域現狀存在分歧。年長的物理學家們安棲於牛頓的羽翼之下，普遍認為這個領域已接近完整，只剩下幾處鬆散的細枝末節需要修整；而年輕的物理學家穿上實驗室工作服，親自探索輻射和電磁效應，對於那些無法解釋的奇異新現象（從看不見的X射線到發光的鐳）並不那麼洋洋自得。

一九〇〇年四月二十七日，英國科學家克耳文勛爵（William Thomson, Lord Kelvin）發表了一篇演講——「十九世紀關於熱和光的動力學理論上的陰影」（Nineteenth-Century Clouds over the Dynamical Theory of Heat and Light）——他在演講中描述了他認為遮蔽物理學未來的兩個主要問題，克耳文認為，一旦這些「陰影」消散，物理學將擁有光明的未來。他未曾料到，他所指出的這兩個孿生問題將迫使這個領域發生徹底的變革。

克耳文提出的第一個「陰影」是關於光在空間中傳播的爭議，其核心問題是為什麼邁克生－莫雷實驗未能探測到以太。雖然勞倫茲和其他人提出了一些建議，但這個問題仍未得到解決。克耳文希望它能有一個更令人滿意的解釋。

他提出的第二個問題則關於黑體（blackbody）的發射光譜：光譜的理論模型與已知的實驗結果不相符——這顯示理論的假設似乎出了問題。

黑體是一個完美的光吸收體，你可以把它想像成塗有漆黑顏料的盒子，能吸收照射在其上的每一寸光。黑體也可以發射光，釋放出具有各種波長的輻射。其中一些波長有其對應的可見光顏色，從短波長的紫色到長波長的紅色，其他波長的光則不可見，包括比紫光波長還短的紫外線和比紅光波長更長的紅外線。我們現在已知，電磁頻譜的波長範圍短到伽瑪射線，長至無線電波。

正如十九世紀的科學家所指出，輻射在不同波長的分布取決於發光體的溫度，物體越熱，其峰值波長越往短波方向移動。當物體燃燒時，我們可以親眼見到這一點：溫度較高的火焰會呈藍色，而不那麼熱的火焰則呈橘色或紅色。人類和大多數生物體的溫度較低，主要發出的光位於紅外線的範圍。

馬克士威在劍橋的繼任者——成就斐然的瑞利勛爵（John William Strutt, Lord Rayleigh），將波動理論和統計力學應用於黑體輻射的研究。他計算了一個腔體中可容納特定波長電磁波的周期數，並提出了一個偏好短波長的分布公式。他的邏輯是合理的：比起較長的東西，你可以在一個盒子裡裝入較多短的東西。他在一九〇〇年發表了他的分析結果。

瑞利模型的問題在於，它預測了黑體每次放光時都會有大量短波長、高頻率的輻射。（頻率是光的振盪程度，波長越短，頻率越高。）根據這個預測推論下去，火焰應該總是看不見的，而非發出橙色、紅色或藍色的光。加熱一個黑色咖啡杯，將它放在桌子上，它會發出灼傷皮膚的紫外線、甚至更危險的X射線，而不是溫暖、友好的紅外線。埃倫費斯特後來稱這個問題為「紫外災變」（ultraviolet catastrophe）。

同年稍晚，德國物理學家普朗克（Max Planck）提出了能量以小包裹（或「量子」〔quanta〕）的形式存在的想法，為這個看似無解的問題罕見地迅速找到了解決方案。量子是頻率乘以一個極小數值（即普朗克常數）的整數倍。普朗克並沒有意圖解決瑞利計算上的問題，而是嘗試處理黑體如何輻射的大問題。透過將光的能量限制在有限的小包中，並設其能量大小與頻率成正比，普朗克發現他可以將輻射的分布移向較為適中的頻率和波長一帶，這是因為高頻光（短波長）比低頻光（長波長）有更多的能量「成本」。

這就像用各種面值的硬幣填滿小豬撲滿，包括二十五美分和一美分。由於二十五美分比一美分的尺寸要大，所以前者可放進撲滿裡的數量比後者少。因此，人們會預期存錢罐裡主要是一美分。然而，如果這些硬幣是昂貴的收藏紀念幣，其中一美分比二十五美分更稀有且更昂貴，那麼可放進撲滿裡的一美分數量可能會變少。因此，一美分的較高成本會平衡它們的較小尺寸，從而使撲滿內的幣種混合更為均勻。同樣地，在普朗克的模型中，高頻率量子的較高能量成本平衡了它們的短波長，促使了與物理現實相符合的更均勻分布。

普朗克原本將離散量子的概念視為數學工具，而非實際的物理限制。然而，在隨後的數年中，量子概念將被證實對物理學的根本重塑至關重要。愛因斯坦在這一過程中發揮了重要作用，他在一九〇五年「奇蹟之年」（*annus mirabilis*）發表的光電效應（photo-electric effect）研究，邁進了人類在物理學上的一大步。

在奇蹟發生之前，愛因斯坦度過了一段在智性上勤奮耕耘的時期。他在經濟困頓的時期完成了這些突破性的計算。「他生活的環境在一定程度上曝露了他的貧困，」塔爾梅回憶道，「他住在狹小簡陋的房間裡。他……正努力謀生。」[10]

由於沒有學術職位，阿爾伯特起初靠家教維持生計，而後在伯恩（Bern）專利局擔任「三等技術專家」——這份工作是在格羅斯曼父親的幫助下，經由其認識的局長而謀得。在評估新發明的藍圖是否為原創並可行之餘，他設法抽出時間追求物理學的深奧問題。由於他的效率極高，每天只需要花幾個小時就能完成工作，剩餘的時間便可用於自己的研究。

促使愛因斯坦進入專利局工作的財務壓力部分源自於米列娃的懷孕。儘管他試圖安慰她一切終將苦盡甘來，但這段時期對她來說並不愉快。米列娃自己的科學事業陷入了瓶頸，因為她再一次未能通過畢業考試。阿爾伯特曾承諾會支持她，但實際上卻埋首於自己的工作。

一九〇一年底，米列娃獨自返回她的故鄉諾維薩德（Novi Sad）。她於一九〇二年一月在她父母的家中，生下了她和阿爾伯特的女兒麗瑟爾（Lieserl）。麗瑟爾的餘生成為了歷史上的一個謎，一些歷史學家推測，她被一個塞爾維亞家庭收養而後早夭。愛因斯坦可能從未見過他的獨生女，並對父母、其他家庭成員和朋友隻字不提關於她的任何事，僅有一個被藏起來的信件盒在他死後被歷史學家打開，才揭示了她的存在。

米列娃返回伯恩，二人於一九〇三年一月結婚。同一年，他們搬到伯恩主要街道克拉姆街（Kramgasse）的一間公寓，靠近著名的鐘樓。他們還會有兩個孩子，分別是一九〇四年出生的漢斯・阿爾伯特（Hans Albert Einstein）和一九一〇年出生的愛德華（Eduard Einstein）。米列娃沒有繼續追求自己的事業，轉為支持阿爾伯特的物理學事業，同時照顧孩子和打理家居。她的夢想未能實現，婚姻關係也變得緊張，她陷入了充斥著抑鬱的單調生活中。在人生的蹺蹺板上，她下落，而他卻高飛。

在大體而言沒有家務責任、且工作挑戰性不大的情況下，愛因斯坦找到時間與一群在初抵伯恩後不久便結識的朋友討論哲學。他們以古希臘人為榜樣，自稱「奧林匹亞學院」（Olympia Academy）。創始成員是來自羅馬尼亞的學生索洛文（Maurice Solovine），他對各種主題均感興趣。一開始他只是回應了愛因斯坦發布的家教廣告，但他們的師生關係迅速發展為友誼。該小組的另一位固定成員是數學家哈比希特（Conrad Habicht）。他們定期聚會，討論了馬赫、龐加萊（Jules Henri Poincaré）、史賓諾莎以及更多人的作品。他們生動的辯論塑造了愛因斯坦的思維，幫助他發展出對人類知識至關重要的貢獻。

懷著重返學術界的希望，愛因斯坦於一九〇五年初在蘇黎世大學（University of Zurich）完成了博士論文。他推導出一個公式，可經由測量流體的黏滯係數（流動時的阻力），來得出溶液中粒子的大小。這項實用的研究中沒有任何跡象預示他即將點燃的一連串思想爆炸。

那年春天，愛因斯坦瞄準了目標，他直面古典物理學，點燃引信，並丟出了他的手榴彈。他向著名的期刊《物理年鑑》（*Annalen der Physik*）提交了四篇論文。其中一篇是他博士論文的改版，其他三篇文章——關於光電效應、布朗運動（Brownian motion）和狹義相對論（special theory of relativity）——將動搖物理學的基礎。

愛因斯坦有關光電效應的論文鞏固了普朗克的量子概念，使之變得具體且明確可測量。該論文探討了將光照射在金屬上並提供足夠的能量釋放電子會造成的結果，如果光僅僅是一種波，理論上其能量大小主要取決於光的強度，因此，一束明亮的紅光必然會具有比微弱的紫外光更多的能量；而且光的強度可以連續增減，因此，如果光所具有的能量大小主要是由強度所決定的，光的能量理應可以為任何連續數值。當光的能量擾動電子時，電子會以與光強度有關的速度從金屬中逃逸——光越強，電子的速度越快。

然而，愛因斯坦另闢蹊徑，提出在某些情況下，光的行為會像粒子一般，表現得像粒子的光後來被稱為光子（photon）。每個光子均攜帶一個能量包，包裹裡面的能量大小與光的頻率成正比。因此，高頻光源發射的光子比低頻光源的光子具有較多的能量——例如每個藍光光子的能量比紅光光子更高。因此，與低頻光相比，將高頻光照射到金屬上較容易使其釋放電子，並較容易使電子快速運動。被釋放的電子速度與照射在金屬上的光頻率美妙地呈現正相關，這一結果在世界各地的物理實驗室中被無數次重複驗證。

由愛因斯坦所確立的光電效應——電子以離散的量子方式發射和吸收光——提供了原子如何運作的重要線索。這些洞見對丹麥物理學家波耳（在十年之內）發展出原子模型至關重要。波耳將證明，電子可以透過吸收光子而躍遷至更高的能量狀態，也可以透過發射光子而下落至較低的能量狀態。

如果光電效應是愛因斯坦奇蹟之年最主要的研究成果，他肯定也能名聲大噪——確實如此，這項成就使他在一九二一年獲得諾貝爾物理學獎。然而，這個發現僅僅是他將呈現的宏大科學交響曲的序曲。

愛因斯坦在一九〇五年發表的另一篇重要論文則是關於微小粒子的微幅隨機擾動，這個名為布朗運動的現象以蘇格蘭植物學家布朗（Robert Brown）命名。在一八二七年，布朗觀察到水中花粉粒子的不規則運動，但他無法為其不穩定行為找到令人信服的解釋。愛因斯坦決定以他的博士論文為基礎，模擬被水分子撞擊的粒子如何運動，發現它們正如布朗觀察到般不規則地蹦跳。愛因斯坦將布朗運動解釋為無數粒子碰撞之下所造成粒子呈之字狀的移動，提供了原子存在的重要證據。

可以說，愛因斯坦在他的奇蹟之年中最重要的成果是狹義相對論。他終於解決了在青少年晚期一直困擾著他、有關追逐光波的問題。結論是，無論你走得多快、多麼努力嘗試，都無法追上光波，任何由物質構成的東西都無法達到光速。

今天，科學界已習慣了宇宙速限的觀念，但在當時，這個觀念幾乎是不可思議的。牛頓所描述的古典物理學作為不變的鐵律沿襲了數個世紀，在其中相對速度被認為只是簡單的加法。因此，如果你在一艘船的甲板上乘滑板以某個速度向西移動，而那艘船相對於海洋也以一定速度向西航行，這兩個速度將相加，你相對於海洋的速度將是你控制滑板運動的速度加上船的速度。如果船以光速的三分之二在海洋上疾行，而你能使滑板達到同樣驚人的速度，那麼你可以輕易超越光速。

在愛迪生的時代，似乎只有想像力能給予能量限制。電力能夠照亮城市、推動有軌電車和火車，並使工廠運作；在世上一定可以找到足夠的能量，去加速任何東西使其達到任何速度。如果一顆電池能讓某物以某速度移動，根據運動定律，數十億顆電池毫無疑問能使它以數十億倍的速度移動。

然而，透過直面馬克士威的電磁學方程式，並忽略以太（如果它存在的話）的任何作用，愛因斯坦認為，真空中的光速是一個絕對常數，對於任何測量者來說皆如此。以驚人速度與光競速的運動者們仍會觀察到，光以與他們靜止時相同的速度從他們那裡飛奔而去。因此，不論人們嘗試多快速地移動，光就像沙漠中的海市蜃樓，始終可望而不可即。

愛因斯坦意識到他需要撕毀牛頓的部分條約，以解決光速恆定與相對速度在概念上的矛盾。他決定捨棄絕對時間和絕對空間的概念（後者為馬赫所極為不喜），用更具彈性的觀念來取代。他推論道，如果移動的觀測者看到時鐘秒針變慢、尺沿著運動方向縮短，光速便可以保持相同的值。這兩個觀念——時間膨脹（time dilation）和長度收縮

（length contraction）——將修正後的運動學理論與馬克士威的理論結合在一起，驅逐了克耳文所言陰影的其中之一，為科學界迎來了晴朗的未來。

時間膨脹涉及「原時」（proper time，即與研究目標一起移動的觀察者的時間）和相對時間（即與第一位觀察者以不同固定速度移動的第二位觀察者的時間）之間的差異。例如，假設第一位觀察者乘坐著一艘以接近光速運行的太空船，對這位乘客來說，太空船上的時鐘就是原時。然而，如果另一位在地球上的觀察者——假設是第一位觀察者的妹妹——能夠設法看到時鐘（使用一台對準太空船巨型窗戶的超強望遠鏡），她會觀察到它走得較慢。

要理解這種差異的原因，可以想像那位乘客在太空船上用光束玩桌球遊戲來消磨閒暇時光。在這個遊戲中，他將光線反射到天花板的鏡子上——將光線直射向上，再看它反射向下，並記錄其所需的時間。當他的妹妹在遠處觀察哥哥的娛樂活動時，她同時看到他的船在太空中飛行，她會觀察到光線以鋸齒狀的路線運動，而非直上直下。太空船的橫向運動與光線的上升下降會產生一種倒V形的路徑。如果她假設光速是恆定的，她會推論出光線行經了更長的距離，因此需要花比她的哥哥所測得的更長的時間。所以，她會看到船上的時鐘比她哥哥所觀測到的走得更慢。

相對論性長度收縮是勞倫茲－費茲傑羅收縮的變形，涉及空間本身在運動方向上的收縮，而非物質的擠壓。與物體如騎雙人自行車般一起移動的觀測者會測量到其原長度（proper length），以不同的恆定速度移動的其他觀測者則會觀察到物體沿著運動方向的長度變短。

為了理解這個概念，想像太空船上的乘客決定將「光束桌球」的反射平面改為太空船的前壁（沿著船的運動方向）而非天花板。他在那面牆上放置一面鏡子，並將光源對準鏡子，將光束水平地來回反射。他將經過的時間乘以光速，以確定光束的總路徑長度。在地球上，他的妹妹也用她的超強望遠鏡對準太空船，以測量光束路徑的長度。由於船與光束的運動方向相同（在光束反射之前），她記錄的光束來回反射所需的時間會比她哥哥估算的要快。因此，她觀察到光束的路徑長度較短。

愛因斯坦關於狹義相對論的後續論文說明了質量在高速運動下會發生什麼變化。他提出，相對論質量是一種能量，並能以現今著名的公式 $E=mc^2$ 互相轉換。物體從靜質量（rest mass）開始——可以說是它的天賦「物」權——經由加速，它會累積與其動能相應的額外質量。當它越接近光速，質量越大。若要實際達到光速，物體需要將無限多的能量轉換為質量——而這是不可能的。因此，對於物質而言，光速是不可企及的（除非它本來就在那個速度）。

時間與空間的統合

愛因斯坦發表了他的卓越成果後，開始獲得德國科學界的關注。然而這時離他收穫國際聲譽還有一段時間。早期的支持者之一是物理學家馮・勞厄（Max von Laue），他當時是普朗克在柏林的助理。在一九〇六年夏天，馮・勞厄設法安排與愛因斯坦在專利局見面。他坐在等候室裡，熱切期待見到這位被譽為牛頓後繼者的天才。

「那位出來見我的年輕人令我如此意外，」馮・勞厄回憶道，「以至於我壓根沒想到他就是相對論的創始人，因此我跟他擦身而過。當他從等候室折返時，我們才認出了彼此。」[11]

馮・勞厄致力於推廣愛因斯坦的相對論，並探究其意義。他將寫出第一本有關相對論的入門書，並於一九一一年出版。愛因斯坦非常感激他的友誼與支持，這樣的關係持續了一生。

另一位鼓勵愛因斯坦的人是閔可夫斯基，他對這位前學生刮目相看。他的「懶狗」

學生竟然解開了如何詮釋馬克士威方程式的長期困惑，閔可夫斯基感到驚訝，並決定以在數學上更嚴謹的方式重新建構這一理論。那時，他已被授予數學聖地哥廷根大學的職位，在那裡，深具影響力的邏輯學家兼幾何學家希爾伯特（David Hilbert）繼承了克萊因的衣缽，成為推動該領域創新的主要旗手。在這個一切都超越歐幾里得的研究中心，閔可夫斯基有大好機會從創新的幾何學方法中獲益。

閔可夫斯基聰明地確定了愛因斯坦的理論若是穿上四維幾何的衣裝，會顯得更加優雅。他設計了一種與歐幾里得空間不同的替代方案，主要與歐氏空間有兩個關鍵區別。第一是時間（被乘以光速以獲得正確的單位）作為第四維度被納入考量，長度、寬度和高度與時間一起成為描述自然的方式，他稱這種融合為「時空」（spacetime）。

第二個改變涉及在（用來決定距離的）畢氏定理中加入一個負項。它的標準版本——直角三角形二股的平方和等於其斜邊的平方——已被使用千年以找出直角三角形的斜邊，例如，應用在一個邊長為三、四和五單位的直角三角形中，$3^2+4^2=5^2$。閔可夫斯基對此進行修改並納入時間項，指出空間距離的平方和減去第四個座標（時間乘以光速）的平方等於「時空間隔」（spacetime interval）的平方。時空間隔是四維中最短路徑的長度，是一種同時考慮空間和時間的廣義距離量。它代表了兩個（發生在不同地點和不同時間的）事件的相鄰程度，可以透過測量事件之間的四維最短路徑而得出。

知道事件之間的時空間隔能告訴你它們是否有因果關係——即一個事件是否可以影響另一個事件。如果時空間隔為零（稱為「類光」〔lightlike〕）或負數（稱為「類時」〔timelike〕），那麼較早發生的事件可能影響較晚發生的事件。然而，如果時空間隔為正數（稱為「類空」〔spacelike〕），則兩事件不可能有因果關係，因為這需要超光速的信號傳遞。因此，如果一位女演員在二〇一六年奧斯卡頒獎典禮上穿著某種風格的禮服，而四光年外的比鄰星人於二〇一七年採用相同的風格，則後者不能被控抄襲，因為兩事件的時空間隔將是類空的，彼此之間沒有因果通訊的可能性。這個信號需要最少四年、而非一年的時間才能傳達，比鄰星人的時尚宣言僅僅是宇宙中的巧合。

通過將狹義相對論設為四維時空中的理論，閔可夫斯基將時間膨脹和長度收縮詮釋為將空間轉換為時間的旋轉。要了解這種旋轉是怎麼運作的，我們可以把時空間隔想像成風向標，北方代表時間，東方代表空間。在兩個不同的視角之間切換就像是將風向標從東北轉向北北東——這將減少一些向東的分量，隨之換來更多向北的分量。同理，時空間隔的旋轉可能會減少兩個事件之間的空間距離，同時增加它們的時間距離。

閔可夫斯基在科隆（Cologne）召開的第八十屆德國自然科學家與醫師大會（Assembly of German Natural Scientists and Physicians）上得意地宣布了他的發現，並強調了它們革命性的本質：「我所希望呈現給你們的、空間和時間的觀點根源於實驗物理學的土壤，而這正是它的力量所在，它是革命性的。因此，從今以後，單一的空間或時間註定會消失於無形，只有二者的某種統合才能具有獨立的意義。」[12]

雖然愛因斯坦最初認為閔可夫斯基將他的理論重塑得過於艱澀，但幾年後，他將會慢慢領悟到其精妙之處。這對他的思維產生了深遠的影響，幫助他意識到高等數學在推展物理學的進程中至關重要。

在一九〇八年，與閔可夫斯基的發表同年，愛因斯坦取得了博士後資格並開始在伯恩大學（University of Bern）教書。隔年他被授予蘇黎世大學的職位，在那裡，他開始發展狹義相對論的續章：一個被稱為廣義相對論（general theory of relativity）的重力理論。為了發展它，愛因斯坦需要改變他對高等數學的看法。

是時候擺脫童年的限制了，儘管那本破舊幾何書的平面歐氏幾何曾經讓年輕的愛因斯坦受益良多，但要拓展他的理論，他需要採用非歐幾何和三維空間之外的第四維度。愛因斯坦的進展將進而激勵薛丁格，將他兒時對天文的迷戀（體現在他與阿姨一起跳的「行星舞蹈」上）深化為對重力的相對論性方法的興趣。這兩人將在歐洲動盪不安的時局中——戰爭、經濟蕭條、政治動盪，以及更多的戰爭——與理論問題搏鬥。

第二章　重力的試煉

一位愛國的小提琴作曲家，來自盧頓（Luton）
譜寫了一首送葬進行曲
他用弱音器演奏，以記錄
如他所述——
一位猶太裔瑞士籍的日耳曼人
部分地推翻了牛頓的《原理》（*the Principia*）。

——一九一九年在《笨拙雜誌》（*Punch*）發表的五行詩[1]

牛頓的重力理論雖然簡單優雅，但愛因斯坦認為它毫無吸引力。這個理論將重力視為兩個遙遠具質量物體之間即時且無形的連繫：看不見的重力線以某種方式引導著天體穿越太空。愛因斯坦同意馬赫的觀點，認為大自然應該是可測量且可觀察的，因此他尋求對重力更深入的解釋。

此外，狹義相對論為因果傳訊的速度設下了光速的上限，而牛頓的理論並不遵守這一規範。它預測，如果太陽消失，地球將立即沿著直線軌跡橫越太空——甚至在最後一束太陽光抵達之前。地球是如何在太陽消失的訊息抵達之前，便知道要做出如此反應呢？愛因斯坦因此意識到，重力需要使用相對論的語言重新表述。

愛因斯坦虔心讚賞馬克士威處理電磁學的方法（他的方法根植於場的概念），因此他同樣希望構建一個重力的場理論。場代表了力在空間中對物體的潛在影響力，在空間中的每一點都有特定的數值。場在某個位置的強度有助於決定處於那裡的粒子將受到多少力作用。例如，電場決定了電子、質子或其他帶電體在任一位置將受到多少電力作用，磁場與磁力的關係也與此相同。

讓我們想像一個表現海洋中波浪的強度和方向的場。若一名不幸的水手發現自己處於場強度特別強的地方，他可能會看到自己的船隻被巨大的力量劇烈搖晃，使他偏離航線。即使他不知道這些巨浪的來源——比方說一次海底地震——他也會親身體驗到其可怕的影響力。因此，儘管擾動的根源可能極為遙遠，但場充當了傳遞的媒介，使其影響能即時作用在空間中的每一個地方。愛因斯坦看出電磁力和重力之間明顯的相似性（例如它們的強度隨著物體之間距離的平方減弱），於是在一九一〇年代早期便著手尋找重力的場方程式，結果便是他傑出的廣義相對論。經由在不同種類的自然力之間作類比，他立下了日後將它們統合的基礎。

在他與廣義相對論艱苦搏鬥期間，愛因斯坦來到維也納，發表了一份進度報告。他在研討會上激勵人心的演講啟發了二十多歲的薛丁格，使他從研究實用的問題（如光和輻射可測量的性質）轉而關注更基礎的問題（如重力之謎和宇宙本身的特性）。愛因斯坦在電磁學和重力之間建立的關聯，為薛丁格未來尋找統合自然力的理論播下了種子。一九一三年的維也納會議成為了他研究生涯中的一個轉捩點，薛丁格以愛因斯坦為榜樣，宇宙中的一切似乎都將在他聰明才智的掌握之中。

帝國遲暮

奧匈帝國光輝燦爛的首都即將失去光彩。它的核心之火將會被澆熄，而它衛星般的附屬國將如同餘燼般隨風而散，奧匈帝國的消亡將如同日食般迅速而徹底。然而，並非一切都是悲觀的，在這樣的黑暗時刻，那些在白日中從未被見過的星星將有機會閃熠生輝。

哈布斯堡（Habsburg）正在舉辦一場派對——這是一場思想的盛會，後來在歷史上被定論為對維也納黃金時代的盛大告別。數千名歐洲最優秀的德語科學家受邀參加，從布拉格到布達佩斯、從柏林到蘇黎世，年輕和資深的科學家們相聚一堂，探詢有關粒子、原子、光、電、統計物理的驚人新理論。雖然有些著名人士未能出席——如普朗克和慕尼黑物理學院（Munich's Physics Institute）德高望重的院長索末菲（Arnold Sommerfeld），然而，對物理學新發現的熱情使得奧匈帝國物理學的最後一舞成為一場值得銘記的盛會。

當年的德國自然科學家與醫師大會（五年前閔可夫斯基在科隆演講的同一會議）極盡奢華。它於一九一三年九月二十一日至二十八日在維也納大學物理研究所嶄新的總部召開，鄰近波茲曼小街（street of Boltzmanngasse）。作為他續任所長的條件，埃克斯納堅持建造了這棟新建築。在大樓宏偉講堂內舉行的會議結束後，七千多名與會者可以選擇參加皇室舉辦的豐盛招待會、維也納市政府舉行的晚宴，或是由維也納物理學家慷慨安排的聚會。肯定沒有人抱怨食物不夠豐盛。

在各式討論主題中，輻射和原子物理學是最熱門的話題，其中一位發表者是德國物理學家蓋革（Hans Geiger），他是蓋革計數器的發明者（他在一九〇八年提出初步形式），也是著名的紐西蘭物理學家拉塞福（Ernest Rutherford）的前同事。一九〇九年，在曼徹斯特大學（University of Manchester）受拉塞福的指導下，蓋革和馬斯登（Ernest Marsden）進行了一項精巧的實驗以探測原子。他們用α粒子（與氦離子相同的一種輻射）撞擊金箔，發現幾乎所有的粒子都不受阻礙地穿過了金箔。然而，一小部分粒子卻以銳角反射，就像彈力球在水泥牆上反彈一樣。根據這些出人意料的結果，拉塞福推測原子主要由空無一物的空間組成，但具有微小而帶正電的核心（被稱為原子核〔nuclei〕）。他在一九一一年提出原子的初步模型，從根本上改變了原子的概念。這個模型描述的原子與太陽系相似，其中帶負電的電子圍繞著帶正電的原子核在軌道上運行。原子不再被認為是如小彈珠般不可分割的固體，而是大部分純粹由空無組成的複雜結構。蓋革在會議上的演講著重於偵測α粒子和β粒子（後者是另一種後來被確定為電子的輻射）的實驗方法。

身為在埃克斯納物理學研究所（Exner's Physical Institute）和附近的鐳輻射研究所（Institute for Radium Research）工作的年輕研究員，薛丁格也對偵測輻射產生了興趣。

就在一個月前，薛丁格剛剛前往奧貝特魯姆湖畔、鄰近薩爾茲堡（Salzburg）的塞厄姆村（Seeham），記錄大氣中一種放射性衰變產物A鐳的量。他使用採集管和靜電計進行了近二百次測量，計算出大氣中A鐳含量隨時間推移的變化。奇怪的是，他發現A鐳含量的峰值僅佔大氣輻射的一小部分。基於薛丁格與其他人做的測量，科學家們得出結論，大氣中的輻射必定有其他來源——如伽瑪射線——以補足其餘的部分。研究人員於是開始探究其餘輻射的可能成因。

與薛丁格的研究息息相關、又身處家鄉，九月下旬的這次會議可謂正中下懷。他可以聆聽有關放射性、原子核及其相關主題的最新發現的演講。德國哈雷（Halle）的天文物理學家考爾赫斯特（Werner Kolhörster）的演講描述了他裝有輻射檢測設備、離地數英里的高空氣球飛行。他證實了奧地利物理學家赫斯（Victor Hess）早前測量的結果，描述來自外太空的「穿透性輻射」如何在高海拔處顯著增加。現今我們將這種來自外太空的輻射稱為「宇宙射線」（cosmic ray）。由於考爾赫斯特的證實，科學史學家梅赫拉（Jagdish Mehra）和瑞岑堡（Helmut Rechenberg）曾建議將這次會議定為「宇宙輻射的誕生之日」。[2]

在研討會上，包括愛因斯坦在內的許多與會者第一次耳聞波耳同年稍早提出的、有關原子結構的非凡理論。愛因斯坦認為波耳的成就是「最偉大的發現之一」。[3]儘管研討會中的報告沒有特意提及波耳模型，但勝利的絮語通過匈牙利物理學家德赫維西（George de Hevesy）的個人宣傳旁敲側擊地傳到了人們耳中，因為他曾親眼見證了它的發展。一九一二年，當波耳作為博士後訪問學者在曼徹斯特與拉塞福合作時，德赫維西正在那裡工作，他目睹了波耳和拉塞福的合作在推展原子理論上取得了豐碩成果。隨後，德赫維西被任命為維也納鐳輻射研究所的研究員，在這裡他有最理想的身分向感興趣的與會者傳達有關波耳研究令人振奮的消息。

波耳採用了拉塞福的行星模型來描述原子，並利用量子概念解釋其穩定性及光譜線的形成方式。表面上來說，電子不應在原子核周圍擁有穩定的運行軌道。相反，由於它們對帶正電原子核的電吸引力，最終應該向內呈螺旋狀前進，並在向中心墜落時發出輻射。根據古典物理學的準則，這種輻射的頻率應該與軌道的頻率相同。

然而，事實並非如此；原子是穩定的，因此需要某種原因來解釋為何電子喜歡待在穩定的軌道上。波耳巧妙地推論出電子的角動量必須是不連續值，且為常數$\hbar$的整數倍，這個常數則被定義為普朗克常數除以2π。換言之，角動量跟能量一樣是量子化的。

角動量是一個由物體質量、速度和軌道半徑決定的物理量。它在任何旋轉的物體中——例如一位正在做趾尖旋轉的芭蕾舞者或一個自轉中的星系——發揮作用。在古典物理學中，它是一個連續的參數，這表示它可以呈任意值。如果舞蹈教練要一位舞者將她的搭檔轉得更快一點，她可能會更用力地拉他的手，以給他足夠的推力（在術語上稱為力矩〔torque〕）來增加他的角動量。

令人驚訝的是，波耳發現電子不能以任意速度或軌道半徑旋轉，它們只能獲得或失去有限的能量和角動量來改變狀態。因此，電子這名「舞者」並不是連續性地調整它的位置或速度，而是突然從一個位置跳到另一個位置，就像頻閃燈下方光影的移動一樣。

電子能量狀態的變化發生在其吸收或發射光子的時候。光子的能量是其頻率乘以普朗克常數，當光子被吸收或釋放時，含有這個能量大小的量子就會分別被獲得或失去。令人驚訝的是，正如波耳所解釋的，輻射光子的頻率與電子的軌道頻率（即每秒繞圈的次數）毫無關係。反之，它是一個獨立的量，只取決於光子在不同能階（energy level）之間躍遷的能階差大小。

波耳關於量子化角動量和能量的假設，首次使氫原子中電子的軌道半徑和能階得以被準確預測。波耳的原子模型為原子這個「太陽系」提供了一組「克卜勒定律」（Kepler's laws，行星運動的規則）。儘管它顯然是不完備的——它只適用於氫原子，而且其量子化角動量和能量假設的合理性未經證明——但它與現有數據契合。這個模型出色地通過了其最主要的決定性檢驗：它預測氫原子光譜的波長與芮得柏公式（Rydberg formula）一致。

芮得柏公式由瑞典物理學家芮得柏（Johannes Rydberg）於一八八八年提出，是一種推導原子光譜波長的簡單演算法。它預測出氫原子光譜中幾個不同的光譜序列，稱為來曼系（Lyman series）、巴耳末系（Balmer series）、帕申系（Paschen series）等。波耳證實了這些序列——以及廣義上來說芮得柏公式——完全源自他關於氫原子中電子和光子的假設。每條光譜線的波長都與電子在兩個不同的能階之間躍遷時釋放出光子的能量相符。

現今，波耳的模型被稱為「舊量子論」。他關於量子化的特例假設（ad hoc assumptions）增進了我們對原子的理解，但無法通過任何已知的物理準則來解釋。還需要薛丁格、德布羅意、海森堡及其他人在一九二〇年代勤勤懇懇的工作，才能將量子理論建立在遠比波耳模型堅實的基礎上。

革命的輪廓

一九一三年的維也納會議中，愛因斯坦在九月二十三日上午的演講最為大眾所期，演講主題為「重力問題的現狀」。宏偉的講堂內擠滿了聽眾，渴望聆聽這位曾在一年內發表如此多篇驚人論文的科學家談論其最新理論。愛因斯坦並沒有讓大家失望，他發表了生涯中最為重要的科學演講之一，內容為一個超越牛頓定律並重新解釋重力的構想。他以少量馬赫哲學的誘人論述、淺嘗輒止的高等數學，以及對日食期間星光行為的迷人預測，讓求知若渴的聽眾一瞥他那將會成為廣義相對論的精妙構想。

愛因斯坦以電磁學的簡略歷史開啟了他的演講，以庫侖（Charles-Augustin de Coulomb）提出電荷間作用力的平方反比定律破題。他展示了十九世紀中法拉第等人的貢獻，如何揭示了電與磁之間的深刻關聯，這個關聯最終在馬克士威方程式身上臻於完善。愛因斯坦強調，這些關聯形成了一個統一理論，將兩種曾被認為無關的自然現象結合在單一理論之中。他指出，馬克士威方程式為訊息傳遞設定了速度上限——即真空中的光速。為了使古典理論中相對速度的概念與光速不變的新事實相一致，狹義相對論應運而生。

愛因斯坦繼續說道，如今到了該處理自然界的另一種基本力——重力——的時候了。當時，重力只處於庫侖定律（Coulomb's law）被提出時電學所處的階段。牛頓的重力平方反比定律所具有的「遠距作用」概念，類似於庫侖的想法，也同樣是不完整的。愛因斯坦強調，是時候發展一個描述（包含重力在內的）所有自然力的完整場理論，而不應該繼續沿用過時的想法——即交互作用可以在遙遠距離下即時發生。狹義相對論規定，重力不可能在兩個相距遙遠的大質量天體之間即時傳達，它們交互作用的速度絕對無法比光速更快。因此，重力理論需要被重寫，以成為一個遵守自然界速限的區域性場理論。

愛因斯坦將電磁力和重力作類比，顯然替統一解釋兩者立下了基礎。他希望將馬克士威統合不同力的計畫進行下去，將重力也納入其中。單單解釋重力本身只是計畫的第一個環節。

薛丁格傾耳聆聽這位未來將成為他導師的科學家演說。愛因斯坦清晰地解釋了自然力之間的深刻連結，打開了他的眼界，讓他看到基礎理論物理學驚人的可能性。隨後，薛丁格將發現自己可以處理任何類型的問題，包括比他之前側重的大氣輻射測量更為廣闊的宇宙學問題。

當時，薛丁格是少數能完全理解愛因斯坦統合自然力雄心的科學家。「愛因斯坦提出的概念」，他後來寫道，「從一開始就囊括了所有種類的動力學相互作用（並非在之後無數次試圖拓展理論時才加入），而非僅包含重力。」[4]

隨著他在物理學上的抱負更為遠大，薛丁格隨即將開始閱讀大量哲學著作。他的目光聚焦於自然界中的統一跡象，隨之而來對統一原則的追尋，將他引領至十九世紀德國哲學家叔本華、東方神祕主義者，及其他試圖解釋宇宙運行機制的思想家著作。

毫無疑問，薛丁格與愛因斯坦對馬赫哲學的共同興趣使兩人緊密相連。馬赫身體孱弱，早已退休，但仍然積極關注科學現況。愛因斯坦將馬赫對牛頓慣性體系的批評（即相對於「絕對空間」的恆定速度）和他模糊不清的替代性想法——遙遠星體的吸引力造成慣性——轉化為質量和慣性之間的特定關聯。在愛因斯坦對馬赫的詮釋中，宇宙中所有天體的質量對物體產生集體影響，使物體自然地以恆定速度沿直線運動。因此，慣性是宇宙中質量分布的綜合效應，類似於城市中路燈的集合將影響它們所形成的微弱夜間光暈。（在會議空檔，愛因斯坦拜訪了住在維也納的馬赫，並與這位年老、留著灰白鬍鬚的哲學家談論兩人共同在科學上的興趣。）

隨後，愛因斯坦在演講最具技術性的部分中，勾勒了他與格羅斯曼一起發展、以數學形式呈現的想法。這些想法將空間中的質量分布與空間的四維幾何相連，最終更與物體的區域性運動（我們所稱的重力加速度）相連。他指出，他的理論奠基於這一理念：即慣性質量（inertial mass，物體對力如何加速反應）與重力質量（gravitational mass，物體如何透過重力被其他物體吸引）完全相等。這導致了在物體的運動方程式中，等號兩邊的質量相互抵消，意味著在空間中的任一點，任何具有質量的物體都會表現出相同的行為。因此，物體的位置——以及由宇宙中質量分布所形塑的空間幾何——決定了其行為。

愛因斯坦演講的高潮是一個大膽且可檢驗的預測，這個預測與由太陽引起的星光彎曲有關。他預測，太陽這個大質量的存在將會扭曲其周圍的空間幾何，導致（從我們的角度看）其附近的一切東西將沿曲線而非直線運動。即使是來自遙遠星體的光，在接近太陽時也會彎曲。如果沿著這些光線往回追溯，我們會發現這些星體的位置將與太陽這團質量不存在時有所不同。當然，由於我們通常無法在白天觀察到星星，因此理應不會見到這種重力造成的光彎曲效應。然而，愛因斯坦指出，在日全食期間將可以非常清楚地觀測到星星的「位移」，他建議在即將於一九一四年八月發生在東歐的日全食測量這種位移，並與他的理論進行比較。

維也納會議對薛丁格的研究生涯產生了深遠的影響，他從測量輻射的實驗工作轉向理論研究，開始探討物理學的基礎問題。然而，在他能深入研究會議中接觸到的有關原子物理學、重力以及其他主題之前，命運將再次不饒過他。

一九一四年六月二十八日，奧匈帝國王儲斐迪南大公（Archduke Franz Ferdinand）夫婦在訪問波士尼亞（Bosnia）的塞拉耶佛（Sarajevo）時，被塞爾維亞民族主義者普林西普（Gavrilo Princip）槍殺。一個月之後，第一次世界大戰爆發，薛丁格接到了徵召令。他在義大利前線服役，忠誠地履行包括指揮砲兵連在內的各種義務。另一方面，雖然德國宣布參戰並與奧匈帝國並肩作戰，愛因斯坦卻堅決反對這場衝突，並拒絕參與其中。

一九一七年春天，薛丁格返回維也納繼續履行軍事義務，與他的朋友提爾岑一起從事氣象工作。遺憾的是，戰爭延滯了薛丁格三、四年的學術生涯——這對年輕的研究員來說是一段令人沮喪的漫長時光。回到維也納後，他急於重新展開他的理論研究和教學，以彌補失去的時間。

戰爭也推遲了對愛因斯坦光彎曲假說的檢驗。德國天文物理學家弗洛因特里希（Erwin Finlay-Freundlich）是克萊因的學生，也是愛因斯坦理論的熱烈追隨者。他熱切地規畫了前往克里米亞的探險（在那裡將能清楚觀察到日食），希望能記錄下這一現象。但在他能夠進行測量之前，俄軍俘虜並囚禁了他，令他成為戰俘。戰爭結束後五年，檢驗才將得以進行，愛因斯坦的假設才將會被證實。在此期間，愛因斯坦將繼續發展他的重力理論。

最幸福的想法

早在一九一三年會議之前，廣義相對論便已萌芽。一九〇七年，僅僅在發表狹義相對論後兩年，愛因斯坦腦中閃現了他後來稱為「一生中最幸福的想法」。他回憶道：「當時我正坐在伯恩的專利局內，突然有一個念頭閃過：如果一個人自由下落，他將感覺不到自己的重量。我大為震驚。我對這個簡單的思想實驗印象深刻，它引導我走向了重力理論。」[5]

愛因斯坦偶然發現了等效原理（principle of equivalence），它是一個簡單但鏗鏘有力的概念，後來成為廣義相對論的基石。它源於慣性質量等於重力質量的概念，因此所有物體在純粹的重力作用下加速度都將相等。傳說中，伽利略曾從比薩斜塔上投下石頭和羽毛，以測試這一原理是否成立。由於這一原理成立，自由下落的物體以重力加速度向下加速，並處於失重狀態。這是因為如果一個物體和一個秤一起下落，它們將以相同的速度向下運動，因此秤不會感受到物體的重量；雲霄飛車愛好者在驟然下降時也會感受到這種失重狀態。

愛因斯坦進一步推論，沒有任何物理實驗能夠區分自由下落的物體與靜止的物體（假設沒有其他如空氣阻力之類的力干擾）。因此，如果一個女孩在遊樂園的自由落體遊戲中垂直下降，她在下降過程中進行雜耍、洗牌或堆疊積木的難度與她在靜止狀態下進行這些活動的難度理應相同或相似。因為一切都會以與她完全相同的速度向下加速。

愛因斯坦敏銳地意識到，可以通過將自由下落的參考座標系視為處於靜止狀態，拼湊出一個完整的重力理論。他指出，在每一個參考座標系內，每個物體都將沿直線運動，除非它受到外力而偏移。然而，當從另一個座標系觀察時，這些直線可能看起來是曲線。因此，我們看到物體在重力的作用下將沿曲線運動，這是因為我們是從自己的座標系、而非從物體的座標系觀察。

為了理解這一點，我們可以重溫第一章提到的「光束桌球」譬喻。假設一位太空人在他的透明太空船內使用光束撞擊船一側的鏡子，而他的妹妹則使用假想的超強望遠鏡從地球上觀察他。若他的飛船正在朝著一顆行星自由下落，從他的視角看來，光束會在他的飛船內呈完美的直線運動。如果他在三英尺的高度水平地發射光，光束也會在同樣三英尺高的地方撞擊鏡子。然而，從他妹妹的視角看來，飛船會下落，而光束則會向下彎曲。當光束到達鏡子時，飛船和鏡子已經下降了很多。因此，光束會走一條曲線路徑——從一個較高的起點到一個在鏡子上遠低於起點的反射點。

這一現象使愛因斯坦預測日全食時星光將在太陽附近彎曲，即使那時他的數學技能尚不足以藉由堅實的幾何學框架來強化他的理論。最初，他嘗試對狹義相對論作較為溫和的修改，包括使光速在不同位置上變化，但在數學上的發展未能如他所願。於是他開始思考更複雜的數學方法，例如改變公式中計算距離的分量，但當時他還沒有足夠的知識來完成他的計畫。

大約在一九一二年底，愛因斯坦注意到匈牙利物理學家羅蘭（Baron Loránd von Eötvös）發表的一系列關於慣性質量等效於重力質量的實驗結果。愛因斯坦在得知羅蘭詳盡的研究之前，曾自行提出過類似的實驗構想。花費數十年，羅蘭將一種叫做扭秤的儀器發展到幾近完美，並將它用於探測慣性質量和重力質量之間最微小的差異。透過不同版本的實驗，他的實驗精確度不斷提高，結果仍然顯示這兩種質量之間沒有任何差異。對於愛因斯坦來說，羅蘭的工作證明了由他「最幸福的想法」所啟發的原理不僅僅是抽象的概念，而是經實驗證實的深刻自然真理。「古老的造物者」——愛因斯坦常以此擬人化創造方程式的上帝——留下一條重要的線索，而他的工作就是解開有關重力的謎題。

掙出泥沼

一九一二年七月，愛因斯坦在蘇黎世大學工作約一年，又在布拉格大學工作了一年多之後，他回到了蘇黎世，開始在他的母校ＥＴＨ就職。除了能待在他所鍾愛的瑞士，與他的好友兼數學教授格羅斯曼共事也是一大吸引力。機緣巧合之下，這個新職位對於廣義相對論的發展至關重要。當時，愛因斯坦在高等數學的泥沼中迅速沉沒，需要一雙強有力的手將他拉回安全之地。這位曾在大學時期幫助他學習數學的老同學，在他試圖以幾何方式理解重力的過程中亦無可替代。

儘管格羅斯曼對物理學沒有太大的興趣，但他對愛因斯坦的研究充滿熱情。他為愛因斯坦開授了黎曼速成課程，內容包含如何使用描述非歐幾何中高維度流形性質的張量。（回憶一下，張量是以特定方式變換的數學量，而流形則是可以具有任意維度的面。）他還向愛因斯坦引薦了德國數學家克里斯多佛（Elwin B. Christoffel）、義大利數學家瑞奇 Gregorio Ricci-Curbastro）以及其學生列維－奇維塔（Tullio Levi-Civita）的論文，他們都對曲面幾何的微積分演算作出了貢獻。

格羅斯曼的傾囊相授讓愛因斯坦對以數學表述自己的想法重拾信心。愛因斯坦以極大的熱情投入到理論研究中，暫時放棄了在科學上的其他興趣。當索末菲邀請他前往慕尼黑作有關量子理論的演講時，他拒絕了，並回信道：「我現在只專注於重力問題，並且相信在一位當地數學家朋友的幫助下，可以克服所有困難。我確定，我一生中從未對任何事情如此費心，我也對數學產生了極大的尊敬；以前由於我的無知，這些微妙的部分竟被我視為純粹的奢侈！與現在的這個問題相比，原來的相對論簡直是兒戲。」[6]

有一段時間，愛因斯坦經常在晚上拜訪格羅斯曼，頻繁得讓格羅斯曼的年老女傭對於下樓開門感到厭煩。愛因斯坦的解決方式是要求格羅斯曼「把前門敞開，這樣那位年長的女士就不用費心了」。[7]

在一年之內，愛因斯坦和格羅斯曼便為他們的理論擬好了初稿，愛因斯坦將在一九一三年的維也納會議上發表它。歷史學家把這一早期版本稱為〈綱要〉（*Entwurf*），來自於他們當時發表的一篇名為〈相對論的廣義化理論與重力理論綱要〉（Outline of a

Generalized Theory of Relativity and Theory of Gravitation）的論文。〈綱要〉包含了許多——但並非所有——最終成為廣義相對論的元素。

在狹義相對論中，以定速相對運動的兩名觀察者服從相同的物理定律，例如，馬克士威方程式對於兩者來看是相同的。愛因斯坦在制定廣義相對論時的主要目標之一，便是將物理定律守恆的概念擴展到以加速度相對運動的觀察者。與牛頓力學不同（它偏愛慣性或非加速座標系），愛因斯坦希望他的理論能適用於所有情況。一位研究員無論是在一輛即將停下的火車上的實驗室、還是在旋轉木馬上進行實驗，都應該能夠用與在一般靜止的研究中心中相同的物理學來描述他的實驗。在數學上，這意味著方程式應該對加速座標系（包括加速、減速或旋轉）與非加速座標系均具有相同的形式。愛因斯坦稱這個條件為「廣義協變性」（general covariance）。

然而不幸的是，愛因斯坦發現〈綱要〉並不符合他所希望、獨立於座標系的條件。它沒有達到他所追求的馬赫主義目標——即完全取消對慣性參考座標系的偏好，並建立所有運動形式的「平等性」。相反，某些特定的座標系仍然是受到偏好的。

愛因斯坦轉向另一位老同學貝索尋求〈綱要〉在科學上是否具有效性的建議。如果這個理論在物理上是正確的，也許他可以容忍某些數學上的侷限，例如缺乏廣義協變性。愛因斯坦固執地堅持自己的想法，但如果那時的他能夠看到更有效益的進行方向，他將會迅速放棄這些想法。愛因斯坦一度試圖說服自己，只要方程式簡單並產生在物理上合理的結果，廣義協變性對於完整的理論來說並不必要。

貝索和愛因斯坦決定看看〈綱要〉在天文學的基準檢驗——即水星近日點（最接近太陽的點）的進動（precession，沿公轉方向前進）速度——上表現如何。作為太陽系內離太陽最近的行星，水星受太陽的重力影響最強，因此對於檢驗重力理論最為靈敏。儘管牛頓的萬有引力理論完善地描述了太陽系中其他行星的運動，但它無法解釋水星橢圓軌道如萬花尺圖案般的轉動，在宇宙的亙古中緩慢前進，每三百萬年才會回到重複的路徑。愛因斯坦希望〈綱要〉能夠對進動速度作出更準確的預測。令他失望的是，貝索所進行的計算顯示他的理論仍然無法預測準確的進動率。

另一個愛因斯坦和格羅斯曼在〈綱要〉中提出的預測是恆星光線受太陽巨大質量的影響而偏移。如果弗洛因特里希沒有被捕，他可能在一九一四年的日食期間測量這一現象，並用以檢驗愛因斯坦的預測。如果他能夠進行這一測量，可能會發現〈綱要〉對該數值的預測也並不準確。這個理論顯然需要全面修改——這迫使愛因斯坦花費遠比他預期更長的時間與這些方程式搏鬥。

這場搏鬥將在沒有格羅斯曼和米列娃的陪伴下進行。由於阿爾伯特專注於工作而忽略了家庭生活，且米列娃深受憂鬱所困，他們的婚姻已然陷入了泥沼，而愛因斯坦因工作變動回到德國生活，成為了最後一根稻草。他接到了普朗克和物理學家能斯特（Walther Nernst）的邀請，前往柏林出任三個重要職位：享有盛譽的普魯士科學院院士、柏林大學教授與新成立的物理研究所所長。其中一項福利是他將不再需要授課，可以全心研究他的理論。米列娃勉為其難地在一九一四年四月跟隨阿爾伯特前往柏林，但在那裡痛苦地待了幾個月之後，她決定帶著孩子回到蘇黎世。在此之後，他們開始協議離婚，而這個過程將持續數年。

與此同時，阿爾伯特與他的表妹艾爾莎・羅文塔爾（Elsa Lowenthal）有了新的戀情，而他最終會與她結婚。與米列娃相比，她更為宜室宜家。她經常像對待孩子一樣對待愛因斯坦：為他準備三餐、替他梳理儀容，或者更廣泛地說照料他（如打理他的一頭亂髮）。她也為負責管理他的社交行程表而自豪，享受在公開場合展示他們關係的任何機會。愛因斯坦則對基本生活需求在沒有紛爭的狀況下得到滿足，而感到如釋重負，這使他可以專注於理論計算。除了小提琴的甜美旋律帶來的短暫休息，他不容許任何人事物打擾他對重力理論孜孜不倦的探索。

巔峰對決

在愛因斯坦氣喘吁吁地攀上他的夢想之巔前，他察覺希爾伯特也在競相攀登同一座山峰。一九一五年六月，愛因斯坦在哥廷根向一群求知若渴的聽眾（包括希爾伯特）分享了他發展廣義相對論的進展以及現有的阻礙（包括廣義協變性的問題）。希爾伯特對描述（由物質和能量所塑造的）非歐幾里得式時空的挑戰產生了興趣，決定自己去尋找廣義相對論的場方程式。突然間，愛因斯坦感受到了競爭的壓力。他為世上最具才幹的數學家之一覬覦他追尋多年的獎盃而感到屈辱。競爭非常激烈，但愛因斯坦最終率先在峰頂插上了旗幟。在晚秋，他欣喜地求出了正確的公式。

然而，作為安慰獎，希爾伯特被認為是以另一種替代方式建構出廣義相對論，這種方式被稱為拉格朗日表述。在數學上，拉格朗日量（Lagrangian）是力學系統的動能（運動能量）與位能（位置能量）的差，以座標函數的形式表示。

我們可以藉由一把彈簧槍，來想像位能和動能之間的區別。將彈簧壓縮，位能將增加，這意味著它具有更多的潛能以發射得更遠。釋放彈簧，動能將增加，這意味著它實際上發射（運動）了，同時將位置的位能轉化為運動的動能。現在，將（以速度變量表示的）動能減去（以位置變量表示的）位能，便可以得到拉格朗日量。

十九世紀愛爾蘭數學家兼天文學家哈密頓解釋，可以將拉格朗日量隨時間積分（以微積分求和）得到一個量，稱為作用量（action）。隨後，哈密頓證明，任何力學系統都會以最小化（或在某些情況下最大化）作用量的方式演化。從這一概念——稱為最小作用量原理（the least-action principle）——可以自然地推導出運動方程式，稱為歐拉－拉格朗日方程式（Euler-Lagrange equations）。因此，簡而言之，只要求得系統的拉格朗日量便可以決定它如何演化。

在古典力學中一個簡單的例子是：物體（如太空人幾十年前丟棄的菓珍〔Tang〕盒）在沒有任何力的作用下緩慢地穿越真空。其動能很簡單，是質量的二分之一乘以速度的平方。由於缺乏作用力且真空是均勻的，它的位能為零，因此，物體的拉格朗日量僅為其動能。最小作用量原理表明，使物體擁有最小作用量的路徑就是一直線。將拉格朗日量代入歐拉－拉格朗日方程式，可推導出一條表明物體速度是恆定的方程式。因此，菓珍盒這個形式相對簡單的拉格朗日量注定它將以恆定速度沿直線不停前進。

希爾伯特的貢獻——被稱為愛因斯坦－希爾伯特拉格朗日量（Einstein-Hilbert Lagrangian，導致愛因斯坦－希爾伯特作用量〔Einstein-Hilbert action〕）——在概念上也相當直接。然而，它在數學上豐富到能生成愛因斯坦廣義相對論中的場方程式。此外，如果你想以具物理意義的方式改造廣義相對論，調整拉格朗日量是其中的一種方法。我們將看到，薛丁格最終便是以此擴展廣義相對論，以將其他自然力納入理論之中。

哈密頓還發展了另一種描述力學系統的方法，稱為哈密頓法。他並未將動能減去位能，而是將二者相加。它們的和被稱為哈密頓量（Hamiltonian），可以被用在一組方程式中以求得系統的位置和動量之間的關係。與拉格朗日法一樣，哈密頓法也在現代物理學中扮演了重要角色，包括我們將看到的薛丁格量子力學表述。同樣地，哈密頓工具組也可以應用於廣義相對論，正如愛因斯坦在最終完成他理論時所展示的那樣。

榮耀的大廈

一九一五年十一月四日的普魯士科學院會議是愛因斯坦傑作的首秀，並幾乎以最終形式呈現。他欣喜地提出了完整重力理論的場方程式，這個理論奠基於時空的幾何學。十一月十八日，他再次向同一群人發表另一場演說，在其中提供了解決水星軌道進動這一古老問題的方法。兩個月後，在他的計算最終證實了他的理論之後，他寫信給他的朋友埃倫費斯特說：「廣義協變性與水星近日點進動的方程式被證明正確的時候，你能想像我的喜悅嗎？我興奮得好幾天口不能言。」[8]

愛因斯坦在一九一六年三月二十日於享譽盛名的《物理年鑑》上發表了該理論的最終版本，在此之前，德國物理學家史瓦西（Karl Schwarzschild）已經得出場方程式的第一個精確解，那時他正在俄羅斯前線服役。不可思議的是，他讀了一篇有關愛因斯坦十一月十八日演講的報告，就求出了巨大球狀體這個特例（如恆星）的解。在戰爭的黑暗中，愛因斯坦熠熠生輝的創造點亮了天空，光芒更勝於迫擊砲，給至少一名士兵帶來了希望和啟發。不幸的是，史瓦西患上了致命的自體免疫疾病，於一九一六年五月十一日去世，享年四十二歲。幾十年後，史瓦西解將被用來描述黑洞。自那以來，人們找到許許多多愛因斯坦廣義相對論方程式的其他精確解。

愛因斯坦的黃金聖殿建立在一個堅實的基礎上：宇宙中的物質和能量。廣義相對論的場方程式將物質和能量的分布以應力–能量張量（stress-energy tensor，符號為 $T_{\mu\nu}$）的形式表示，讓你求得另一個數學量的各個分量。這個數學量代表了時空幾何，稱為愛因斯坦張量（Einstein tensor，符號為 $G_{\mu\nu}$）。方程式 $G_{\mu\nu}=8\pi T_{\mu\nu}$（可以用多種方式寫成）被認為是愛因斯坦最重要的貢獻之一，與 $E=mc^2$ 和光電效應的方程式並駕齊驅。這三個方程都被刻在華盛頓特區的愛因斯坦紀念碑上，為他不世出的才華留下了見證。

著名物理學家費曼（Richard Feynman）曾講過的一件軼事彰顯了愛因斯坦場方程式在當代物理界的重力討論中無所不在。費曼受邀參加一九五七年在北卡羅來納州教堂山（Chapel Hill）舉行的第一次美國廣義相對論研討會，當他抵達機場並準備搭計程車前往會議場所時，他不知道研討會是在北卡羅來納大學（University of North Carolina）還是北卡羅來納州立大學（University of North Carolina State）舉行。所以他問計程車調度員是否注意到有些人看起來心不在焉，嘴裡嘟囔著「G mu nu、G mu nu」。⑤ [9]

愛因斯坦方程式的要旨是，由愛因斯坦張量表示、某個區域的幾何形狀是由其包含的物質和能量決定的，這些內容物則由應力－能量張量表示。換句話說，質量和能量會扭曲時空，告訴它在何處應如何彎曲；時空的形狀則反過來決定了物體在其中的運動方式。因此，愛因斯坦的方程式優雅地將宇宙的物質與宇宙的形狀連結起來。

任何一個張量都能寫成其分量和，而這些分量則表現為矩陣或陣列的形式（它們長得有點像棋盤）。愛因斯坦張量和應力－能量張量都可以表示為4×4的矩陣，它們各有

---

⑤ 編案：「G mu nu」即 $G_{\mu\nu}$ 的讀法。

十六個分量，但不是所有分量都是獨立的。這是因為對稱性規則要求，如果具有某一行列編號（例如第三行第四列）的分量具有某特定值，則與之交換行列編號（即第四行和第三列）的分量必須與其具有相同的值。這就像將西洋棋的棋子排列成沿棋盤對角線反射的鏡像一樣，我們稱這樣的張量是對稱（symmetric）的。

依循對稱性規則，愛因斯坦張量有十個獨立的分量，應力－能量張量也是如此。因此，將兩個張量連結起來的愛因斯坦方程式將導出十個分量之間互相獨立的關係。這些關係顯示了物質和能量如何影響時空的各個方面：有些關係可能導致延展或壓縮，有些則可能導致扭轉或旋轉。受到物質和能量的重力影響而可能發生在時空中的任何事，都體現在這些方程中。

如果愛因斯坦方程式如此簡單而優雅，為何還需要花那麼久才能被發展出來呢？俗話說得好，魔鬼藏在細節裡。你無法僅僅使用愛因斯坦張量直接繪製出天體（如行星或恆星）的運動方式，物體運動的方式由另一個數學量決定，這個數學量被稱為度規張量（metric tensor）。從愛因斯坦張量推導出度規張量絕非易事，需要幾個不同的步驟。

假設你知道某個區域的質量－能量分布，並希望求得物體在其中運動的方式，以下是你需要的步驟：首先使用愛因斯坦方程式根據應力－能量張量求出愛因斯坦張量，愛因斯坦張量以及與之相關的黎曼曲率張量（前者是後者的簡易版）都包含時空從一點到另一點的曲率資訊。接著，使用愛因斯坦張量或黎曼張量的分量來構建被稱為仿射聯絡（affine connection，也稱為克里斯多佛聯絡〔Christoffel connection〕）的幾何量。這些「聯絡」決定了當你將向量（具有大小和方向的幾何量）盡可能平行地從一點移動到另一點時，向量的各分量應如何變換。接下來，使用仿射聯絡來求出度規張量的分量。度規張量則經由指定如何測量點與點之間的距離來縫合時空，它提供了適用於彎曲時空的畢達哥拉斯定理。最後，使用度規張量來決定物體可以在空間中行進的最直接路徑。由於時空的扭曲，這些路徑通常是彎曲的，比如行星繞太陽的橢圓軌道。

儘管廣義相對論的數學對博士生來說也可能深具挑戰，但讓我們用一個譬喻來說明它的不同層次。首先，想像一片平坦、無邊無際的沙漠，代表空無一物的時空。我們在沙上散布各種大小和重量的石頭，它們象徵宇宙中各種具質量的物體，如恆星和行星。我們發現，較重的石頭對沙子的下壓力遠遠超過較輕的石頭，形成了更深的凹陷；而沒有石頭的區域則保持平坦。因此，在一特定區域中的質量越大（由應力能量－張量所記錄），凹陷越深，代表由愛因斯坦張量記錄的更大的曲率。

現在想像在我們譬喻的場景中，你無法在沙子或石頭上行走——因為它們太熱了。

因此，我們需要在其上方建造一個堅固的罩子，由順應地形的骨架所支撐。我們收集了許多直杆（區域性的座標軸）和橫杆（仿射聯絡）來構建骨架結構，橫杆以某種方式連接不同的直杆，並引導它們的排列方向。同樣地，仿射聯絡決定了座標軸在空間中如何變化，這取決於基底（沙漠）的凸起或凹陷。

最後，我們織成了一個堅固的罩子，使其緊貼在骨架上方。在某些地方，我們需要將相鄰的點更緊密地縫合在一起，使織物以某種方式彎曲。在其他地方，相鄰的點則連接得較為鬆散。決定如何以正確的方式將罩子緊密縫合在一起，以緊貼其下的骨架結構（以及更其下沙子的凸起與凹陷）——這種縫製方式象徵了度規張量。因此，我們看到度規張量以由仿射聯絡主宰的方式縫合了時空結構，而仿射聯絡則取決於由應力－能量張量形塑的愛因斯坦張量。現在你了解了嗎？

現在讓我們在時空的罩子上散步。我們努力走最短的可能路線，所以我們以找到一條直線為目標。然而，罩子會在其下方有一群大質量石頭的地方凹陷，使得即使是最直接的路線也得不斷改變方向。因此，我們將沿著曲線路徑行進，繞著凹陷的地區轉圈，畫出一個橢圓形。奇怪的是，我們已經進入了軌道——就像年輕的薛丁格在玩行星遊戲時繞著他的阿姨轉圈一樣。

永恆的宇宙

在完成廣義相對論後，愛因斯坦決定將其應用到整個宇宙。他的目標是證明宇宙是一個相對穩定的、由恆星和其他天體組成的集合。他意識到，恆星確實在運動，但它們運動得很緩慢。愛因斯坦提出的宇宙學理論將給予宇宙如牛頓「絕對空間」般的恆久性和穩定性，同時不必訴諸於他（承襲自馬赫的觀點）視為虛構的東西。

愛因斯坦決定從一個基本假設展開他的宇宙學理論：即空間是各向同性（isotropic）的，這意味著空間在各個方向上都是均勻的。他選擇了一種稱為超球面（hypersphere）的簡單四維幾何結構來代表空間的形狀，超球面是將球面廣義化至增加一個額外維度的結果，如果你生活在超球面中並朝任意方向旅行，最終你將回到原點——就像在地球上繞赤道一圈一樣。宇宙具有超球面形狀的優點在於，它將是有限但無邊無際的，只有站在宇宙之外的人才會注意到它的「表面」，而在球面上將沒有邊界，只有重複。阿根廷作家波赫士（Jorge Luis Borges）在他充滿想像力的短篇小說《巴別塔圖書館》（*The Library of Babel*）中巧妙地運用了這一概念，故事中他將宇宙想像為一個廣闊但有限且重複的書籍集合體。

愛因斯坦試圖找到他的場方程式的穩態解，但很快便意識到它的問題：他發現方程式的唯一解是不穩定的。如果稍微改變物質的分布，宇宙要麼會塌縮，要麼會膨脹，就像一個被戳破或被吹脹的氣球。為了製造一個永恆、穩定的宇宙，這樣的解顯然是不合適的。哈伯（Edwin Hubble）對宇宙膨脹的發現——我們現在稱之為「大霹靂」（Big Bang）——在十多年後才會出現。因此，愛因斯坦合理地認為空間是靜態的，並認為膨脹模型不具有物理意義。

為了解決這個問題，他採取了一個相當激進的步驟：在方程式代表幾何的那一邊添加了一個額外的項，以產生他認為可信的解。這個項被稱為「宇宙常數」（cosmological constant），用希臘字母Λ（Lambda）表示，該項通過向反方向拉伸空間的幾何結構來限制重力的不穩定性。他並未賦予宇宙常數任何物理意義，但當時他認為這對於理論的完整至關重要。

在我們的沙漠罩子譬喻中，想像我們建造的整個結構正慢慢下沉進沙裡。與其從頭開始重建結構，我們可能會選擇在周邊建造一些機械裝置，抓住帆布並向外拉伸。我們的設計不會贏得任何建築獎項，但它將完成任務。同樣地，儘管宇宙常數項不夠優雅，但它完成了愛因斯坦設法達成的任務：保持宇宙的穩定性。

一九一七年，愛因斯坦發表了他的靜態宇宙模型，其中的場方程式包含了宇宙常數。然而，他無法宣稱他的解是唯一的。荷蘭數學家德西特（Willem de Sitter）巧妙地證明，在沒有物質的情況下，愛因斯坦的場方程會產生指數性膨脹的解——受到宇宙常數的驅動，宇宙不斷向外擴展。德西特的模型顯示，只要宇宙常數存在，真空就是不穩定的。由於愛因斯坦添加宇宙常數項僅是權宜之計，而不是基於科學性的觀察，他並未非常認真地看待德西特的模型。然而他承認，宇宙動力學的發展過程將需要更多的天文測量。幸運的是，哈伯正是這樣做的——他透過南加州威爾遜山上的巨型反射式望遠鏡，最終揭示了一個正在膨脹、而非靜態的宇宙。

暗能量的預測

有些人可能認為，一九一六年去世的馬赫會反對在廣義相對論的方程式中添加一個與感官經驗無關的項。正如牛頓為了定義慣性而引入了絕對空間，愛因斯坦加入宇宙常數項的舉動顯然也是反馬赫的，因而需要馬赫的另一位追隨者——薛丁格——來提出具實際性的替代方案。

薛丁格第一次接觸到愛因斯坦廣義相對論中完整的場方程式是在一九一六年底，當時他正在指揮普羅塞科（Prosecco）的炮兵連。[10]當他在一九一七年春天返回維也納時，他發現許多大學同事——包括提爾岑在內——都忙於尋找解釋和應用愛因斯坦理論的方法。例如，提爾岑與奧地利物理學家倫斯（Josef Lense）一起解釋了旋轉物體如何影響周圍的時空，這一結果被稱為「座標系拖曳」（frame-dragging）或倫斯－提爾岑效應（Lense-Thirring effect）。

一九一七年十一月，薛丁格向德國期刊《物理學雜誌》（*Physikalische Zeitschrift*）提交了兩篇論文，其中探討了廣義相對論的不同面向。第一篇論文處理了如何以獨立於座標系統選擇的方式來定義空間中重力能量和動量的問題。他檢驗了史瓦西解，並展示出有一種定義重力能量的方法會導致令人驚訝的結果：即物體根本沒有能量。有趣的是，薛丁格提出的問題預示了未來長達數十年、關於如何在廣義相對論中一以貫之地定義能量的辯論。

薛丁格的第二篇論文〈有關廣義協變重力方程組的解〉（Concerning a System of Solutions to the Generally Covariant Equations for Gravitation）正面討論了宇宙常數物理意義的問題。他質疑了在愛因斯坦方程式的幾何部分（愛因斯坦張量）加入一個額外項的合理性，並主張通過修改物質部分（應力－能量張量）可以達到同樣的效果。薛丁格指出：「完全類似的解在方程組的原始形式中便存在，不需要愛因斯坦先生添加的項。兩者的不同之處是表面、輕微的——位能保持不變，只有物質的能量張量採取了不同的形式。」[11]

薛丁格提出的額外「張力」項（用來拉伸）通過添加一種負能量來抵消物質的重力效應，使得有效質量密度變為零。當空間中的質量密度為零時，重力塌縮不再被迫發生，從而保持宇宙的穩定性。他用馬赫式的論點來為零質量辯護，即只有當質量過大時，質量才會被注意到。這個論點類似於我們通常只有在與其他顏色對比時才會注意到黑色與白色，我們可以將一個完全黑色或白色的天空視為沒有顏色。

愛因斯坦很快發表了一篇對薛丁格宇宙學論文的回應——這開啟了他們長達數十年、充滿曲折的科學對話。他指出，薛丁格的假設允許兩種可能性：一個新的常數項或一種具有負密度的新型能量，該密度在空間中每一點均不同。愛因斯坦認為，前者相當於宇宙常數項，只是位於方程式的另一邊，而後者則是不具物理意義的（因為它會有負的能量密度），並且難以達成。愛因斯坦寫道：「人們不僅需要先假設星際空間中存在不可觀察的負密度，還必須立下一條關於這種質量密度時空分布的假設定律。薛丁格先生選擇的道路在我看來是不可能的，因為它過於深入到假設的叢林。」[12]

有趣的是，近年來物質具有負能量密度（或負壓力）的概念，已經作為解決宇宙學難題的可能方案出現。一九九八年，兩組天文學家在哈伯觀測的基礎上研究宇宙膨脹的問題，發現宇宙不僅在膨脹，而且膨脹速度還在加快。一種未知的因子正在導致宇宙加速膨脹，芝加哥大學的宇宙學家特拿（Michael Turner）將這種物理量命名為「暗能量」（dark energy）。

有趣的是，由薛丁格提出、並被愛因斯坦討論的那種抵消重力的物質能恰到好處地扮演這個角色。正因如此，科學史學家哈維（Alex Harvey）在近期提出愛因斯坦發現了暗能量的說法。[13]但由於他當時沒有真正具物理意義的動機，「發現」這個詞可能過於誇大。更準確地說，一九一七年，他想像了這種負能量物質存在的可能性，但從未想過宇宙竟然因某種未知原因而加速膨脹。然而，值得注意的是，這種想法的基礎竟然如此早就被奠定下來。

聞名於世

當第一次世界大戰於一九一八年十一月十一日結束時，歐洲已經面目全非。帝國瓦解、邊界重劃、新領袖掌權，各種為下一次世界大戰埋下種子的條件開始形成。奧匈帝國被幾個較小的國家取代，包括奧地利（最初被稱為「德意志奧地利」）、匈牙利和捷克斯洛伐克。一個民主卻弱小的威瑪共和國控制著曾經是德意志帝國的大部分領土，獲勝的協約國決意讓德國為這場殘酷的消耗戰付出代價，德國被迫割讓部分領土、限制軍隊規模，並支付巨額賠款——這導致了仇恨充斥與經濟蕭條，最終促成了納粹的崛起。

在戰爭期間，愛因斯坦幾乎沒有機會測試他關於太陽重力彎曲星光的假設。弗洛因特里希未能完成他的遠征，這讓愛因斯坦感到十分失望。愛因斯坦默默地開始與英國天文學家愛丁頓（Arthur Eddington）通信，他對驗證愛因斯坦的理論非常感興趣。據多個被普遍傳誦的故事所述，愛丁頓是當時少數真正理解廣義相對論的人之一。[14]

作為貴格會教徒兼和平主義者，愛丁頓與愛因斯坦一樣反戰，並支持國際間的科學合作。理所當然地，在血腥衝突期間，英國與德國科學家之間的公開合作幾乎是不可能的。然而，停戰協定為愛丁頓提供了絕佳機會來幫助愛因斯坦測試他的理論，從而重新建立兩國科學家之間的信任。

愛丁頓和戴森（Frank Watson Dyson，英國皇家天文學家）發現，測量星光彎曲的理想機會將在一九一九年五月二十九日出現。那一天，當太陽經過一個特別明亮的星團——畢宿星團——前面之時，南半球的部分地區將出現日食。戴森任命愛丁頓為觀測日食計畫的負責人，這一任命幫助愛丁頓免於因道德理由拒服兵役而被拘留。[15]

一九一九年一月，為了給觀測設定控制組，愛丁頓仔細測量了畢宿星團內恆星的原始位置。隨後他組織了兩支遠征隊，以記錄日食期間它們在天空中的位置。第一支隊伍由愛丁頓本人帶領，前往位於非洲西岸幾內亞灣的普林西比島（Principe）。為防天公不作美，他們還派遣了第二支隊伍前往巴西的索布拉爾（Sobral）。這兩支隊伍小心仔細地拍攝了星星的新位置，並將數據帶回英國與控制組詳細比較。十一月六日完成分析後，愛丁頓高興地宣布，普林西比島的平均角偏差為一．六一角秒，索布拉爾的則為一．九八角秒，均接近由愛因斯坦廣義相對論預測的一．七五角秒——這個預測遠較由牛頓理論預測的值（一．七五角秒的一半）為佳。

在由戴森主持的皇家學會會議上，擁擠的聽眾對這一結果熱烈歡呼，並將其與有關水星進動的發現一同視為廣義相對論的重要證據。在政治革命的時代，日食觀測結果表明了科學也被捲入了巨大的變革中。一群英國科學家在戰爭結束後僅僅一年就承認一位德國物理學家推翻了牛頓的理論，這確實非比尋常。正如湯木生所宣稱的：「這些不是孤立的結果……這並非發現了一座偏遠的島嶼，而是發現了一片科學思想的新大陸，這些思想對與物理學相關的一些最基本問題有著極大的重要性。這是自牛頓闡述他的原理以來，與重力相關的最偉大發現。」[16]

《紐約時報》關於這一發現的文章中僅僅稱他為「愛因斯坦博士，布拉格大學的物理學教授」，[17]顯示愛因斯坦此前在國際上有多麼不為人所知。這篇文章不僅未提及他的名字（阿爾伯特），還弄錯了他所隸屬的機構——早在七年前他就從布拉格的職位卸任了。

轉眼之間，愛因斯坦成為了享譽全世界的名人。經由推翻牛頓的理論，他憑藉自己的成就一舉成名。二十世紀的名人效應遠大於牛頓時代，在無線電的時代，消息傳播的速度比手搖式印刷機的時代要快得多。全球報社紛紛響應倫敦《泰晤士報》（*Times of London's*）令人震驚的三行標題：「科學革命……宇宙的新理論……牛頓思想被推翻。」[18]

純幾何的高雲

在愛因斯坦的傑作完成後不久、畫上油漆猶未乾透時，他便察覺到其中的瑕疵。凝視著自己的成就時，他看出場方程式的兩邊似乎不太平衡。左邊是重力幾何架構的精緻表現；而右邊，各種類型的物質和能量——包含電磁場的能量效應——都粗略地被歸入應力－能量張量中。愛因斯坦對馬克士威的電磁學方程式懷有極大的敬意，不喜歡它們在方程式中扮演次要的角色。他開始相信電磁場應像重力場一樣以幾何形式來表現，而不僅僅是被納入應力－能量張量中。關於童年時幾何學入門書的回憶以及他經由與格羅斯曼等人交流所培養出的、對幾何學的愛好，激勵他以幾何學原理來描寫自然法則。

延續狹義和廣義相對論的發展脈絡，愛因斯坦認為需要第三次突破才能完成自然法則的更替，並將電磁力與重力統一起來。到那時，馬克士威方程式和重力理論將是統一場論的特例，這樣的統一理論將完全由幾何關係所建構。

薛丁格將同意愛因斯坦的觀點，即只要電磁學在方程式的幾何側被忽略，廣義相對論就不能稱作完整。「我們顯然需要……規範電磁場的定律，」薛丁格將寫道，「這些定律應該被視為對時空結構純粹的幾何限制。一九一五年的理論除了純重力作用的簡單情況外，並沒有給出這些定律。」[19]

當愛因斯坦開始擁抱純粹的幾何學，而不是由物質效應引導的幾何學時，他對實驗的興趣開始減弱。儘管他的廣義相對論論文和演講強調了實驗驗證的必要性，例如水星進動、星光彎曲和另一個稱為重力紅移的效應，但當他轉向統一場論時，他的雄辯開始轉為支持更抽象的論點。出乎意料地，這位大學時代熱愛待在實驗室、並因為覺得高等數學課程不相關而經常翹課的學生，逐漸成為了使用數學之美和純粹演繹來推導理論的倡導者。他在一次名為「理論物理學的方法」的演講中說道：「經驗當然仍是數學構造在物理上有用的唯一標準，但具創造力的原理卻存在於數學之中。因此，我認為在某種意義上，純粹的思想能夠理解現實，這也是古人所夢想的。」[20]

哥廷根學派相關的研究員強調純粹的幾何學推理，他們幫助愛因斯坦形塑對更抽象數學構想的興趣。例如，愛因斯坦的朋友兼知己埃倫費斯特——他們親如手足——是關鍵的影響人物。埃倫費斯特曾在哥廷根讀書，並修習了克萊因講授的課程。他和他的數學家妻子塔季揚娜（Tatyana，他們在克萊因的一門課中相識）對幾何學與物理學的關係均非常感興趣。

他們將位於荷蘭萊頓（Leiden）的家作為愛因斯坦逃離柏林、思索理論難題並演奏室內樂（愛因斯坦拉小提琴，埃倫費斯特彈鋼琴）來放鬆的避風港。埃倫費斯特善於提出揭示本質的尖銳問題，當愛因斯坦努力將電磁學納入廣義相對論中的時候，埃倫費斯特給予他樂於傾聽的雙耳。

克萊因儘管已經退休，但他對於如何處理廣義相對論中的重力能量和動量也深感興趣。如同薛丁格一九一七年十一月發表的第一篇論文，克萊因認為這些量應該以一種與座標系無關的方式來定義。他認為，所有觀察者都應該測量到相同的重力能量與動量值。一九一八年，克萊因就這個問題與愛因斯坦通信。儘管愛因斯坦對他的定義沒有讓步，但克萊因的評論可能進一步激勵他將重力和電磁力置於同等地位。對兩種力使用不同的能量和動量定義是一種臨時方案，絕不是令人滿意的長期解答。

克萊因的得意門生希爾伯特是自歐幾里得以來幾何學最偉大的統整者，他對愛因斯坦的影響毫無疑問極其深遠。[21]愛因斯坦注意到，希爾伯特的廣義相對論表述試圖用與德國物理學家米氏（Gustav Mie）的建議一致的方法，來統一重力和電磁力——這個方法將電子視為一種電磁場中穩定的氣泡。希爾伯特認為，物質並非獨立於能量的存在，而是能量場中的密集區域，這些區域反過來可以用幾何學來描述。愛因斯坦起初並不接受希爾伯特的論點，但逐漸相信幾何學比物質更為根本。

將電子和其他物質粒子視為幾何學的產物，就像將繩結解釋為繩子的糾纏一樣。想像一個小女孩在一團紗線中發現了一個形狀奇特的結，並認為它是與紗線不同的東西，於是她向母親吵著要一盒繩結來玩。她的母親碰巧是哥廷根大學的教授，她耐心地指出，結並不是獨立存在的，並向她展示了如何將紗線扭來轉去以打出更多的結。紗線是根本，結不是。同樣地，希爾伯特和米氏想像了一種自然秩序，其中場的幾何形狀是最重要的，而場的扭結便是粒子。

希爾伯特最有才華的學生之一是德國數學家外爾（Hermann Weyl，朋友們稱他為「彼得」〔Peter〕），他於一九〇八年於哥廷根大學獲得博士學位。在一九一三年得到教授資格後，外爾被任命為ＥＴＨ的教授，在那裡他與愛因斯坦相識並短暫共事。一九一八年，外爾發表了一篇關於廣義相對論及其可能性的史詩級著作《空間、時間與物質》（*Space, Time, Matter*）。隨著思想的發展，他多次更新並修訂這本書。他把早期版本寄給愛因斯坦，愛因斯坦稱其為「交響樂般的傑作」。[22]

愛因斯坦對他的書讚譽有加，這讓外爾感到十分高興，並希望他新寫的一篇論文〈重力與電學〉（Gravitation and Electricity）能引起同樣熱烈的反響。這篇文章提出了一種調整廣義相對論的方法，使馬克士威方程式成為理論的必然結果。他將草稿寄給愛因斯坦，希望它能被推薦發表。

起初，愛因斯坦對外爾似乎找到了將電磁力引入重力舞台的方法而感到高興，但當他看到這種引入會對重力理論造成多大的擾動時，他退縮了。外爾的想法牽涉到改變向量在平行傳輸（parallel transport，即與自己平行地從一點移動到另一點）過程中的行為方式。在標準的廣義相對論中，（表示向量分量如何變換的）仿射聯絡和（決定時空間隔——一種四維距離——如何測量的）度規張量之間存在直接的數學關係。在我們的沙漠罩子比喻中，這是底部架構和罩子之間的直接關聯。外爾經由添加一個額外的因子——即「規範」（gauge）——擾亂了這種關聯。就像不同國家的鐵路（如俄羅斯和波蘭）有不同的規範（鐵軌之間的距離），外爾想像了改變空間中四維距離的尺規標準。這麼做的額外好處是，加入規範因子產生了與電磁場相等的效應。然而，愛因斯坦認為改變距離標準不具有正確的物理意義，他無法批准對他理論如此激進的變更。外爾對愛因斯坦拒絕了他的想法感到非常失望。

儘管這一想法從未被納入廣義相對論，但外爾關於規範的想法後來被應用於不同的領域——粒子物理學——並極為成功。在當代的概念中，規範因子並非與實際空間、而是與一種抽象空間相關。當代對希格斯玻色子（Higgs boson）的興趣——這對解釋某些粒子的靜止質量至關重要——也要感謝外爾關於規範的概念。

第五維度大冒險

另一位哥廷根校友——芬蘭物理學家諾德斯特倫（Gunnar Nordström）——於一九一四年提出了他自己的統一理論。這個理論之所以引人注目，是因為它是首個在三個空間維度和時間維度之外納入第五維度的理論。諾德斯特倫發現，添加額外的維度提供了理論所需的空間，以便將馬克士威方程式的電磁力加入原有的重力理論。然而，該理論並未奠基於廣義相對論，這使得諾德斯特倫在兩年後承認愛因斯坦的方法較為優越，並放棄了這一想法。儘管沒有跡象表明愛因斯坦注意到諾德斯特倫的統一概念，但另一個同樣擁有五維度的想法令他留下了深刻印象。

一九一九年四月，愛因斯坦收到來自名不見經傳的柯尼斯堡大學（University of Königsberg）私人講師卡魯扎（Theodor Kaluza）的信。（在德國學術體系中，私人講師是通過提供收費課程謀生的講師，而非由大學支付薪水。）在那個低階職位上待了二十年，他的薪水幾乎不足以養家糊口。愛因斯坦或許回憶起自己研究生涯卑微的起點，他給予了這封信充分的重視，儘管發信人的地位低微。

雖然卡魯扎當時遠離物理學的主流社群，但他曾經體驗過哥廷根撼人心智的學術氣氛。一九〇八年，當時仍在的學生時代的他於哥廷根學習了一年，充分沉浸在克萊因、希爾伯特和閔可夫斯基的幾何學視野中，他還遇到了未來的統一理論者外爾。[23]這在卡魯扎的腦中埋下了一種獨特統一方法的種子，並在十一年後發萌芽。

卡魯扎的信中概述了一個如天啟般得到的想法。有一天他坐在書房中，突然想到如果為廣義相對論中的張量添加一個額外的維度（和分量），愛因斯坦方程式將在重力之外納入由馬克士威方程式主宰的電磁力。愛因斯坦張量將不再是4×4的矩陣，而是成為5×5的矩陣。它將不再有十六個分量（因對稱性，只有十個是獨立的），而是有二十五個分量，其中有十五個是獨立的。這意味著會有五個多出來的獨立分量，其中四個可以用來描述電磁力，而第五個基本上可以被忽略。簡單改變理論的維數似乎為統合自然力提供了足夠的空間。他的兒子（當時與他在同一個房間裡）回憶道，卡魯扎激動得呆在椅子上數秒，隨後跳起來開始哼起《費加洛婚禮》（*The Marriage of Figaro*）中的旋律。[24]

諾德斯特倫和卡魯扎的架構（由各自獨立地提出），都透過增加維度來擴展時空。對習慣於哥廷根濃厚數學氣息的數學家或數學物理學家來說，想像更高的維度就像數數一樣簡單。一維是線，二維是正方形，三維是立方體，再添加一個空間維度，你會得到超立方體。正如立方體是由六個正方形界定的三維物體，超立方體則是由八個正立方體界定的四維物體。再加上時間維度，你就得到一個五維度的物理量，其中時間通常被標記為第四維度，額外的空間維度則為第五維度。

然而，對於那個時代的主流實驗物理學家來說，五維度的概念看起來更像是威爾斯（H. G. Wells）的科幻小說、或《紙漿雜誌》（*pulp magazine*）等低俗小說中的內容，而並非正經的科學。沒有任何直接的視覺證據顯示長度、寬度和高度之外的維度（除了時間之外）存在，用到五維度的理論會顯得像是在假設如何穿牆或從空氣中變出金子的方法。

卡魯扎預見了理論的反對者，於是在他的理論中設置了一個「圓柱條件」，這使得直接觀察第五維度變得不可能。就像一隻在輪子上轉圈且一事無成的倉鼠一樣，在卡魯扎的理論中，所有可觀察的物理量都不受在第五維度中發生的變化影響。發生在第五維度中的周期變化，除了將電磁力引入廣義相對論中的間接作用外，沒有其他可觀察到的效果。這種倉鼠運動安全地隱藏在幕後，阻擋實驗學家的任何異議。

愛因斯坦的第一反應是讚揚卡魯扎的論文，認為它遠比外爾的論文優異。與外爾的理論不同，它似乎沒有篡改宇宙已知的事實，例如時空間隔的大小。然而，在他依據卡魯扎的理論進行一些計算後，愛因斯坦的熱情逐漸消退。在試圖描述電子在電磁力和重力的共同影響下如何運動時，他無法找到合理的解。相反，他碰到了被稱為奇異點（singularity）的數學障礙——在那裡，一個或多個物理量的值將會爆掉並變得無窮大。在某種程度上，這個病灶像一顆疼痛的牙齒般需要被拔除。

經由指出卡魯扎理論中的缺陷，愛因斯坦強調了延伸廣義相對論的新動力之重要性，這個新動力旨在發展一個描述電子如何在空間中運動的理論。波耳的原子模型解釋了量子化角動量和能量如何將電子限制在特定軌道上，使模型的預測與氫等簡單元素的主要光譜線吻合。然而，它沒有提供電子如何行為的完整理論——例如，當電子在陰極射線管中飛馳時。當他開始探索各種統一方法可能導出的結果時，愛因斯坦將有關電子的難題作為這些理論的試金石。

愛丁頓完全同意愛因斯坦對電子問題之重要性的看法。以外爾的理論為起點，愛丁頓立足於改變仿射聯絡並建立與黎曼不同的四維幾何，提出另外一種替代性統一場論。然而，他不確定他的理論是否充分解釋了電子的運動。愛丁頓寫道：「在超越歐氏幾何時，重力誕生了；在超越黎曼幾何時，電磁力出現了。更進一步將理論廣義化，還能得到什麼呢？顯然是束縛電子、不遵守馬克士威方程式的力。但電子問題一定非常困難，我無法得知目前的廣義化是否成功提供解決它的方案。」[25]

在統一之路上，愛因斯坦面臨的問題是如何在外爾、卡魯扎和愛丁頓的理論之間作出選擇。雖然這些理論都不盡令人滿意，但他會借鑑它們來構建自己的模型。同時，他會以描述電子的行為為目標而修改廣義相對論。

隨著一九一九年結束和咆哮的二〇年代（Roaring Twenties）起始，愛因斯坦的生活有了根本性的轉變。他已邁入四十，遠超過理論物理學家收穫重大發現的普遍年齡。然而，他才剛剛點燃（用統一物質與力的數學形式來）完善廣義相對論的熱情。他終於得以與米列娃（諷刺地在情人節）離婚，條件是如果獲得諾貝爾獎，他要把獎金讓給她。雖然無論如何都無法彌補她失去的希望，但諾貝爾獎金至少保障了她基本的生活所需。

離婚正式生效後，愛因斯坦於六月二日與艾爾莎結婚。數月後，在愛丁頓宣布日食觀測的結果後，她意識到自己已經與世界上最著名的科學家結為夫妻。艾爾莎喜歡與丈夫並肩，與他一起到世界各地旅行、會見名人，並獲得一項又一項榮譽。

米列娃的精明要求得到了豐厚的回報。愛因斯坦於一九二一年獲頒諾貝爾物理學獎，並於次年接受了該獎。當前夫愈發受到關注，她和他們的兩個兒子則淡出了公眾視線，靠著獎金生活。愛因斯坦獲得穩固的學術職位，名聲顯赫，並將所有家庭事務交給艾爾莎打理。他像一隻自由翱翔的鷹，向著統一的巔峰飛去。

第三章 物質波與量子躍遷

如果必須接受這些該死的量子躍遷，那麼我真希望自己從未開始研究原子理論。

——薛丁格（由海森堡所述）

請不要誤解我的意思。我是科學家，而非道德老師。

——薛丁格，《心靈與物質》（*Mind and Matter*）

如果缺乏自由意志如同身陷囹圄，那麼廣義相對論就是終極的獄卒。它經由結合時間與空間，將過去、現在和未來融合為無可動搖的一體，時間的荒原如同西伯利亞勞改營一般被冰封，古往今來的一切永遠被困在原地，而我們不曾服完刑期。

擴展廣義相對論以納入其他的力，將更進一步決定我們的命運。一個能同時解釋電力與重力的統一理論，原則上可以描繪出存在於過去與未來的每個人的神經連結。我們注定要思考那些我們已被賦予要思考的概念，採取那些我們已被預定要採取的行動。一旦永恆的方程式被確立，我們的命運將板上釘釘。正如《魯拜集》（*The Rubaiyat of Omar Khayyam*）中著名的詩句所言：「移動的手寫下字句；一旦寫下，便繼續前行：無論你有多麼虔誠或多麼睿智，都無法撤回其中哪怕一行；用盡你所有的淚水亦無法洗去其中的任一個字。」[1]

命運有時殘酷得很。第一次世界大戰結束後，許多從戰場上生還的士兵需要療癒他們的心靈。薛丁格幸運地得以平安歸來，但他敬愛的教授哈森厄爾卻死於手榴彈之下，薛丁格和維也納學術界均對此感到無比震驚。

一九一九年底，薛丁格的父親去世。不久之後，奧地利因嚴重通貨膨脹而經濟崩潰，家家戶戶的積蓄化為烏有，他們家也自不例外。時局艱難至極，薛丁格轉而向內尋求，開始思考自己的人生方向。

薛丁格在女性的陪伴下，在情感上獲得相當大的安慰。他有一本記錄與不同女性交往的日記，簿中記下了他在一九一九年的某個時候認識了安妮，一名來自薩爾茲堡、友善開朗且毫不做作的女子。雖然她並非知識分子，但她尊重薛丁格的學究氣質。

艾爾溫和安妮與那些如天作之合般的情侶不同，他們在某些方面並不相配。例如，他們總是在音樂品味上爭論不休——她熱愛彈鋼琴，而他卻無法忍受。儘管最終二人都擁有除彼此之外的其他關係，而他們卻始終享受對方的陪伴。因此，這是一段建立在熟悉感與舒適感上的關係。他們很快就訂婚，並計畫舉行兩場婚禮——一場是天主教式、另一場則是基督新教式——以尊重雙方家庭不同的信仰。兩場婚禮都在一九二〇年春天舉行。

薛丁格在戰後的頹廢中投身於哲學，並對叔本華的著作感到無比著迷。他在筆記本中詳細地記下了自己對所讀內容的評論與感想，並稱叔本華為「西方最偉大的智者」。[2]由於叔本華對東方哲學多所援引，薛丁格也深入研究了印度教的《吠陀經》（梵語稱之為「吠檀多」）以及其他東方經典。他曾短暫考慮轉行做哲學家，但最終決定繼續待在物理學界，同時將哲學作為副業。數十年間，他寫了好幾本書表達自己的哲學觀點，其中包括《我的世界觀》（*My View of the World*），部分奠基於他在一九二五年完成的專題論文〈尋路〉（Quest for the path）。

薛丁格對叔本華如何解釋發條宇宙中的激情與欲望特別感興趣。大戰結束後，薛丁格放眼望去盡是矛盾——雖然人類的科技已經達到了前所未有的高度，但在他看來，人類的文化卻沉淪至但丁式的深淵之中——他稱之為「藝術的衰敗」。薛丁格指出：「我們的現況與古代文明的最終階段可怖地相似。」[3]

當然——考量到他和安妮在婚姻生活中始終保持開放式關係——薛丁格顯然沒有過著清教徒式的生活。但當他攬鏡自照，他看到了當代的柏拉圖（Plato）或亞里斯多德（Aristotle），一位博學多才的文藝復興式人物，不幸身陷於淫靡墮落而又暴力的時代。

在《意志與表象的世界》（*The World as Will and Representation*）及其他作品中，叔本華解釋了何為情感驅動力，並指出這種力量能夠引發災難。借用印度教的業力概念和佛教的苦的觀念，他描述了「意志」如何作為一種普遍的力量驅使人們完成任務。欲望產生行動，而行動帶來了無法避免的結果。就像其他自然力一樣，意志帶來了可預測的結果。然而，受這種力量驅動的人完全相信是他們自己的決斷促成結果。他們可能會神經質地陷入自己的渴望之中，總是無法感到滿足，因為每當達成一個目標之時，新的欲望又會湧現。因此，正如佛陀所言，欲望就是痛苦，一種解脫的方法是摒棄所有的目標和情感，像僧侶一樣過上禁欲的生活。另一種可能的方法則是將欲望融入美學追求之中，如藝術或音樂。與其無望地渴求，不如創作一件動人的作品。然而，如果你屈從於欲望，你不應被譴責、也不應被讚美，因為你只是在回應一種普遍的力量。

因此，如果你愛上一個人，那不是因為你**選擇**了這個人，而是因為愛作為你的代理人——遵循著你們共同的命運——完成了讓你和這個人在一起的程序。從這個制高點看來，說艾爾溫和安妮選擇了彼此，與說上個月地球因為與月亮的強烈吸引力而決定將它拉往自己身邊一樣毫無意義。因此，他認為沒有任何道德上的理由，驅使他遵守傳統的婚姻規則，他也無需為自己的衝動決定辯護。

從那時起，薛丁格將哲學的中心思想引進他對物理學概念的討論中。他從叔本華的著作、以及這些作品背後的吠檀多哲學中汲取出的整體性，使他在對大自然的描述中摒棄了跳躍性、不完整性，而偏好連續性；同時也摒棄模糊性、偏好確定性。最終，薛丁格相信，大自然中的一切都必須是互相連結的，就像在連續的流體中從一個瞬間流向下一個瞬間。（需要注意的是，他的確在一些作品中探討了非因果律的可能性，但他主要的研究工作偏好因果關係的存在。）這種考量之後在他看待量子力學的模糊性時發揮了主要作用。

異教徒的聖經

薛丁格與愛因斯坦在哲學上的興趣十分雷同，儘管他們的側重之處有所不同。雖然愛因斯坦也曾閱讀叔本華的作品，但他受更早期的哲學家史賓諾莎的影響更深。史賓諾莎成為他尋找一個天衣無縫、對宇宙的統一解釋的嚮導。在這個解釋中，隨機性並不具備根本性的作用。由於史賓諾莎是叔本華的主要影響者之一，薛丁格也大量閱讀了史賓諾莎的著作。

史賓諾莎於一六三二年出生於阿姆斯特丹的塞法迪（Sephardic）猶太⑥家庭。在經歷了一段中規中矩的童年、並學習了經文之後，他發展出一套激進的、對上帝在宇宙中的角色的重新詮釋。塞法迪社群認為他的神學觀點過於異端，因此決定將他逐出教會——這在猶太教中極為罕見。

在傳統的一神教中，上帝從創造世界並帶來生命開始，從古到今，在歷史上一直扮演積極的角色。作為創造者，上帝與世界是分開的，但祂可以選擇在任何想要的時候介入世界。然而，祂並沒有決定一切，因為祂賦予人類自由意志，使他們可以作出自己的選擇。

當然，關於上帝介入的頻率以及人類自由意志的性質存在許多神學上的歧異。在擁護宿命論的信仰中，人類的命運已然注定，他們的選擇也是被預定的。因此，邪惡的人注定會作惡，這使得「自由選擇」成為顯示這個人為何確實可恨的過程。在這種觀點下，上帝的判斷和介入早已成為定局（也許永遠如是），所以任何發生的事情都是命中注定的。

在其他信仰中，選擇是完全自由的，糟糕的選擇可能會招致來世的懲罰，或可能在日後帶來厄運；好的選擇可能會讓人感覺更親近上帝，並可能使他獲得獎賞（儘管方式取決於具體的信仰）。一位人格化的上帝俯瞰人們的行為，並隨之作出相應的舉動。

從十七世紀開始，上帝的介入應更有限的觀點在歐洲出現，這種觀點認為上帝的角色僅限於創造宇宙、設計其法則，並僅在需要時介入以作調整。如此說來，上帝就像鐘錶匠，創造了祂的傑作，並僅在需要時修補或重設它們（如大洪水就是重設歷史的例子）。牛頓支持這樣的觀點，他認為上帝制定了重力定律和其他自然法則，將行星布置到位，然後觀賞祂的美麗創造自主運行——但保留了必要時介入以確保其完美運行的權

⑥ 編案：指在十五世紀以前祖籍西班牙的猶太裔。

利。現代「奇蹟」的概念包含這樣的假設，即雖然事物的發生源於自然法則，但有時上帝會越過它們略施小善。

史賓諾莎對上帝和宇宙的看法別具一格。他否定了人格化的上帝及上帝可以選擇性介入自然界和人類事務的觀點，他相信祈禱是徒勞的，因為沒有對象在聆聽。與之恰恰相反，上帝是充滿宇宙的實體——一個無限的存在，遍及一切。所有人和事物都是這顆光輝燦爛、堅不可摧的鑽石閃耀的表面。

根據史賓諾莎的觀點，由於上帝是無限且完美的，祂的本質是不可改變的。祂對宇宙的形成沒有任何選擇，因為宇宙的性質只是從祂具有的本質中自然流瀉而出的結果，所有事件都是由設計得最理想的神聖法則所推動。因此，宇宙的歷史就像一張展開的地毯，上面有著精心織入、永恆的圖案。正如史賓諾莎在《倫理學》（*Ethics*）中寫道：「自然界中沒有任何事是偶然的，一切事物都是為了使神聖本性存在，並以特定方式行動而決定的。」[4]

隨著愛因斯坦對物理學的關注從具體轉向抽象——由衍生自實驗問題的理論轉向那些被抽象原則和美學考量所塑造的理論——他越來越頻繁地提到「上帝」這個詞。然而，這個上帝並非《聖經》中父親形象的神，積極參與人類和世界的發展。相反，這是史賓諾莎的神——一個完美、永恆的存在，自然法則從其之中湧現。當一位拉比⑦詢問愛因斯坦是否相信上帝時，他如此回答：「我相信史賓諾莎的上帝，祂在現存事物的有序和諧中顯現自己，而非相信關心人類行為和命運的上帝。」[5]

在一九三〇年十一月九日《紐約時報雜誌》（*New York Times Magazine*）一篇被廣泛討論的文章中，愛因斯坦提名德謨克利特、聖方濟各（St. Francis of Assisi）和史賓諾莎為歷史上對「宇宙宗教觀」（cosmic religious sense，一種基於研究科學而得、對宇宙運行機制的敬畏之情）作出最大貢獻的三名人物。[6]提名德謨克利特顯示了愛因斯坦相信原子論至關重要；至於聖方濟各，愛因斯坦則認同他的人道主義關懷。然而，在這三人中，史賓諾莎是最特立獨行的一位，也是最具爭議的選擇。愛因斯坦的觀點在宗教學者和神職人員之間引發了關於「宇宙宗教」是否合法的激烈辯論。

愛因斯坦對史賓諾莎宇宙秩序觀的信仰，或許再加上他傳統的牛頓物理學教育，使他在自己的理論中抱持了嚴格的決定論觀點，並拒絕讓隨機性在其中扮演任何根本性的角色。畢竟，神聖的完美怎麼可能以多種方式實行呢？每一個結果都必須有明確的原

⑦ 編案：猶太教的神職。

因，而這個原因又來自於更早的原因，不斷這樣追溯，一排傾倒的多米諾骨牌最終可以追溯到一個至高無上的原因。他對量子物理學中隨機性的反對，以及他數十年來尋求一個大統一場論的努力，都是他奉行史賓諾莎思想的明確表現。

愛因斯坦和薛丁格信仰的一個關鍵區別是薛丁格對東方思想的信奉。愛因斯坦在宗教論文中提到的人物沒有一位來自東方傳統（他僅簡略提及佛教），他對任何形式的神祕主義或靈性都不感興趣。另一方面，薛丁格則深信人們共享一個相同的靈魂，而自然界的所有東西實際上是一個單一的整體，他將這種印度吠檀多信仰中的共同意識與史賓諾莎將人類視為神性之一部分的看法區別開來。薛丁格強調，它們的差異在於每一個人並不是部分，而是整體：「不是……像史賓諾莎的泛神論中所描述的那個永恆、無限的存在，或是它的一個面向或一種修飾。否則，我們會有同樣令人費解的困惑：你是其中的哪一個部分，哪一個面向？從客觀上來看，它與其他部分有何不同？不，儘管這對正統的理性思維來說似乎不可思議，然而你——以及所有其他有意識的存在——都是一個整體。」[7]

愛因斯坦和薛丁格都在科學上追求統一，但他們的動機不同。對愛因斯坦來說，這是為了探索大自然的神聖法則——即最簡單、最優美的一組方程式；對薛丁格來說，追求統一則是為了尋找萬物之間的共通點——一種宇宙萬物共享的生命血脈。由於愛因斯坦的思想更加僵化，他永遠不會接受隨機性是法則中的根本元素。薛丁格則對隨機性保持更開放的態度，將運氣和偶然視為宇宙意志的可能表現。諷刺的是，正是由於意志的力量，一個看似偶然的事件可能會引導人走上一條他注定要走的道路。除此之外，正如他從研究波茲曼的理論中學到的那樣，熱力學定律是由無數原子隨機行為的統計平均值推導出來的，數十億顆散布各處的水滴可以掀起滔天巨浪。

除了對統一的追求，愛因斯坦和薛丁格的科學哲學中另一個關鍵共同點是對連續性的信仰。這種觀念源自於伴隨他們成長的古典物理學——例如流體力學——並由他們共享的信念（這種信念在史賓諾莎哲學以及吠檀多哲學中都存在）——即事件像河流一樣從一個時刻流向下一個時刻——所鞏固。物體不可能憑空消失並在別處重新出現，也不可能在三丈開外對此處施加即時而不可見的影響力。不論是在時間還是空間上，大自然的外衣必須以緊密的針線縫補否則它將像被蛾蛀蝕的披風一樣碎裂成一團敗絮。

不連續性是波耳行星原子模型的特徵，愛因斯坦和薛丁格都認為這是該理論的主要弱點，哪怕它在其他方面有著明顯的優點。為什麼原子中的電子會瞬間從一個軌道跳到另一個軌道，但太陽系中的行星卻從來不會這樣跳躍呢？眾所周知，薛丁格曾說：「我無法想像電子像跳蚤一樣跳來跳去。」[8]

此外，如果電子在原子中跳躍，為什麼它們在真空中——例如在陰極射線管中空的內部——卻如連續流體般運動？受到外爾、卡魯扎以及後來愛丁頓試圖統合力的理論啟發，早在一九二〇年代初期，愛因斯坦就開始思考如何擴展廣義相對論，使之納入電磁力並與重力一同來解釋電子的行為。愛因斯坦認為，這些跳躍必定只是數學上的假象，而理論本身應是連續、確定性的。受到與愛因斯坦的討論啟發，薛丁格獨立地發展出自己有關電子連續性的想法，最終演化成為他具開創性的波動力學理論。

然而，並不是物理界中的所有人都認為不連續性是一種缺陷。在波動力學理論逐漸成型的同時，來自慕尼黑、年輕前衛的物理學家海森堡提出了一種被稱作矩陣力學（matrix mechanics）的抽象數學理論，在這個理論中，狀態之間的瞬間跳躍是不可或缺的。除了像哥廷根這樣不食人間煙火的地方，如此抽象的理論還能在哪裡被提出呢？海森堡的靈感來自於波耳在該城市一系列非同凡響的演講。

探路者的追尋

一九二二年六月，希爾伯特和哥廷根大學的幾位教職員——包括年輕的天才物理學家玻恩——邀請波耳到哥廷根大學舉辦有關原子理論的系列演講。波耳熱情地接受了這一邀請，打破了自第一次世界大戰以來對德國學術機構的非正式抵制。除了愛因斯坦之外（他的形象在國際上廣為人知），德國人的科學聲譽因戰爭而受到嚴重損害。德國發展毒氣（由愛因斯坦的同事、化學家哈勃〔Fritz Haber〕所研發）和空軍所帶來的可怕後果，給倖存者留下了難以抹滅的心理創傷。波耳的講座——被暱稱為「波耳節」，其名稱由近期在同一城市舉行的「韓德爾節」而來——幫助重啟了德國與其他歐洲國家科學合作的大門。

自波耳首度發表他的理論已過了近九年，這段期間，慕尼黑的索末菲在極大程度上完善了他的理論，尤其是索末菲為波耳的能級分類增加了兩個額外的量子數：總角動量（total angular momentum）和角動量沿某一座標軸（通常取 z 軸）的分量。這些量子數允許具有相同能量的電子在不同形狀的軌道上以不同的方向運行，當具有不同量子數的兩個量子態具有相同的能量時，這種情況被稱為簡併（degeneracy）。

簡併就像將一堆馬蹄鐵扔向標樁，當它們落地時，所有的馬蹄鐵將以不同的角度靠在樁上。因為所有的馬蹄鐵都觸到了標樁，所以它們被視為相等，儘管每個馬蹄鐵的傾斜角度有所不同。同樣地，處於簡併態的電子具有相同的能量，但其軌道的傾斜角度和形狀則各不相同。

一九一六年，索末菲與荷蘭化學物理學家德拜（Peter Debye）一起證明了由他所改進的波耳模型（即波耳－索末菲模型），能夠解釋所謂的季曼效應（Zeeman effect）。荷蘭物理學家季曼（Pieter Zeeman）在一八九七年首次觀察到這一效應，他將由同種原子組成的氣體置於磁場中，並觀察其產生的光譜線。當磁場被打開時，一些光譜線會分裂，某一頻率的單一光譜線，突然變成三條、五條甚至更多條與原譜線頻率接近的光譜線。這就像調到一個電台的主頻道，然後在掃至其他頻道的過程中，意外發現兩個頻率與之相近但不完全相同的頻道。

索末菲解釋了季曼效應如何由外加磁場與（繞原子核運行的）電子的角動量之間的交互作用所產生。在磁場的作用下，具有不同角動量但擁有相同能量的軌道不再簡併，它們的能量變得稍有不同。由於軌道的能量不同，電子從一個能階跳到另一個能階時放光的頻率便會不同，能量的分裂導致了譜線的分裂。

索末菲非常幸運地擁有兩位極具才華的物理學生，未來他們均將在量子理論上獲得卓越成就。其中一位是來自維也納、馬赫的教子包立。他是真正的神童，其早熟的洞見讓年長的物理學家們為之驚嘆。當時年僅二十歲的包立才進入大學兩年，⑧索末菲就邀請他為自己編輯的數學科學百科全書撰寫一篇關於相對論的評論文章。包立欣然接受，並撰寫了一篇極具巧思的綜述。包立以其博學和敏捷的學習能力著稱，同時也以尖銳的直言不諱而聞名。他自覺有義務坦率地告訴同事自己對他們及其研究的真實看法，即便有時他的評論像刀子一般鋒利，例如，他稱索末菲的原子數學理論為「原子神祕主義」。

另一位在一九二〇年代初由索末菲培養的量子天才是海森堡。海森堡是一位健壯的年輕人，他既擅長紙筆工作，也同樣擅長在崎嶇的山路上跋涉。他以童子軍成員的身分加入索末菲的團隊，童子軍在德國被稱為「探路者」（Pfadfinder），在當時具有強烈的民族主義色彩。

海森堡對愛因斯坦懷有很深的敬意，並對相對論深感著迷。每當索末菲在課堂上大聲朗讀來自愛因斯坦的信時，海森堡都感到無比嚮往與雀躍。然而，包立說服海森堡不

⑧編案：包立於文理中學畢業後，跳過了學士和碩士班，直接成為索末菲的博士生。

要踏入這個研究領域。包立在撰寫完百科全書的文章後，相信相對論中大部分懸而未決的基礎問題難以被實驗測試，因此，包立認為當時的相對論並不具備快速發展的條件。他向海森堡建議，真正熱門的領域是原子物理學和量子理論。

「在原子物理學中，我們還有大量未被解釋的實驗結果，」包立向海森堡解釋道，「大自然在某處的證據似乎與在另一處的互相矛盾，我們到目前為止還沒辦法繪製出一份過得去的關係圖。當然，波耳已經成功將原子奇特的穩定性與普朗克的量子假設連結起來……但我此生無論如何也想不出他是如何做到的，因為他自己也無法擺脫我剛才所提到的矛盾。換句話說，大家仍然在重重迷霧中摸索前進，而這霧可能還需要幾年才會散去。」[9]

一九二二年夏天，愛因斯坦受邀到萊比錫就廣義相對論演講，索末菲強烈鼓勵海森堡參加，並表示會將他介紹給愛因斯坦認識，海森堡興奮不已。然而，反猶太主義對愛因斯坦的威脅使他取消了演講，並請馮・勞厄代為出席。海森堡並不知道愛因斯坦已經取消講座，如期出發前往萊比錫的大會堂。他驚訝地看到諾貝爾物理學獎得主倫納德（Philipp Lenard）的學生們正在會堂前發放紅色傳單，抵制愛因斯坦和相對論，聲稱那是「猶太科學」。倫納德發起了一場反猶太主義運動，試圖消滅任何不屬於「德國正統」

的科學。海森堡當時還不知道，倫納德的信條在不到十五年後將成為納粹政權的國家政策。

索末菲也強烈建議海森堡去聽波耳的演講，他們決定一起去參加波耳的講座。對於索末菲來說，參加「波耳節」就像是重返母校，因為他在哥廷根獲得了博士學位。當時，包立也在那裡以博士後研究員的身分擔任玻恩的研究助理。索末菲和海森堡愉快地來到哥廷根，在人潮擁擠的講堂中就坐，等待聆聽波耳的演講。

在那個令人心曠神怡的季節，哥廷根向國際科學社群敞開了歡迎的大門。美麗的夏日豔陽照耀著這座城市的中世紀建築、市場攤位和街上的電車，通往講堂的小徑上開滿了美麗的花朵。「波耳節」開幕之時，整個講堂充滿了興奮與歡樂。

波耳的演講風格並不適合漫不經心的聽眾，他說話輕聲細語，並經常使用晦澀難懂的詞彙。然而，這些困難在某些方面增加了他身為量子理論「大祭司」的神祕色彩。正如德爾斐神諭（Delphic oracle）極其隱晦，波耳的演講風格使聽眾能夠自行建構對他理論的詮釋。例如，儘管波耳從未明確解釋過角動量量子化規則背後的物理原理，但許多物理學家認為它必定有其邏輯上的來源，並且波耳以古典力學透過某種方式證明了它。

然而，海森堡並不那麼容易感到滿足。在全神貫注地聆聽演講的過程中，他開始懷疑波耳是否透徹地思考了他的理論。到了演講後的提問時間，海森堡令許多在場的教授感到震驚，因為他當面質疑波耳有關軌道頻率的古典與量子觀點的差異。海森堡指出，在波耳的模型中，電子的頻率與其在軌道上運行的速率無關，波耳能為此提供合理的解釋嗎？另外，海森堡還想知道波耳是否已在多電子原子的研究上有所進展，還是他的理論仍然只適用於氫原子和單電子離子？

毫無疑問，觀眾為海森堡的評論感到震驚。在當時，學生在公開講座上對教授的理論提出問題已極為罕見，更遑論他質疑的是國際知名學者波耳。波耳坦然應對了這些問題，並邀請海森堡到附近的山中來一場悠長的健行以討論這些問題。在這次散步中，波耳坦承，他理論的一些部分是源於直覺而非物理原則。海森堡對如此著名的思想家竟願意熱情地與自己交流而感到受寵若驚。這是他們未來無數次散步的第一次，他們藉此一起思考和討論量子的哲學問題。

描繪現實的矩陣

海森堡與波耳的交流激勵他發展自己的原子躍遷理論，畢竟，如果連波耳都沒有全部的答案，為這個領域發展更全面的原子理論的時機已至。海森堡在研究中不受成見束縛，敢於拋棄廣為大眾所接受的觀念——例如量子數必須是整數的概念。

在此之前，海森堡使用從索末菲那裡獲得的光譜數據，建構了名為「核心模型」的系統，這個系統的量子數為半整數和整數。半整數量子數能夠解釋雙重態——即成對出現的譜線。索末菲迅速駁回了海森堡的假設，告訴他像二分之一、二分之三這樣的量子數是「絕對不可能」存在的，波耳同樣也否定了這一想法。然而，海森堡的想法與玻恩產生了共鳴，他們將有機會一起合作。

身為以挑戰傳統著稱的大學裡的年輕教授，玻恩對激進的想法保持開放態度，他自己也一直在摸索如何改進波耳－索末菲模型。在命運安排下，索末菲在一九二二至一九二三學年期間休假前往美國威斯康辛大學（University of Wisconsin）授課。在他休假期間，他安排海森堡前往哥廷根與玻恩合作。隨著包立北上成為波耳的助理，慕尼黑、哥廷根和哥本哈根組成了研究量子力學的黃金三角。

一九二二年十月海森堡抵達哥廷根時，玻恩建議他集中精力研究建構在天文學和軌道力學上的波耳理論變形。他們一起努力，試圖用行星模型來解釋氦離子（只有一個電子的氦，是除氫原子之外最簡單的系統）的光譜線。

一九二三年五月，海森堡回到慕尼黑參加畢業口試以完成博士學位。儘管索末菲在理論研究上貢獻卓著，該校的物理學仍然側重實驗的部分。海森堡在實驗上不但毫無經驗更缺乏興趣——這有別於薛丁格——因此在這部分的考試中表現極差。他理論和實驗部分的成績平均下來大約相當於C，然而，索末菲仍然為他取得博士學位舉行了一場慶祝會。海森堡對自己的平庸成績感到羞愧，於是提早離開了聚會，他衝向火車站，跳上一班午夜列車連夜回到哥廷根，以繼續與玻恩合作——這次是擔任他的帶薪研究助理。

在那裡有許多工作等待著海森堡，新的譜線數據不斷湧入，它們奇特的樣式揭露了越來越複雜的原子結構，也意味著需要對現有模型作越來越多的修改。海森堡試圖用他的核心模型來解釋這些新數據，但徒勞無功。

到一九二四年初，玻恩意識到他們將電子模擬為行星的嘗試失敗了。傳統的軌道力學結合量子化的能量和角動量，根本無法解釋氦離子中電子的行為。如果連氦這樣相對簡單的系統都無法成功模擬，他們怎能冀望了解元素週期表中所有複雜的原子呢？

於是玻恩摒棄了古典力學，宣布需要一種全新的「量子力學」來研究原子。關鍵的區別在於，量子力學將會是離散而非連續的，其運作機制奠基於瞬間的躍遷，而非平滑的過渡。因此，如果要描繪電子的行為，必須將原子視為一個內部操作被隱而不宣的黑箱，而非遵循古典物理學的系統。

玻恩的大膽之舉在物理學史上前所未有。自牛頓時期以來，物理學家將運動定律奉為圭臬。愛因斯坦的狹義相對論修改了動量和能量的定義（通過將相對論質量視為能量的另一種形式），但並未改變這些物理量必須嚴守守恆律、且沒有東西會突然在某處消失並在另一處出現的基本假設。在牛頓物理學中，物理機制在時間上必須時刻分明；晦澀不明的瞬間可能在實驗中出現，在理論上卻不被允許。玻恩本可以說，我們無法理解電子躍遷的機制，是由於觀測限制或複雜過程產生的干擾雜訊。然而，他選擇徹底切斷電子躍遷前後狀態之間的因果連繫，我們所能知道的只有躍遷規則。

如果說古典力學像是每時每刻都清點積蓄中每一分錢的守財奴，那麼量子力學則像是只關心自己錢財增長前景的共同基金投資者，如果他費心詢問自己的投資狀況，將會得到這樣的回答：「別問，它就那樣發生了」。同樣地，在量子力學中，並沒有直接規範電子躍遷的機制，它們只是遵循著連接初始態和終止態的規則。

同樣對古典力學的侷限感到沮喪的海森堡，已為全新的方法做足了準備。從一九二四年至一九二五年初——其中一部分時間他在哥本哈根波耳所在的研究所訪問——海森堡一直在修改模型並嘗試以電子在軌道上的行為來解釋複雜的光譜數據。然而，在與包立、波耳等人討論後，海森堡決定放棄描述電子軌道的想法。他認為，與其嘗試描述電子的運行軌跡，專注於研究那些能夠被直接測量的物理量（稱為可觀測量〔observables〕）或許將更有成效。

突破出現在一九二五年六月，當時海森堡在北海的黑爾戈蘭島（island of Heligoland）享受了為期兩週不被打擾的思考。嚴重的花粉熱使他來到這座避風港，海風緩解了他的鼻塞症狀。在這裡，他開發了一套計算電子在不同能態之間躍遷幅度（amplitude，與躍遷發生的可能性相關）的系統；而電子的躍遷將發射或吸收特定頻率的光子。他設計了一份表格，用以記錄所有可能的原子躍遷幅度。他還展示了如何使用這些表格進行數學運算，以求得電子處在某些位置、具有某些動量、能量和其他可觀測量的機率。因此，這些物理量並非具有精確的數值，而是以機率的形式呈現，就像在二十一點牌局中以手中握有的牌得到二十一點的機率一樣。

海森堡回到哥廷根後向玻恩展示了他的幅度表，玻恩很快意識到這是一種矩陣——由成行成列的數字組成的數學量。玻恩招募了他的博士生喬丹（Pascual Jordan）加入陣容，與海森堡一起探究這後來被稱為「矩陣力學」的數學意涵。

玻恩熟知矩陣所具有的一項性質——即兩個矩陣以不同順序相乘會產生不同的結果。

在標準乘法中，2×3與3×2是相同的；但在矩陣乘法中——與標準乘法不同——A×B通常不等於B×A。如果順序不影響結果，這些數學量就稱為「可交換」（commute）；反之，它們則稱為「不可交換」（noncommutative）。由於海森堡的系統使用不可交換的矩陣來求得物理量（例如位置和動量），因此測量的操作順序至關重要。如果先測量某一狀態的位置再測量其動量，得到的結果會與先測量動量再測量位置的情況不同。

海森堡後來會證明這種不可交換性導致了「測不準原理」，該原理使得某些成對的物理量無法被同時精確測量。例如，電子的位置和動量無法同時被精確知曉，如果其中一項被精確捕捉，那麼另一項必然變得模糊不清。這就像一張照片中的前景或背景可以分別被清晰對焦，但二者無法兼顧。如果攝影師試圖使前景變得清晰，背景就會變得模糊；反之亦然。同樣地，如果物理學家設計了一個實驗來量測電子的精確位置，那麼它的動量就會散布在一個無限的數值範圍內，亦即動量完全無法被精確求得。

矩陣力學的抽象性使它不被實驗物理學界所喜，因為實驗物理學家偏好具體的事物。只有在它的姊妹理論——波動力學——出現並被證明二者等效之後，統合的量子力學理論才得到廣泛接受。

愛因斯坦對史賓諾莎鐘錶匠神的信仰使他對海森堡理論的驚人推論感到震驚：如果

位置和動量無法同時被精確測量，那麼就無法描繪出宇宙中所有物體的位置和速度、並預測它們未來的發展。這種疏漏並未使海森堡和玻恩感到困擾，他們已轉而習慣於非古典而不精確的機率力學。愛因斯坦強烈反對他們放棄嚴格的決定論而偏好粒子輪盤賭局的變節。

數算光子

愛因斯坦作為量子理論的重要推手之一，卻逃離自己創造出的理論，這一點很耐人尋味。然而，我們必須將量子最原始的概念與發展完全的量子力學作出區別：前者僅指如能量或其他物理量離散的單位量，後者則是在原子尺度上取代決定論古典力學的系統。例如，在愛因斯坦的光電效應中，電子吸收一數值離散、光子形式的能量，然後以其從金屬表面逃逸，並以連續（且具決定性）的方式在空間中運動。愛因斯坦反對與之相反的概念——即電子會吞下一個光子，然後瞬間跳躍至完全不同的位置。愛因斯坦推測，必然有更深層次的理論為看似離散而隨機的跳躍給出連續而具因果性的解釋。

將隨機性視為工具而非自然界的根本特性，愛因斯坦對此並無異議。他知道，統計力學需要隨機性來解釋巨量原子彼此之間、以及與環境之間交互作用時的總體行為。古典力學能夠巧妙地處理一對對物體之間簡單的交互作用，但在處理具有大量組成部分的複雜系統時卻顯得力不從心。而這正是隨機性發揮作用之時——愛因斯坦認為，隨機性並非基本元素，而是作為描繪這鍋（所有組成部分的運動的）大雜燴的表述方式。

在愛因斯坦變節成為量子理論最著名的批評者之前，他最後一次對量子理論的重大貢獻是一個描述理想氣體（ideal gas）的量子統計理論。理想氣體是由大量分子組成的系統，通常被限制在一個容器之中。為了簡單起見，分子之間被假設為沒有相互作用。在波茲曼等人發展的古典統計力學中，隨機運動的假設可以導出壓力、體積和溫度之間的簡單關係，稱為「理想氣體定律」（ideal gas law）。愛因斯坦更新了標準的統計力學，以納入能量量子化的概念。

愛因斯坦在量子領域的最後冒險發源於印度物理學家玻色（Satyendra Bose）寄給他的一篇傑出論文，該論文以量子統計原理推導出普朗克的黑體輻射定律。愛因斯坦將這篇論文翻譯成德文，並於一九二四年八月在著名的《物理學雜誌》上發表。玻色將光子比喻為容器中粒粒相同的桌球，攜帶離散的能量，而能量的多寡（根據普朗克定律）取決於光子的頻率。愛因斯坦將玻色的想法推廣到單原子氣體（只具有單一原子的氣體）。因此，全同粒子（identical particles，每一粒均相同且無法分辨的粒子，包括光子）的量子統計力學，被稱為玻色－愛因斯坦統計（Bose-Einstein statistics）。（最近被用於描述希格斯粒子的「玻色子」〔boson〕這一術語，正是由此而來。）

一九二四年九月，戰間期最重要的科學研討會之一——自然科學家大會（the Naturforscherversammlung）——在奧地利美麗的阿爾卑斯山城因斯布魯克（Innsbruck）舉行。儘管愛因斯坦並未在研討會上演講，但他參加了多場會議，並有機會與多位與會者私下討論他的量子統計學構想，其中包括普朗克。

薛丁格也參加了這場研討會，這次會議使他有機會與愛因斯坦及普朗克會面——他們是他最尊敬的兩位物理學家，當然也是世界上最著名的兩位物理學家。他曾在一九一三年的維也納會議上見識過愛因斯坦的演講，並與他交換過有關廣義相對論的意見；但在那時，他們還不曾深入交談過。

愛因斯坦和薛丁格在因斯布魯克的會面，不僅是他們長期且成果豐碩的友誼的起點（以正式的會面起始，並隨著時間的推移而變得親密），也是近代物理學史上的一個關鍵轉捩點。愛因斯坦在研討會上討論的、他在量子統計領域的最後努力，將促使薛丁格與他通信，並進而從他那裡得知法國物理學家德布羅意有關物質波的概念。這條線索將激勵薛丁格建構自己的波動方程式，而那將會成為支撐量子力學的一大支柱。

薛丁格還很高興能在因斯布魯克與他的奧地利同事們相聚（他當時在瑞士工作），並呼吸山間的新鮮空氣。後者對他尤為重要——三年前他因嚴重的支氣管炎併發結核病而導致肺部痼疾。他還是名老菸槍，而這對他的呼吸系統毫無益處。

薛丁格過去幾年的生活一直動盪不安。在與安妮成婚後，他成了名副其實的學術遊民。儘管他獲得了維也納大學的教職，但他在一九二〇年末到一九二一年底先後前往德國的耶拿（Jena）、斯圖加特（Stuttgart）和布雷斯勞（Breslau，現為波蘭的樂斯拉夫〔Wroclaw〕）出任短期教職。薪資是他的一大考量，因為通貨膨脹開始在德國肆虐。他驚恐地看到他守寡的母親在他父親去世後失去了家，曾經自豪的中產階級現今過著貧困的生活。她於一九二一年九月因癌症去世。薛丁格一心找到最優渥且穩定的學術職位，他希望為安妮提供舒適的生活，讓她遠離貧困的威脅。

蘇黎世大學在當年稍晚釋出的職位提供了這樣的機會，瑞士給予艾爾溫和安妮安穩的環境，遠離德國和奧地利面臨的經濟問題與社會動盪。在新職位上安頓下來、並在應付完支氣管炎和結核病的侵擾後，他開始發表文章，將波茲曼（奠基在古典物理學上）的想法擴展到量子領域。

薛丁格在蘇黎世的早期歲月中思考的其中一個問題是，如何在量子領域中定義理想氣體的熵（entropy，即無序的程度）。波茲曼定義熵為：一個宏觀狀態所具有的微觀狀態（粒子的排序）的數量。然而，如果粒子是不可區分的——例如在量子氣體中——則微觀狀態將變少。這就像計算一組便士所具有的排列數量，其中每個便士都在不同年份鑄造。如果你根據年份來區分這些便士，而非將它們視為全部相同，就會得到遠多於後者的排序方法。因此，在量子系統中估算熵，與在古典系統中的算法不同。

在玻色發表他關於光子的開創性論文、並由愛因斯坦將其拓展到應用在理想氣體之前，物理學家們對於在量子系統中應該用哪些變量來表示熵感到困惑。在玻色出現之前，描述熵的著名方程式具有一個頗受爭議性、沒有人能完全解釋的修正項。添加修正項是為了解決將波茲曼公式應用於量子氣體時出現的問題，但並非所有人都相信它的合法性——薛丁格在一九二四年發表了一篇不含修正項的論文，其中描述熵的方程式在後來也被證明是錯的。

薛丁格在因斯布魯克與愛因斯坦的會面（由於愛因斯坦新發現的方法）及隨後的通信打開了他的眼界。愛因斯坦的洞見啟發了薛丁格以全新的角度思考量子統計，並摒棄了古典物理學「粒子的重新排序將導致不同的微觀狀態」的誤解。然而，他還需要一段時間才能將這些新觀點融會貫通。薛丁格起初認為愛因斯坦的計算必定有誤，因為它與波茲曼的方法相悖。他在一九二五年二月寫給愛因斯坦的第一封信中指出了所謂的錯誤，愛因斯坦耐心地回覆並解釋了玻色的想法——即一群光子可以共享相同的量子態。薛丁格依據新的統計學方法重新定義了熵，並於一九二五年七月在普魯士科學院發表了他的研究成果。

沒有理論能預測一篇研究論文中哪一部分最能啟迪人心，有時甚至與主題不直接相關的部分也能激發讀者的想像力，並引發一連串成果豐碩的想法。愛因斯坦在一篇量子統計論文中提到德布羅意的研究，啟迪了薛丁格發展出他對科學的最大貢獻——規範波動力學的薛丁格方程式。正如物理學家弗洛因特所指出的：「沒有愛因斯坦對德布羅意研究的支持，薛丁格方程式將會更晚才能被發現。」10

物質波

粒子與波看似完全不同，一個集中在一處，另一個則散布開來；一個撞上牆壁時會反彈，另一個則會繞過角落；一個看似是物質的一小部分，另一個則像是空間中的漣漪，它們可能會有什麼共同點呢？

光子是二者兼具的混合體（由愛因斯坦最早提出），它們像粒子一樣攜帶能量和動量，並且可以在碰撞中釋放出這些能量；它們也像波一樣具有波峰和波谷，這些峰谷可以交錯排列，形成干涉圖案中的條紋。

德布羅意在一九二四年的博士論文中——基於他在前一年的計算——創造性地將這種二元性推廣到所有物體。他假設，不僅僅是光子，所有物質都有似粒子與似波的二象性。更有甚者，電子會以普朗克常數除以動量的波長振動。

德布羅意概念的美妙之處在於，它自然地導致波耳角動量量子化的概念（以及經索末菲推廣的版本，稱為波耳－索末菲量子化規則〔Bohr-Sommerfeld quantization rules〕），這是軌道得以穩定的關鍵。德布羅意將電子在原子中的軌道想像成被撥動的吉他弦，只是它是圓形的。正如吉他弦有不同的振動模式（不同的模式有不同數量的波峰和波谷），電子波在原子中也能以不同的波長振動。由於在德布羅意公式中動量與波長成反比，而角動量為動量乘以半徑，這導致了角動量必須為離散值的限制。因此，一個簡單的計算導出了連波耳都無法充分解釋、卻對他的理論至關重要的電子規則。

愛因斯坦在一篇關於單原子氣體量子統計的論文中借用了德布羅意的物質波概念，

以解釋在低溫氣體中，原子如何同步運動而變得更有秩序，進而使其熵降低。原子可以像光子一樣以波的概念來表示，為愛因斯坦的原子氣體與玻色的光子氣體提供了極其重要的連結——這是愛因斯坦理論的基礎。愛因斯坦還稱讚德布羅意為角動量量子化問題帶來了創新的解方，這個問題曾是波耳模型中令人尷尬的缺漏。

當薛丁格閱讀愛因斯坦的論文並發現其引用了德布羅意的博士論文時，他迫不及待地想要一覽究竟。令人啼笑皆非的是，他似乎沒有發現這篇博士論文的主要結果早已發表在學術期刊上，且蘇黎世大學圖書館亦已購入其版權——就在他眼皮底下。他捨近求遠，寫信到巴黎並取得了原版的博士論文。受到叔本華和史賓諾莎的啟發而尋求統一原則的薛丁格，被德布羅意在物質與光存在共性的絕妙想法激發了想像力。波耳－索末菲的原子理論突然從殘缺的太陽系模型，一躍成為由其自然脈動模式決定其性質的心臟。一九二五年十一月三日，薛丁格寫信給愛因斯坦，其中說道：「幾天前，我興致勃勃地讀了德布羅意那篇極具巧思的論文——我終於弄到了它。」[11]

在德拜（當時在ETH任職）的鼓勵下，薛丁格舉辦了一場關於德布羅意物質波的研討會。這場講座精彩地展示了物質波想法的革命性意義。在演講尾聲，德拜建議薛丁格研究能夠模擬這些波的方程式，描述它們如何隨著時間和空間的變化而演化。正如馬克士威方程式解釋了電磁波，是否有某種機制能產生符合任何情況下物理限制的物質波呢？例如，當電子受到原子核中質子產生的電磁場所影響時，它們會如何運動？它們在原子之外的真空中又會如何運動呢？

接下來的數月間薛丁格陷入了狂熱狀態，試圖找到正確的方程式以生成物質波並解釋電子在原子內外的行為。他早期努力的挫敗源於電子當時還未被了解的內在特性「自旋」（spin）——一九二六年由埃倫費斯特的兩名學生高斯密特（Samuel Goudsmit）和烏倫貝克（George Uhlenbeck）首度發現。自旋是一個描述粒子在外加磁場中行為的量子數，「自旋向上」意味著粒子的排列方向與磁場同向，而「自旋向下」則意味著與之反向。許多種類的粒子——包括電子——具有半整數的自旋值，例如二分之一或負二分之一。這些半整數自旋粒子不遵循玻色–愛因斯坦統計，因為它們無法共享相同的量子態。與此相反，正如包立提出的那樣，電子和其他半整數自旋粒子必須遵守「不相容原理」（exclusion principle），這個原理要求每個粒子必須佔據一個屬於自己的量子態。這類粒子——現在稱為費米子（fermion）——無法像音樂會中的人群那樣在搖滾區聚攏，相反，每個粒子都有自己的座位。

「費米子」這個術語源於費米–狄拉克統計（Fermi-Dirac statistics），它恰當地描述了半整數自旋粒子的集體行為。這個理論以義大利物理學家費米（Enrico Fermi）和英國物理學家狄拉克（Paul Dirac）命名，他們均對這一理論作出了貢獻。它與玻色－愛因斯坦統計所描述的粒子狀態數不同，狄拉克之後將提出正確描述費米子的相對論性方程式，稱為狄拉克方程式。這需要使用一種牽涉到複數的新型符號。

薛丁格在對此毫不知情的狀況下開始了他的計算，很快就發展出奠基於狹義相對論的物質波方程式。這是一個可信且重要的方程式，後來被瑞典物理學家克萊恩（Oskar Klein）⑨和德國物理學家戈登（Walter Gordon）重新發現，並稱為「克萊恩－戈登方程式」（Klein-Gordon equation）。問題是，它不完全適用於電子和其他費米子，因為它們具有半整數自旋。（這個方程式可用於無自旋的玻色子，但他當時想描述的是電子而非玻色子。）令他大失所望的是，當他試圖用這個方程式模擬波耳－索末菲原子時，模型的預測結果並不準確。

在反復嘗試無果後，薛丁格覺得自己需要稍作休息。聖誕假期即將來臨，這是一個完美的機會讓他遠離塵囂並深入思考物質波。他告訴安妮，他將前往瑞士風景如畫的阿

⑨譯註：與前文述及的德國數學家克萊因（Felix Klein）並非同一人，兩人並無直接關係。

爾卑斯山村阿羅薩（Arosa）的山間別墅。薛丁格對這座村莊很熟悉，因為在得到肺病後他曾在那休養。同時，他寫信給一位在維也納的前女友（其名字不見於經傳，因為他那年的日記丟失了），邀請她共度假期；安妮將留在蘇黎世。

聖誕奇蹟

在薛丁格一九二五年完成的私人哲學隨筆〈尋路〉中，他贊同叔本華的想法，認為意志是一種集體共享的力量，驅使所有人事物朝著命運前進。他以雕塑來比喻：儘管最終的作品是堅固、美麗且永恆的，但為了要完成它，需要對石頭進行成千上萬次微小、看似隨機而具有破壞性的雕琢。「每一步我們都必須改變、克服、摧毀我們至今擁有的形狀」，薛丁格寫道，「我們的原始欲望在每一步都構成阻力，其在物理上的對應，對我而言似乎是現有形狀對鑿刀構成的阻力。」[12]

薛丁格（自豪於自己）行事衝動，認為冒險是成長的必要條件。當世界與一九二五年告別時，他與舊情人入住了被美麗山景環繞的赫爾維格別墅（Villa Herwig），準備迎接一段密集的計算時光。不論他在那裡做了什麼，都似乎奏效，因為這為期兩週的假期成為了他生命中最富生產力的時期。他發展出了一種全新的物理學方法，將會在後來為他贏得諾貝爾獎。熟識薛丁格一家並似乎了解這段豔史內情的外爾，向科學史學家派斯（Abraham Pais）描述了這個假期：「薛丁格在他生命中晚來的發情期中完成了他的偉大工作。」[13]

「晚來」指的是，薛丁格在踏入這段豐收期的時候已經三十八歲，比掌控量子力學另一方天地的天才少年海森堡和包立年長得多。遺憾的是，很少有理論學家（至少在現代）在年近不惑後仍能作出重大貢獻。愛因斯坦則是另一個例外：他在三十六歲完成了廣義相對論，並在四十五歲時對量子統計作出了貢獻。然而，不同於薛丁格，為他贏得諾貝爾獎的是他在二十多歲時完成的工作（光電效應），而非三十多歲時的貢獻。

薛丁格以意外爆發的青春活力向他的目標飛奔而去。在嘗試相對論性波動方程式後，他決定轉向一個非相對論性的版本。他引入了古老的牛頓公式來表示能量，而非使用$E=mc^2$。將動能（運動的能量）和位能（位置的能量）的古典表達式結合起來，他巧妙地將它們重寫為一個數學算符，稱為哈密頓算符（Hamiltonian operator，類似於之前提到的哈密頓公式，但以導數和其他函數來表示）。在如今著名的方程式中，薛丁格將哈密頓算符作用於一個稱為波函數的數學量（也稱為psi函數）之上，並揭示了前者轉換後者的方式。

根據薛丁格的概念，波函數代表了基本粒子的電荷和物質如何在空間中分布。要找出具有固定能量的粒子穩態——例如原子中穩定的電子態——只需尋找所有經哈密頓算符作用後產生的一個數字乘以原波函數的波函數。使這個方程式為真的每個數字都代表一個能量層級，而每個波函數則代表對應於該能量層級的穩態。

讓我們用一個簡單的比喻來理解薛丁格的方法。假設你是一位銀行家，生活在假鈔泛濫的國家。你開發了一個掃描器，通過檢查鈔票一角顯示其價值的數字來檢驗鈔票的真偽。如果鈔票上沒有這個數字，它將被宣判為假鈔且毫無價值。另一方面，如果掃描器檢測到這個數字，顯示該鈔票價值的指示燈便會亮起，並根據其價值將它歸類到數堆鈔票中的其中一堆。因此，哈密頓算符就像這個掃描器，用來處理波函數，有時會讀出其能量值並保留它們，而在其他情況下則捨棄它們。數學上將這種經分類過程而得的結果稱為「本徵值」（eigenvalue，意為「適當的值」）和「本徵態」（eigenstate，適當的狀態）。哈密頓算符作用於一個本徵態（處於穩態的波函數）時，會產生一個本徵值（表示其能量）乘以該本徵態。

理所當然地，薛丁格迫切希望用他的新方法來解決氫原子問題。他注意到原子核的電場朝所有方向向外輻射，這賦予了這個問題某種球對稱性。利用這種對稱性，他得到了一組具有三個不同的量子數的解——這正是波耳和索末菲提出的量子數。令他高興的是，他修正後的公式（就是寫在每一本近代物理教科書中的薛丁格方程式）產生了正確的結果，完美重現了波耳－索末菲模型描述的原子。

一九二六年一月底，薛丁格的第一篇相關論文〈量子化為一種本徵值問題〉（Quantization as an Eigenvalue Problem）已經完成，在僅僅幾個月內完成如此重要的突破幾乎是前所未有的壯舉。他將論文副本寄給索末菲，索末菲對他的卓越成就感到震驚，回信說這篇論文「像轟雷一般擊中了我」。[14]

由於對普朗克和愛因斯坦抱有極大的敬意，薛丁格急切地等待他們的回應。幸運的是，他們的反饋十分正向，正如安妮回憶道：「普朗克和愛因斯坦從一開始就非常非常熱情。……普朗克說：『我像孩子解謎般在讀這篇論文。』」[15]

薛丁格在私人信函中感謝了愛因斯坦：「你和普朗克的認可對我來說比半個世界還要珍貴。此外，如果不是你的工作讓我明白德布羅意思想的重要，這整件事……可能根本不會存在（至少不會由我來完成）。」[16]

此時，海森堡、玻恩和喬丹已經發表了幾篇關於矩陣力學理論的論文。狄拉克也開發了一種巧妙的數學簡化符號來描述量子規則——稱為狄拉克符號（braket symbol）——使得矩陣力學更加簡明優雅。「波動力學和矩陣力學之間有何連繫」成了自然而然的問題，因為它們都非常巧妙——但是以不同的方式——處理了氫原子問題。薛丁格小心翼翼地強調，他的理論並未根基於海森堡的研究，而是經自己獨立發展而來。

薛丁格意識到證明二者的等價性非常重要——儘管他們的理論有各自的獨立起源，且他自然偏好前者。索末菲馬上察覺這兩個理論是相容的——但這種相容性需要在數學上得到證明。薛丁格很快就提供了證明，隨後包立給出了更加嚴謹的證明。隨著這兩個理論被證明等效，薛丁格開始主張他的理論更具體且更具物理意義。畢竟，它描述了電子在空間和時間中的行為，而非電子在矩陣的抽象世界中如何轉變。

幽靈之域

玻恩仔細思考了這兩種理論的意涵，並看出了它們各自的漏洞，甚至包括他曾助其發展的矩陣力學理論。他非常清楚大眾對矩陣力學過於抽象的批評，而波動力學理論確實更加具體且可想像，能很好地模擬發生在實際物理空間中的過程，如碰撞。玻恩不得不承認它的優雅、清晰與價值。

然而，波動力學卻提出了一個站不住腳的觀點——即電子分布在整個空間中。這樣的圖像與實驗觀察不符，實驗顯示電子有時會表現出像點粒子一樣的行為。儘管電子在空間中振盪的想像非常生動，但並沒有觀測證據顯示它的物質和能量實際上是分散在空間中的。

為了調和這兩種方法，玻恩提出了第三條道路：將波函數想像成一種「幽靈場」，引導真正的電子運動。波函數本身不具備任何物理特徵——既沒有能量也沒有動量。它存在於抽象的空間（現在稱為希爾伯特空間〔Hilbert space〕）、而非實際的空間中，並且僅在電子被觀測時，經由「提供可能結果發生的機率」來間接地顯示其存在。換句話說，它的功能類似於海森堡的狀態矩陣——作為具有機率數據的資料儲存庫。

玻恩展示了波函數如何扮演其幽靈般的「幕後」角色，而被用來找到各種可觀測的量。每次進行測量時，不同結果發生的機率將取決於作用在波函數的某個算符（數學運算符號）的本徵態。例如，為了測量電子最可能的位置，需找到位置算符的本徵態，並利用這些本徵態來計算每個可能位置的機率。為了找到電子最可能的動量，則需使用動量算符和其本徵態。對於位置（或動量）的精確測量，意味著電子波函數剛好處在位置

（或動量）的一個本徵態。奇怪的是，由於位置本徵態和動量本徵態是不同的集合，你永遠無法同時測量位置和動量，你必須選擇測量的順序——先測量位置或先測量動量。與矩陣力學一樣，不同的操作順序會產生不同的結果。

根據玻恩的解釋，你還可以使用波函數來決定電子從一個量子態轉變到另一個量子態的可能性——例如，突然在兩個原子能階之間躍遷。這樣的「量子躍遷」是瞬時且（除了其發生的機率之外）無法預測的。唯一能看到躍遷的方法是觀測原子光譜的變化，因這個過程會釋放或吸收光子，但你實際上不會觀測到電子在空間中的運動。

簡而言之，玻恩的想法將薛丁格的波函數從物理波轉變為機率波。在它們的新角色中，波函數只能告訴你電子具有某些位置或動量的可能性，以及這些值改變的機率，你永遠無法同時確定這兩個值。由於你無法在某一時刻同時知道粒子的位置和它的運動狀態，你也無法準確預測它在下一個瞬間會在哪裡出現。因此，玻恩將薛丁格的確定性描述轉變為機率性、不確定性的一系列量子躍遷。

海森堡非常贊同玻恩的觀點，即電子不可能是分布在空間中的波。他僅視波動力學為計算自己理論中矩陣元素的另一種方法，想像電子是圍繞原子核波動的雲狀物對他而言實屬荒唐，沒有任何量子實驗支持電子是膨起的物體。因此，他歡喜地接受玻恩的解釋，認為它能提取出薛丁格計算中的有用結果，同時摒棄了膨脹電子的荒誕觀念。

波耳之家

一九二六年十月，薛丁格應波耳的邀請至哥本哈根訪問，期間他發表了自己的結果，使事態升至高潮。波耳的理論物理學研究所已成為其量子理論的聖殿，而波耳則是這個一言堂的首席宣道者。（當時）圍繞在波耳身邊的是一群熱情洋溢的骨幹成員，包括海森堡、狄拉克和克萊恩。

克萊恩對波動力學尤為感興趣，因為他也對這一主題發展出了自己的見解。他同樣曾讀過德布羅意的論文，並試圖以物質波的概念構建波動方程式。他嘗試了幾種不同的方法，並於一九二五年底獨立地推導出薛丁格方程式的另一種形式，但由於身體抱恙，他未能及時投出論文。待他康復時，薛丁格的第一篇論文已經發表。不過，克萊恩仍（與戈登一同）以方程式的相對論版本而獲得了認可。

克萊恩還獨立地重現了卡魯扎的理論，這一理論通過增添一個維度來擴展廣義相對論，以統合電磁力和重力。與他的前輩一樣，克萊恩希望發展出一個統一的自然理論，解釋電子在各種力的綜合作用下如何在空間中運動。

與卡魯扎不同，克萊恩的理論奠基在量子原則上。他使用了德布羅意的駐波（standing waves）概念，但以稍微不同的方式來處理這些波。這些波不是包裹在原子內，而是圍著一個看不見的第五維度纏繞。克萊恩將動量的第五維度定義成電荷，並利用德布羅意關於波長與動量成反比的概念，將第五維度的最大長度與其最小動量連結起來，並進而將後者與最小電荷連結起來。他發現電子的電量如此之小，導致了第五維度也微小無比。因此，第五維度無法被實驗檢測出來。

由克萊恩提出、不可檢測的第五維度，就像站在高高的梯子上觀察地上一根被線緊緊纏繞的針一樣。從這個高度看，線幾乎細不可見，而針看起來就像一條簡單的直線。同樣地，由於第五維度纏繞得如此緊密，它無法被觀測到。

克萊恩在完成他的研究後，從包立那裡得知卡魯扎關於統合的類似想法時，他感到無比震驚。包立是少數能夠掌握廣義相對論和量子物理所有發展和理論的人之一，他也擔任其他人資訊的源泉。儘管對自己並非率先考慮五維統一理論的第一人而感到失望，但克萊恩還是認為他的理論足夠獨特且值得發表。後來的一些統一模型——包括愛因斯坦的大膽嘗試——中，克萊恩微小、纏繞的第五維度概念成為了關鍵部分。因此，統一自然力的高維度理論通常被稱為卡魯扎－克萊恩理論（Kaluza-Klein theories）。

然而，克萊恩的方法當時在哥本哈根的社群中並沒有掀起波瀾。波耳引領這個團隊達成了原子和量子本質的共識，這一共識包括接受原子的機率性機制。無論是克萊恩的五維理論、還是薛丁格將波解釋為電荷分布的觀點，都沒有納入瞬間量子躍遷的概念，因此它們被排除在新興的權威觀點之外。

薛丁格的十月之行就像一名神學生在一群信仰別派教義的虔誠信徒面前演講，試圖為他的少數派信仰辯護。儘管他的觀點往往是流動的，但這位驕傲且固執的維也納物理學家不會輕易讓步。他只按照自己的方式改變想法，從不被勸服。

薛丁格於當月一日乘火車抵達，經過長途旅行後，他在車站見到了波耳，旋即被一連串問題所轟炸。這場審問一直持續到他演講完畢並啟程回家。即便在他訪問期間感冒並臥病在床時，波耳仍不斷追問他的想法。由於他住在波耳家中，委實無處可逃。

雖然面對一連串的質問，哥本哈根的每個人都表現得非常友善和體貼，尤其是波耳的妻子瑪格麗特（Margrethe Bohr），她總是確保客人感到賓至如歸。在這個溫暖、舒適的家庭中，薛丁格承受著來自波耳、海森堡及其他人的巨大壓力，要求他接受玻恩的詮釋並放棄物理波的概念。薛丁格傾盡其智識抵抗，他不希望他那充滿遠見的理論淪為矩陣支持者用以進行他們計算的算盤。

薛丁格反駁的核心論點是，隨機的量子躍遷根本不具有物理意義。他為連續、確定性的解釋辯護。這與他此前的立場有所不同，因為在蘇黎世大學的就職演講中——附和他的導師埃克斯納的想法——薛丁格強調了自然界中的隨機性，並否定了科學中對因果關係的需求。薛丁格還曾寫信給波耳，稱讚他曾協助發展的輻射理論——ＢＫＳ理論（Bohr-Kramers-Slater theory）——成功規避了因果關係。[17]

愛因斯坦曾強烈反對ＢＫＳ理論，正是由於它的隨機性。在這個議題上，他和薛丁格處於對立的兩端。但這已是發生在一九二四年的往事，當時薛丁格還沒有他那具因果性、連續性、確定性的方程式要捍衛。機緣巧合下，一九二六年底，他們對隨機量子躍遷的共同反對，促使二人組成反哥本哈根學派陣線。當他們發現自己是少數公開批評玻恩對波動方程式重新詮釋的人時，這一聯盟就此建立。

從哥本哈根回到蘇黎世後，薛丁格繼續捍衛他對量子躍遷的蔑視，認為原子物理學應該是可見且邏輯一致的。波耳仍然希望薛丁格會轉而支持他們的共識，因為波動力學的機率形式與矩陣力學互相契合得如此完美。那時，量子理論仍在成型之中，不同的詮釋並未妨礙其進展，波耳融合二者的目標遭遇到的更大挑戰是愛因斯坦更強烈且直接的反對。

上帝擲不擲骰子？

到了一九二六年底，愛因斯坦已經與量子理論劃清界線。愛因斯坦對於連續性的概念未受到重視而感到不滿，他認為這是大自然合乎邏輯的一部分。他開始借用宗教意象來支持自己的觀點——為什麼是宗教？愛因斯坦是在世俗的猶太家庭中長大的，顯然並非虔誠的信徒。然而，他對自己猶太人的身分未能或忘，這份念茲在茲既（負面地）來自於右翼德國反猶民族主義者對他研究工作的攻擊，也（正面地）來自於他對猶太人在巴勒斯坦建立家園運動的支持。

儘管愛因斯坦在哲學上與玻恩存在分歧，但他們兩人是親密的朋友。他們喜歡作智識上的討論，還一起演奏室內樂，並保持著穩定的書信往來。玻恩和愛因斯坦一樣，都有著世俗猶太背景，基於二人的共同點，愛因斯坦會試圖說服玻恩量子物理學需要的是確定性的方程式而非機率性的規則，也就不足為奇。

「量子力學提供了許多非常值得讚賞的東西。」愛因斯坦在寫給玻恩的信中寫道，

「但內心深處有個聲音告訴我，這還不是正確的道路。這個理論……幾乎沒有讓我們更接近『老者』（the Old One）的祕密。我無論如何都堅信，上帝不擲骰子。」[18]

如我們所見，「老者」是愛因斯坦對上帝的暱稱——並非聖經中的上帝，而是史賓諾莎的上帝。這不會是愛因斯坦最後一次強調這個觀點，從此以後直到生命結束，當他解釋自己不相信量子不確定性的原因時，他將一遍又一遍地像念咒語一般重申：「上帝不擲骰子。」

這種半宗教性的口吻實際上是對理性和常識的呼籲，並非為了要以信仰取代科學。他完全可以說：「我對自然秩序的理解告訴我，物理定律不是隨機的。」但他選擇了更為戲劇化的表達，而事實上，「上帝不擲骰子」這句話的迴響遠超過「自然定律不是隨機的」。

這種戲劇性的表達方式顯現了他對自己話語權的日益自信，他已經漸漸習慣於自己的言論被媒體引用並傳播給大眾。或許正因如此，即便是在私人信件中，他的懇求也帶著戲劇性。

為了反駁玻恩的詮釋，愛因斯坦於一九二七年五月五日在普魯士科學院發表了一次演講，旨在證明薛丁格的波動方程式明確揭示了粒子的行為，而非擲骰子的結果。次週，他寫信給玻恩，以勝利者的姿態說道：「上週我在科學院發表了一篇簡短的論文，證明薛丁格的波動力學可以導出確定性的運動，而不需要任何統計解釋。很快你將會在期刊上看到它。」[19]愛因斯坦將這篇論文投稿給一份著名的期刊，然而，也許是因為對結果不確定，愛因斯坦在幾天後便撤回了論文，該論文從未被發表，歷史上只保存了這個中途流產證明的首頁。

儘管愛因斯坦地位顯赫，但他的呼籲在量子信徒身上收效甚微。一次又一次的實驗顯示，量子力學是描述原子行為極其精確的理論，它的預測與實驗結果一一吻合。那些沒有接觸過（或者至少不被其影響）激勵愛因斯坦和薛丁格的哲學思想的年輕研究者，目睹了這些實驗上的驗證，認為量子力學是唯一能通往前方的道路，他們不願與實驗上的成功為敵。

玻恩不受愛因斯坦的說辭影響，繼續倡導他的機率性詮釋。他對認為自然界一切都已被預定的這一觀點感到尷尬，為什麼要接受一個沒有選擇或機會的世界呢？

同時，海森堡開始形式化量子測量過程中的不確定性，並在一九二七年二月向包立寄去一篇影響深遠的論文，於當年稍後發表，標題為〈量子理論運動學與力學的可觀測部分〉（On the Perceptible Content of Quantum Theoretical Kinematics and Mechanics）。

論文的標題和主旨反映了海森堡希望經由對自然界中可觀測與不可觀測現象的分析，來反駁薛丁格對「可見性」（visualizability）的強烈呼籲。

海森堡的論文因為引入了由他命名的「不確定性原理」（indeterminacy principle，現在通常稱為「測不準原理」）而備受矚目，該原理指出無法同時測量某些成對（共軛的可觀測量，位置和動量是一對、時間和能量是另一對。每對共軛量中，其中一個量被測量得越精確，另一個量就會越模糊。儘管這一想法背後的數學推理在更早之前就已經發展出來（即由矩陣表示的共軛量的運算順序至關重要），但一九二七年海森堡才在他的論文中首度嘗試解釋這一過程的物理意義。

海森堡指出，如果想測量電子的位置，就需要用光來觀察它。這個過程最少需要用到一個光子。然而，這個唯一的光子在照射電子時會與之碰撞，干擾它並給予它額外的動量。因此，當你知道電子位置的瞬間，其動量便被一個未知的量所擾亂。

海森堡還描述了被稱為「波函數塌縮」（wavefunction collapse）的過程。在對任何物理量——比如位置——進行測量之前，波函數是多個本徵態的疊加（加權和）。一旦進行測量，波函數便立即轉變為它具有的其中一個本徵態，摒棄所有其他可能性。其位置（或任何其他物理量）被設定為對應於該本徵態的本徵值。

我們可以想像一個脆弱的紙牌屋來理解這個塌縮過程，這個紙牌屋的每邊都朝向不同的方向，它在北、南、東、西的疊加狀態中搖搖欲墜。現在，想像有一陣從隨機方向吹來的強風，風吹在紙牌屋上的過程可以被視為一次量測。紙牌屋會朝其中一個方向倒塌，塌縮成它具有的其中一個本徵態，測量的過程使紙牌屋從疊加狀態塌縮至單一位置。

匈牙利數學家馮．紐曼（John von Neumann）後來證明，所有量子過程都遵守這兩種力學定律的其中之一：由波動方程式（例如薛丁格方程式或其相對論性版本如狄拉克方程式）控制的連續性、確定性的演化，以及與波函數塌縮相關的離散性、機率性的位移。薛丁格本人則繼續相信前一種過程，並激烈反對後者。

儘管在解釋原子機制的戰鬥中，波耳是海森堡的主要盟友，但波耳一開始並不贊同海森堡的測不準原理。他認為，用測量誤差來定位量子哲學並無意義；相反，他認為解釋原子需要更深入的分析。他開始主張以一種類似陰陽的方式來將量子理論的各個方面整合起來，這種方式稱為「互補性」——它認為電子和其他次原子粒子具有粒子和波的雙重性質，而這兩種性質將由不同種類的測量顯現出來。

波耳的互補性思考了如何設計觀察者實驗，如果研究員探測的是波特性——例如干涉圖案——那麼他將會清楚地看到這些斑馬條紋。另一方面，如果他記錄的是粒子特性——例如位置——該特性就會成為螢幕上的一個點而顯現出來。波耳認為這些矛盾是自然界基礎的一部分。

很快，波耳和海森堡對量子測量達成了共識，將互補性和不確定性視為同一硬幣的正反兩面。他們的綜合觀點——包括波函數塌縮由實驗所觸發——最終被稱為「量子力學的哥本哈根詮釋」（Copenhagen interpretation of quantum mechanics）。

在一九二七年十月於布魯塞爾舉行的第五屆索爾維會議上，他們的聯盟受到了考驗。當愛因斯坦表達出對他們觀點的強烈反對時，波耳及其支持者均感到無比震驚。埃倫費斯特（愛因斯坦的朋友、同時也是波耳的朋友）責備相對論之父對於物理學的另一場革命過於心胸狹隘。他指責愛因斯坦以與衛道人士攻擊相對論新穎性同樣的方式來反對量子力學。然而，愛因斯坦不願讓步。

研討會期間，愛因斯坦與波耳關於量子哲學的辯論大多是私下的，主要發生在早餐時間、而非正式會議中。每天早晨，愛因斯坦都會在餐桌上提出一個假設情境，在情境之中量子不確定性可以完全被省略。波耳會沉思一會，然後告訴愛因斯坦他精心建構的反駁。第二天，這個過程會重複一遍。到最後，波耳成功為量子理論辯護，駁回了愛因斯坦的所有反對意見。

愛因斯坦返回柏林時，在科學界的身影已然更加孤立。儘管他在世界上的聲譽仍然如日中天，但他在年輕一代物理學家中的聲望開始發酸，他們嘲笑他對量子力學的反對。隨著實驗結果持續支持由波耳、海森堡、玻恩、狄拉克等人提倡的統一量子願景，愛因斯坦對他們觀點的排斥顯得既微不足道又不合邏輯。

薛丁格是少數同情愛因斯坦懷疑態度的人之一，他們一直在探討擴展量子力學以使其更加完整的方法。愛因斯坦向他抱怨主流量子社群的教條主義——例如，一九二八年五月，愛因斯坦寫信給薛丁格，信中道：「海森堡－玻恩的麻醉哲學（或是宗教？）經他們如此精心設計，暫時為真正的信徒提供了一個舒適的枕頭，使他們難以被輕易喚醒，那就讓他們繼續躺平吧。但這種宗教……該死的對我幾乎毫無影響。」[20]

愛因斯坦在沉寂中努力發展一個統一場論以取代量子力學。由於量子方程式的成功，鮮有物理學家對愛因斯坦的嘗試感興趣。愛因斯坦的論文很快便在媒體上被大肆報導，但在物理學界卻乏人問津。

現在看來，愛因斯坦在索爾維會議後的研究工作對科學影響甚微，它們主要是探索各種統一的可能方法的數學練習。愛因斯坦在一九二五年後便沒有發展出任何重要理論，對此，派斯打趣道：「在他接下來的三十年人生裡……即便他轉行去釣魚，他的聲望也將絲毫不減，甚至有所增長。」[21]

儘管物理學界全然倒向機率性的量子理論，將愛因斯坦遺留在決定論的孤獨城堡中，媒體依然給予他無盡的榮耀。他成為了那個一頭亂髮的天才、明星科學家和預測星光彎曲的奇蹟製造者。他像是在經歷一連串事件後早已失去影響力的儀式性國王，媒體對他比對那些真正改變科學卻沒沒無聞的工作者更感興趣。他的每次發表仍然繼續被媒體報導，而在同行中卻幾乎被忽視。

大眾對愛因斯坦仍握有王牌在手的認知持續到他生命的終點。二十世紀二十年代末，愛因斯坦在柏林發展的統一理論，讓他持續吸引公眾注意力。儘管他被主流物理學界拋下——他們逐漸將他視為過去的遺蹟——但他依然是國際媒體的寵兒。

第四章　對統一的追求

這個愛因斯坦對我們這些始終知道自己所知甚少的人來說是一大安慰。他向我們證明了，那些我們認為聰明的人其實跟我們一樣愚笨……我想這位荷蘭人（誤指）只是在暗中嘲笑全世界罷了。

——威爾．羅傑斯，〈威爾．羅傑斯看愛因斯坦的理論〉（Will Rogers Takes a Look at the Einstein Theory）

愛因斯坦在柏林的生活充滿情調。這座城市不僅是科學與技術重鎮，更是一場藝術饗宴。位於市中心的菩提樹下大道（Unter den Linden）在一九二〇年代後期成為世界上最繁華的文化樞紐之一——這條街道從著名的布蘭登堡門（Brandenburg Gate）延伸至中央大教堂、柏林宮（city palace）和充滿雕像的博物館島（Museum Island），其間座落著國家圖書館、國家歌劇院和柏林大學主建築群。

儘管德國已受通貨膨脹摧殘，柏林依然擁有許多引以自豪的理由。這座建築錯落蔓延的城市吹噓著自己是世界上面積最大的城市，新興的社區如雨後春筍般冒出，城市中充滿了百貨公司、餐廳、爵士俱樂部及其他熱鬧的場所。輕歌劇（Operetta）公司也蓬勃發展，甚至從維也納身上奪走了最佳輕歌劇舞台的頭銜。布雷希特（Bertolt Brecht）和威爾（Kurt Weill）巧妙地將街頭俚語、爵士樂與歌劇融合在一起，其傑作《三便士歌劇》（*The Threepenny Opera*）於一九二八年八月在席夫包爾丹劇院（Theater am Schiffbauerdamm）首演。

一九二七年末，普朗克從柏林大學退休。在愛因斯坦的推波助瀾下，薛丁格收到了這席備受尊崇的教授職位聘書，以替補普朗克留下的空缺。儘管蘇黎世擁有許多吸引之處——尤其是靠近山區這點——他仍欣然接受了這個職位。再次踏上德國的土地，他與安妮欣喜地搬到了熙熙攘攘的首都。

安妮回憶起那段令人振奮的時光，說道：「柏林對所有科學家來說都具有無比美妙且獨特的氛圍。他們均對此了然於心並心懷感激……戲劇、音樂演出皆處於巔峰，而科學與其研究機構、工業發展也同樣到達了高峰。還有那最著名的研討會……我的丈夫非常喜愛這裡。」[1]

置身德國首都的薛丁格不僅成為科學界的核心成員，能輕易參與各式各樣的講座與討論，也開始在國際上聲名鵲起。雖然與愛因斯坦獲得的巨大關注相比僅是冰山一角，但薛丁格仍然嘗到了成名的滋味。

舉例而言，一九二八年七月《科學人》發表了一篇文章，將薛丁格的理論視為取代波耳模型的權威性觀點。[2]《紐約時報》也注意到這點，並向讀者宣傳薛丁格的理論是最新的潮流。報導稱，波耳的研究如同「長度及踝的裙子」一般過時，聰明的讀者應該轉而學習薛丁格的原子波動理論。[3]

當薛丁格開始享有名氣之時，愛因斯坦卻已對此感到厭惡——除非這些名氣有助於他支持的慈善事業，或經由發表科普文章和書籍為他賺取外快。儘管愛因斯坦認為普羅大眾應該了解科學，但他懷疑多數人是否真的能理解他的理論。對此他最直率的表達或許便是一九二一年訪美後發表的那一系列令人尷尬的言論，其中他指責美國人粗俗無禮。他對美國人為何對他的研究感興趣的奇怪推測，以至於《紐約時報》寫出了這樣的頭條：「愛因斯坦宣稱女人在此統治一切，科學家表示他認為美國男人是女人的玩物，美國人民極其無聊。」

報導援引愛因斯坦的話，指美國女性「盲目追隨流行，而現在恰好她們迷上了時尚的愛因斯坦……無法理解之事的神祕感使她們瘋狂」。而美國男性則「對任何事情都不感興趣」。[4]

愛因斯坦的妻子艾爾莎通常樂於受到公眾的關注，並將控制和推廣愛因斯坦的形象視為己任。然而，她在一九二五年一月三十一日的恐怖遭遇中發現，萬眾矚目的公眾人物常常吸引精神官能症患者的有害關注。那天，俄羅斯寡婦狄克森（Marie Dickson）強行闖入他們的公寓大樓，她揮舞著手中的武器——有些說法是裝滿子彈的左輪手槍，有些說法則是一枚帽針——威脅艾爾莎並要求與教授見面。據說，狄克森妄想愛因斯坦曾是沙皇的間諜。她在此之前曾威脅蘇聯駐法國大使，被判入獄三週後遭驅逐出境。她直奔柏林，衝著愛因斯坦而來。[5]

艾爾莎知道丈夫在樓上的書房，於是聰明地捏造了一個謊言。她假裝愛因斯坦不在家，並承諾會打電話給他。狄克森冷靜下來，離開了公寓，表示稍後會再來拜訪。狄克森一走，艾爾莎立即打電話報警。五名警探隨後趕到，在公寓守株待兔，等待狄克森重返。經過激烈的搏鬥，他們逮捕了她，並將她送往精神病院。而這一切發生時，愛因斯坦安然身處於樓上的書房中渾然不覺，他沉浸在自己的理論中，事後才得知艾爾莎可能救了他一命。[6]

雖然愛因斯坦可能欠妻子一份恩情，但他們經常爭吵。他對外表的漠不關心讓她抓狂，他以討厭理髮而聞名，艾爾莎總得苦苦相勸他好好坐下來理個髮；而他甚至還拒絕穿上襪子。艾爾莎顧及他們的菁英地位，希望他能在攝影師面前看起來體面一些，但愛因斯坦對此毫不在意。對他來說，維持某種公眾形象只是額外的壓力，他更喜歡獨處並專注於自己的研究。相對地，他也抱怨她「愚蠢」地購買昂貴的衣服。[7]

當薛丁格一家抵達柏林時，壓力、缺乏運動、飲食不節制及吸煙成癮開始損害愛因斯坦的健康。一九二八年三月，他在瑞士旅行時突然昏倒，隨後被診斷出心臟肥大症。回到柏林後，他被要求臥床休息並嚴格執行無鹽飲食。那幾個月他幾乎無法動彈，但也藉由靜養的機會專注於研究新的統一場論。當年五月，愛因斯坦興奮地告訴朋友：「在病時的寧靜中，我在廣義相對論的領域中產下了一顆美妙的蛋，它孵出的幼雛是否會成長茁壯唯有上天知曉。我很感激這場疾病，是它賦予了我這個成果。」[8]

老者的祕密

愛因斯坦在公開和私下慶祝中度過了他一九二九年的五十歲生日。公開的慶祝活動幾乎與他發表統一場論的模型同時發生，他這個首度被廣為報導的理論是他臥床休養時的研究成果。他之前曾發表過其他對統一理論的嘗試，但幾乎沒有獲得關注。年將半百、產出新的結果和身為愛因斯坦，使他的新方法獲得了大量的媒體報導。

在整個一九二〇年代，其他研究者提出的統一理論激發了愛因斯坦對解開「老者」祕方的渴望，這個祕方可以描述所有自然力如何互相協調並合作無間。重力和電磁力似乎有太多相似之處——兩者都是隨著物體之距離的平方減弱的力——不可能彼此獨立。廣義相對論的侷限在於它只能容納一種力（即重力），其方程式需要在代表幾何部分的那一側增加額外的項，以便納入另一種力。為成功的理論添加額外的變量並非是可以輕率作出的決定，必須要有明確的理由——這個理由如果不是基於某個物理法則，便至少要經由數學推理來證明。

愛因斯坦涉獵了卡魯扎、外爾和愛丁頓的理論，但對他們的結果並不滿意。無論他多麼努力嘗試，都無法找到符合粒子行為、具物理意義的解。他甚至發表了一篇與克萊恩五維理論相似的論文，但是很快發現克萊恩比他更早提出了這一想法。包立告訴愛因斯坦這一相似性，促使他在論文末尾附上一段尷尬的說明，承認其內容與克萊恩的想法相同。

在此之後，從一九二八年中期開始並持續了數年，他轉向稱為「遠距平行」（distant parallelism，也稱為「電平行」〔teleparallelism〕或「絕對平行」〔absolute parallelism〕）的想法。他的新方法將黎曼幾何與歐氏幾何並置，以在空間中兩個遙遠的點之間定義平行線。從廣義相對論彎曲、非歐幾里得的時空流形開始，他為每個點配上一個額外的歐氏幾何量，稱為四階張量（tetrad）。愛因斯坦指出，由於四階張量擁有簡單的直角笛卡兒座標系（Cartesian coordinate system），因此很容易判斷這些結構內的線是否平行。這種對遠距平行線的比較將提供標準廣義相對論中沒有的額外信息，從而得以將電磁力與重力的幾何描述結合起來。

在標準的廣義相對論中，由於時空的彎曲，時空中每一點的座標系都有不同的方向——座標系從一點到另一點朝不同方向傾斜。這就像從太空中看地球一樣，你不會期望從澳大利亞發射的火箭與從瑞典發射的火箭朝同一方向飛行。同樣地，一個區域附近的座標軸會與另一個區域的不同，因此，在標準的廣義相對論中，無法判斷相距甚遠的線條是否平行——可以定義線條之間的距離，但無法確定它們的相對方向。遠距平行由於其額外的直角結構，使得兩條直線的相對方向以及它們之間的距離可以被同時定義。它為宇宙提供了一個導航系統，彌補了標準廣義相對論所提供的基本地圖的不足。正因如此，愛因斯坦認為這種方法更加全面。愛因斯坦提出每個統一場論模型的初衷均是以幾何方式重現馬克士威的電磁方程式，以將其納入廣義相對論的範疇。他很高興能夠經由遠距平行實現這個目標——至少在空間空無一物的情況下。然而，他並沒有像廣義相對論那樣提出可被檢驗的實驗預測，也沒有找出可信的、有物理意義的解。

他同樣沒有達成再現量子規則的目標。自一九二〇年代末期開始，他每次提出一個統一理論時，都希望方程式是超定的（overdetermined，方程式的數量多於獨立變數的數量）。他希望這種冗餘會強制方程式的解表現出類似離散的行為——就像是量子能階。

舉一個超定的例子：寫下棒球的運動方程式，並加上一個額外條件，要求其垂直位置須處於某一高度。如果沒有這個條件，棒球將在空中沿著曲線路徑連續運動；加入這個條件後，它的位置將被限制在兩個離散值上，棒球會在上升和下降的過程中各自到達這個高度一次。因此，連續的方程式同時並行會產生不連續的數值解。相似地，愛因斯坦希望超定的統一場論能強制電子進入特定軌道，類似於波耳-索末菲模型和由薛丁格方程式得到的本徵態。然而，他未能實現這一目標。

總的來說，無論愛因斯坦如何努力嘗試，遠距平行未能重現粒子的古典與量子行為。因此，他的提議在很大程度上只是一個數學練習，而非嚴格的物理理論。

甚至他的理論所用到的數學也不是他的創新。愛因斯坦後來才知道，法國數學家嘉當（Élie Cartan）和奧地利數學家魏岑博克（Roland Weitzenböck）早已對這個主題發表過相關研究。嘉當提醒愛因斯坦，他們曾在一九二二年的一次研討會上討論過遠距平行——這次討論顯然已被愛因斯坦忘記了。最終，愛因斯坦承認了嘉當他所應得、對這篇論文的數學貢獻。

事實上，通過調整廣義相對論的長度、方向、維度和其他參數，將馬克士威方程式納入其中相對容易。當時，愛因斯坦認為遠距平行提供了合理的修改方法，他對合理的判準包括簡潔性、邏輯性和數學上的優雅性。然而，正如包立和其他人所建議的那樣，放棄廣義相對論成功作出的預測——例如星光彎曲——是不應輕易採取的激進策略。讓他的同事們失望的是，愛因斯坦對抽象概念的興趣日益增長，使他摒棄了使理論與實驗數據相符的需求。

空中漫步

一九二九年一月，愛因斯坦準備發表一篇簡短的論文，描述他新的統一理論模型。儘管缺乏物理證據，他仍發布了一篇精要的新聞稿，著重描述其在科學上的重要性，並強調該理論優於標準的廣義相對論。[9]當國際媒體得知該理論即將發表時，超過一百名記者蜂擁而至，迫切要求採訪愛因斯坦，並要他簡單描述其創新想法。這些記者沒有意識到這篇論文是多麼抽象且不切實際，他們以為這會是類似於相對論的重大突破。愛因斯坦起初躲著記者，拒絕進一步的評論。[10]最終，他為他們提供了更詳細的科普解釋，刊登在《泰晤士報》、《紐約時報》和《自然》（*Nature*）等報刊上。在《自然》中，他被引述道：「現在——而且只有現在——我們知道推動電子圍繞原子核運行的力與推動地球圍繞太陽公轉的力相同，也與給予我們光和熱的力相同，這個力使得地球上的生命得以存在。」[11]

這一理論的發表引起了一場宣傳風暴，堪比一九一九年日食觀測結果的發表。有鑑於這個理論抽象、假設性且缺乏實驗驗證的本質，其得到的媒體關注令人震驚。僅僅在《紐約時報》上，就發表了將近一打提及該理論的文章。

全球各地的科學家被邀請評論和詮釋愛因斯坦的研究成果。儘管缺乏證據證明，熱情仍然高漲，不合理的熱情回應之一來自紐約大學（New York University）物理系主任謝爾頓（H. H. Sheldon）教授，他誇張地推測：「這一理論可能開啟這些研究方向：例如無需引擎或燃料就能夠使飛機維持空中飛行、跨出窗外而無懼於墜落，甚至登月旅行……」[12]

這一理論似乎還引發了文化共鳴。一些神職人員談論了其神學意涵，紐約第五大道長老會教堂（Fifth Avenue Presbyterian Church）的牧師霍華德（Henry Howard）將該理論與聖保羅對大自然統一性的教義相提並論。[13]幽默作家——如揮舞著套索的諷刺作家羅傑斯（Will Rogers）——則調侃其晦澀難懂。[14]另有人笑稱該理論可以用來測試高爾夫球。[15]

在愛因斯坦之前，理論物理學文章能獲得如此巨量的媒體關注簡直是聞所未聞。即便是最抽象、最遠離日常的理論，愛因斯坦也能使其變得性感、神祕而震撼。儘管他的假說僅是一組缺乏實驗支持而死氣沉沉的方程式，這並未使媒體卻步。愛因斯坦精心撰寫數學方程式時動筆的手，已足以提供媒體所需的所有重要證據。

愛因斯坦對於他的明星身分感到尷尬，他顯然希望人們將焦點放在他的理論及其意涵、而非他個人身上。然而，不用說，媒體關注的焦點是他本人，這使得愛因斯坦不得不試著躲躲藏藏，儘管往往不太成功。

與公眾的熱烈反應形成鮮明對比的是，理論物理學界對此的反應幾乎弱不可聞。那時，主要由於量子革命的緣故，愛因斯坦的想法在主流物理學界迅速失去影響力。在年輕一代最活躍的量子理論學家中，只有包立仍然對他的工作保持濃厚興趣。儘管愛因斯坦在個人層面上仍受人尊敬，但是他頻繁提出的統一場論模型已被視為笑柄。例如，哥本哈根的年輕物理學家們曾在一場改編的幽默版《浮士德》（*Faust*）演出中戲謔地描繪了愛因斯坦的思想——在劇中，國王（象徵愛因斯坦）被跳蚤們（象徵統一場理論）所困擾。

包立並非容易取悅的聽眾，秉持著他直言不諱的有名作風，包立對愛因斯坦的理論澆了一盆令人警醒的冰水。他在一封致編輯的信中評論了一篇關於遙遠平行理論的文章：「《精確科學的結果》（*Results in the Exact Sciences*）編輯們接受愛因斯坦新場理論文章的行為委實十分勇敢。近年來，他無窮無盡的創新天賦，以及對追求一個固定目標的持久精力，使我們平均每年都能震驚地看到他的新理論。在心理學上，有趣的是，作者通常會在一段時間內將他當前的理論視為『最終解答』。因此……人們可以高喊：

『愛因斯坦的新場理論已死。愛因斯坦的新場理論萬歲！』」16

私底下，包立曾向喬丹表示，只有美國記者才會如此輕信愛因斯坦的遠距平行理論，連美國的物理學家都不會如此天真，更不用說歐洲的研究人員了。他甚至打賭愛因斯坦會在一年之內放棄這個理論。

與此同時，與愛因斯坦理論所獲得的大量宣傳形成對比的是，當時鮮有人注意到外爾在哥廷根進行的關鍵研究。外爾發現他早期的規範理論可以應用於電子的波函數，並自然地解釋了電磁相互作用。他的研究表明，為了將額外的規範因子與電子的數學描述結合，需要增加一個新的「規範場」（它在空間中傳播）。這個額外的場可以被證明為電磁場，因而提供了電磁學的規範理論。我們可以將規範因子想像成一種風扇，它在旋轉時可以指向任何方向。要讓它持續旋轉，需要「風」——即電力線與磁力線的流入。儘管外爾關於電磁力的量子規範理論堪稱絕妙，但物理學界直到二十年後才開始對它加以應用，敏銳的包立將會是最早意識到其重要性的人之一。

洋蔥拉比對統一的祝福

當愛因斯坦公開發表了統一場論後，他便急忙關閉「防洪閘」，試圖遏止不斷湧來的狗仔浪潮。他的生日即將到來，而他迫切需要逃離這一切。令媒體感到困惑與失望的是，三月十二日——也就是在他五十歲生日的兩天前——他逃離了官方的慶祝活動，躲藏在一處祕密地點。「連他最親近的朋友也不知道他身在何處。」《紐約時報》如此報導，並指出他被有關統一場論的提問「逼瘋了」。[17]

然而，一位匿名記者設法找到了愛因斯坦的藏身之處，並報導了他私人的慶生活動。這位精明的記者發現，愛因斯坦的富豪朋友勒姆（Franz Lemm，柏林的「鞋油之王」）借出他在加托夫（Gatow）森林區的別墅，來為愛因斯坦慶生。遠離柏林市中心的灼熱目光，愛因斯坦正與家人安靜地慶祝他的生日。

當記者走進別墅時，愛因斯坦正用顯微鏡（他的生日禮物）專注地觀察從自己手指取出的一滴血。他隨意地穿著寬鬆的毛衣、休閒褲和拖鞋，時不時從顯微鏡上暫離並吸一口煙斗，散發出孩童般的滿足——興許是他回憶起兒時收到的指南針禮物。他收到的禮物還包括絲綢長袍、煙斗、煙草和朋友們計畫為他建造的帆船草圖。

最奇特的禮物或許是他的繼女瑪格特（Margot）親手製作的一個人像，那是一位兩隻手均握著一顆洋蔥的拉比。瑪格特熱愛雕塑，擅長塑造神祕的神職人員形象。為她敬愛繼父製作的拉比雕像，是她用來表達愛的勞作。瑪格特為自己的作品感到自豪，還朗誦了一首關於它的詩〈洋蔥拉比〉（*Rabbi Onion*）。[18]

瑪格特解釋道，這個洋蔥拉比是一位非凡的治療者。根據猶太民間傳統，洋蔥對心臟有益，前一年愛因斯坦在休養期間也曾嘗試過這種療法。她塑造的這位神祕賢者手握魔法洋蔥，以祈求他能健康長壽。這樣，他就能創作更多的統一場論。想到有更多更多的統一場論要生產，愛因斯坦皺起了眉頭——這卻一語成讖。

當愛因斯坦返回柏林住所時，他發現有堆積成山的禮物在等著他，其中最重要的是柏林市政府慷慨的提議，為他在哈弗爾河（Havel River）及其流經湖泊的附近買下一棟房屋和土地，讓他能享受寧靜的景色及帆船活動。市政府還提供他免費使用位於新克拉多莊園（Neu Cladow estate）、從一位富有紳士處新購得的豪宅。然而，當艾爾莎去視察住所時，前任屋主告訴她，銷售協議包括他可以無限期居住在那裡的權利，他毫不客氣地要求她立即離開。

市政府因這份搞砸了的禮物而感到尷尬不已，並急忙找尋解決方案。該為科學家選擇哪個計畫——經過幾個月的市政討論後，愛因斯坦決定親自解決此事，在波茨坦（Potsdam）附近的卡普特買了一塊靠近施維洛賽湖（Schwielowsee）和滕普林湖（Templin See）交匯處的土地。他聘請了年輕有為的建築師瓦克斯曼（Konrad Wachsmann）為他與家人們設計並建造一棟舒適的木屋，距離森林小徑和湖泊僅數步之遙。在房子建造期間，他盼望已久的帆船「鼠海豚號」（*Tümmler*）也到了。等到房子竣工，一家人進住，他真正找到了屬於自己的天堂。

在施維洛賽湖畔

卡普特是愛因斯坦健行或航行的理想場所，這兩種活動讓他能夠遁入自己的思緒中，忘卻日益增長、蠶食他時間的各種要求。在這片林間的避風港中，他隨心所欲，常常赤腳走路，不是身穿睡衣就是打赤膊——從不穿著正式服裝。他故意不裝電話，因此訪客通常不請自來。有一次，一群貴賓來訪，艾爾莎懇求愛因斯坦換上正式服裝。他拒絕了，並表示，如果他們是來看他本人，**他**就在這裡；但如果他們是來看他的衣服，那它們就在衣櫥裡。

薛丁格是經常來訪愛因斯坦小屋的訪客之一，他對隨興的氛圍毫不介意，因為他同樣討厭正式衣著。當時德國的大學教授通常都會穿西裝打領帶上課，而薛丁格幾乎總是穿著毛衣。炎熱的夏日裡，他有時會只穿短袖襯衫和長褲。有一次，由於他看起來實在太過邋遢，警衛甚至不讓他進入校園。後來，一名學生出面證實他確實是那裡的教授，這才解救了他。[19] 在另一件趣事中，狄拉克回憶到在索爾維會議期間，工作人員為是否要讓薛丁格進入豪華的酒店而猶豫不決，因為他看起來像個背包客。[20]

一九二九年七月，普魯士科學院授予薛丁格會員資格，以表對他的崇敬。由於這是一次正式的白領結典禮，薛丁格盛裝出席。他主持了一場關於物理學中偶然性的演講並備受好評。他採取了平衡的立場，既不完全支持、也不完全反對海森堡－玻恩的觀點。他學會了在這個敏感議題上小心行事，以這種方式，他同時邀請決定論與非決定論的陣營以他們所希望的方式使用他的方程式。

總的來說，薛丁格對成為這樣一個著名機構——普魯士科學院——的成員感到高興。然而，他逐漸有了與愛因斯坦相同的感受——他們都覺得科學院有些古板。他們都寧願去健行或航行，而不願忍受枯燥乏味的會議。因此，正是在卡普特的步道和水路上，他們建立了真正的連繫，並成為親近的朋友。

在林間散步和湖上遊憩的過程中，愛因斯坦和薛丁格逐漸欣賞彼此的共同興趣。或許唯一阻礙他們更加親近的是薛丁格對音樂的輕視；愛因斯坦喜歡與摯友們一起演奏室內樂。在兩人生命中的那個階段，他們都深刻地著迷於物理學的哲學意涵，相比於討論最新的實驗發現，他們更樂於談論如何將史賓諾莎或叔本華的觀點應用於現代科學。

然而，愛因斯坦對量子力學主流詮釋的反對態度更為堅定。薛丁格的態度則反覆無常，以至於一九三〇年五月在慕尼黑某間博物館的演講中，他幾乎採用了海森堡與玻恩對波動方程式的詮釋，但幾年後他又改變了主意。

在一九三一年三月的一次採訪中，愛因斯坦表達了他堅定的立場，重申自己對因果關係的信仰以及對不確定性的反對。「我非常清楚，」他挖苦地說，「將因果關係視為事物本質的一部分會被視為衰老的徵兆。然而，我堅信因果關係是與自然科學相關之物的本能……我相信薛丁格－海森堡理論是量子理論跨出的一大步，而且已接受這種對量子關係的表述比之前的任何嘗試都更接近真理。然而，我認為這個理論奠基於統計的特徵最終將會消失，因為它導致了非自然性的描述。」[21]

這兩位朋友在因果關係上的觀念衝突體現在一九三一年十一月《基督教科學箴言報》（*Christian Science Monitor*）的一篇新聞報導中。[22]這可能是第一篇同時提到這兩位物理學家看法的報導。文章描述了他們近期各自關於量子力學的演講，將愛因斯坦對因果關係堅定的信念與薛丁格略為不同的觀點作比較。薛丁格認為，物理學家需要對各種不同方案更加開放，例如無因果律的可能性。他辯稱，不斷演化的視角可能會改變我們對大自然的看法，甚至有可能使因果律變得過時。

我們可以看到，儘管二人都對哲學持續抱持興趣，愛因斯坦更傾向於史賓諾莎僵化的觀點，即世界的法則是從一開始就確定的，並且可以通過邏輯推導出來；薛丁格則偏好更靈活的觀點，受東方信仰中「幻象的面紗」所影響，認為社會不斷變化的視角塑造了真理。薛丁格認為，今天看來為真的事物，明天可能就會被視為是誤解，因此，我們可能永遠無法找到終極真理。

除了對哲學及其在科學上的應用的共同興趣外，兩位物理學家在生活中還有一些更為平凡的共同困境。他們的家庭生活都不幸福，且都曾有過多段婚外情。愛因斯坦覺得艾爾莎控制欲過強，於是尋求躲避之道。讓她不滿的是，他經常與美麗的女繼承人孟德爾（Toni Mendel）一起觀賞音樂會與戲劇表演，她屢屢坐著由私人司機駕駛的豪華轎車四處炫耀。他還經常與名叫雷巴赫（Margarete Lebach）的奧地利金髮美女約會，艾爾莎對她非常厭惡。[23]

而薛丁格和他的妻子安妮則有著深厚的友誼，但在性方面卻毫無火花——他們從未有過孩子。他們決定不離婚，而是維持開放式的婚姻。他們在彼此的陪伴中感受到舒適的依賴，而無法完全分開。

愛因斯坦對婚姻生活中的失敗表達過後悔，與他不同，薛丁格則將他的多段感情浪漫化，並記錄在日記中。有些婚外情持續多年。他一度迷戀上他的家教學生、年輕的容格（Ithi Junger），他們的戀情導致她意外懷孕。儘管他非常想要一個孩子，但他不會離開安妮。容格最終違背了他的意願，選擇墮胎並離開了他。[24]當這段感情冷卻下來後，薛丁格開始與名叫希爾德・馬奇（Hildegunde "Hilde" March）的年輕女子交往，她是薛丁格在因斯布魯克認識的物理學家亞瑟・馬奇（Arthur March）的妻子，他們之間熱情似火的關係最終變得像一段第二婚姻。

愛因斯坦和薛丁格無法預見他們在柏林和卡普特共度的時光是多麼脆弱與珍貴，那些充滿歡樂、輕鬆和心胸開闊的日子，在納粹鐵蹄踏入威瑪共和國後將煙消雲散。習慣於舒適與尊榮的兩位科學家將會被迫流亡，再也無法在施維洛賽湖上一起航行。

歐陸歪風與大洋之風

一九三〇年代初期的德國以大規模失業與動盪不安的社會著稱，一九二九年的股市崩盤引發了連鎖反應，世界各地本已搖搖欲墜的經濟體被相繼摧毀，包括德國脆弱的戰後經濟。在納粹運動及其他極右翼團體消費民族主義之時，德國人對停戰條款的不滿成為了復仇的口號。共產主義者和社會主義者則呼籲保障工人的權利，這使許多企業主和主流保守派感到恐懼——其中一些人甚至將納粹視為較小之惡，以及抵禦共產主義的堡壘。在柏林，數十萬失業工人無所事事，正是左右兩派競相爭取加入其政治運動的對象。在亞歷山大廣場（Alexanderplatz，柏林主要廣場之一）的一次大規模集會中，警察動用坦克鎮壓示威群眾。左右兩派在爭取選票和支持者的過程中，脆弱的聯合政府屢屢在執政後又迅速倒台。

儘管愛因斯坦並未積極參與任何政黨活動，但他大體而言支持進步的社會主義運動，並主張保障工人權利。他自認是國際主義者，認為民族主義是危險的力量。作為和平主義者，他支持戰爭抵抗者聯盟（the War Resisters' League）。愛因斯坦一向直言不諱，毫不猶豫地公開譴責納粹。起初，他認為對納粹的支持只是一種異常現象，但很快他便意識到——甚至在納粹掌權之前——這一勢力所構成的嚴重威脅。相較之下，薛丁格對政治毫無興趣，並且傾向於避免這類討論。當他真正意識到納粹運動的嚴重性，便為時已晚了。

在經濟蕭條期間，兩位物理學家都為自己的財務狀況感到擔憂，並——至少短暫地——對海外工作的機會持開放態度。首先得到機會的是愛因斯坦，一九三一年冬天，他很高興接到位於帕薩迪納（Pasadena）的加州理工學院的訪問邀請，其中包括參觀威爾遜山天文台——這裡正是哈伯發現宇宙膨脹的地方。愛因斯坦得到允諾的薪酬（兩個月七千美元）在當時無比慷慨，相當於正教授一年的薪資。

此時，愛因斯坦已有兩名有薪助理：他的祕書杜卡斯（Helen Dukas），及「計算員」（calculator，提供數學上的協助）麥爾（Walther Mayer）。杜卡斯處理愛因斯坦大量的來往信件及沒完沒了的演講行程，麥爾則負責進行愛因斯坦研究所需（特別是統一場論方面）的數學運算。此時愛因斯坦開始理解到包立是對的，遠距平行理論在物理上並不可行，因此他開始尋求其他統一的途徑。

在前往美國西岸之前，愛因斯坦在《紐約時報雜誌》發表了一篇評論文章（第三章提過的），闡述他對科學與宗教的看法，並倡導史賓諾莎對神的概念。這篇文章引發了激烈的辯論，有助於將公眾的注意力集中至愛因斯坦即將到來的訪問上。

當愛因斯坦和他的隨行人員於一九三〇年十二月三十日抵達聖地牙哥港時，如迎接國王或女王訪問般的盛大人群蜂擁而至。他的同行者包括妻子艾爾莎、杜卡斯和麥爾。艾爾莎成為重要的翻譯者，她的英語比阿爾伯特好得多。麥爾則隨時待命，以備愛因斯坦有空進行計算時之需。

一到加州理工學院，由著名實驗物理學家密立根（Robert Millikan）領導的物理學院就開始與愛因斯坦討論為他提供一個永久職位的可能性。然而，考慮到他對柏林——尤其是卡普特——生活方式的依戀，這些討論顯然為時過早。儘管如此，愛因斯坦非常喜愛南加州，特別是帕薩迪納美麗的花園和溫和的氣候。他此行的亮點之一是會見哈伯，並參觀威爾遜山天文台的望遠鏡。他和艾爾莎也利用這個機會與好萊塢明星——如卓別林（Charlie Chaplin）——會面。愛因斯坦是卓別林電影的忠實粉絲，並榮幸地成為他在《城市之光》（*City Lights*）世界首映會上的貴賓。

翌年冬天，愛因斯坦再次受邀到加州理工學院進行為期兩個月的訪問，永久聘任的問題再次浮現。考慮到德國的種種問題以及納粹政府有望上台的可怕前景，愛因斯坦開始考慮移民。然而，那時他已收到了其他邀請，包括牛津大學的教授職位。

在密立根極力爭取愛因斯坦的過程中，他犯了一個致命的錯誤。他介紹愛因斯坦給教育家弗萊克斯納（Abraham Flexner）認識——他來到加州理工學院討論建立普林斯頓高等研究院（Institute for Advanced Study）的事宜，這個研究院由富有的慈善家資助，專注於基礎研究。弗萊克斯納最終為愛因斯坦提供了一個原本預定是兼職的職位，年薪高達一萬五千美元，這使愛因斯坦成為全國薪酬最高的物理學教授之一。愛因斯坦堅持為麥爾安排一個永久職位作為附加條件，以協助他進行統一場論的相關計算。弗萊克斯納對此要求感到震驚，但最終還是妥協了，愛因斯坦隨後同意接受研究院的職位。

在同一時期，愛因斯坦還抽空提名了薛丁格與海森堡（以此順序）競逐諾貝爾物理學獎。作為諾貝爾獎得主，愛因斯坦有權推薦候選人。在提名信中，他將薛丁格排在首位，因為在他看來薛丁格的發現比海森堡的影響更加深遠。儘管如此，愛因斯坦提名海森堡仍顯示了他的大度，畢竟他強烈反對海森堡的機率觀點。他了解到，許多物理學家將二人相提並論，視他們為量子力學的共同創始人，因此，他覺得在邏輯上應該提名兩人，並適當地表明自己的個人偏好。

一九三二年十二月，愛因斯坦夫婦和隨行人員再次啟程前往南加州，這是他們第三次、也是最後一次訪問加州理工學院。這次訪問的歡欣中帶著一絲苦澀，部分原因是密立根對愛因斯坦的新職位感到不滿，另一部分是因為日益明顯的局勢：希特勒（Adolf Hitler）——當時是保守黨和納粹黨聯合政府的副總理——已經快要掌握德國的領導權。據稱，當他們走出卡普特小屋時，愛因斯坦對艾爾莎說，這將會是她最後一次看到這個地方。然而，在內心中的一隅，他可能對重返小屋還抱有一絲希望——他在之前曾寫信給柏林的同事，討論來年在柏林的計畫。

諷刺的是，密立根早前預定愛因斯坦將在抵達後不久發表一場讚揚德美關係的演說，以吸引贊助者。愛因斯坦不想讓他的東道主失望，因此發表了演說。他用英語讀出了由他撰寫的文本翻譯而來的講稿，並藉此機會對美國和德國同時倡導對相反觀點（包括政治和宗教）應擁有包容性。

愛因斯坦的演講中提及美國的部分，暗指名為女性愛國者公司（Woman Patriot Corporation）的右翼團體曾公開抱怨，像愛因斯坦這樣的「革命者」不該被允許進入國家。雖然這件事並沒有釀成風暴，但ＦＢＩ開始為他建檔，數十年來累積了對他愛國主義的類似質疑。

與愛因斯坦演講中的包容性訊息形成鮮明對比的是，約一週後的一九三三年一月三十日，德國總統馮・興登堡（Paul von Hindenburg）任命希特勒為總理。這位惡名昭彰的種族主義者與反猶太主義者，在成千上萬身著棕衫的武裝暴徒「衝鋒隊」（Sturm-abteilung，SA）的支持下握住了德國的控制權，反對者做好了至少需要面對尖酸批評的準備。人們懷疑希特勒是否會將其充滿仇恨的言辭付諸行動，還是那只是用來吸引一群群流氓支持者的政治口號？

國會大廈之火

一九三〇年代初期德國的政治情勢變幻莫測，因此許多評論家都認為希特勒的總理職位只是短暫的過渡期。溫和的保守派默默私下預估，希特勒將壓制工人階級對共產主義者的支持，並逐漸向中間路線靠攏。隨著經濟改善，許多人認為選民會恢復理智，選出更理性的政客，並抑止極端主義。即使在希特勒剛上任後不久，愛因斯坦仍然對重返柏林抱有一絲希望。薛丁格雖然厭惡納粹及其偏狹的態度，但最初甚至不以為意。

隨後發生了沒有人預料到的轉折，二月二十七日，縱火犯焚燒了德國國會大廈。儘管歷史學家認為罪魁禍首可能是納粹衝鋒隊成員，希特勒卻立刻將矛頭指向共產主義者。國會隨後通過了一項法律，允許無限期拘留嫌疑人並暫停其公民權利。共產主義政治家和其他左翼運動成員旋即被捕，最終被送往集中營。接著在三月五日舉行的新選舉中，納粹成為國會的最大黨。

大約在國會大廈失火時期，愛因斯坦開始意識到他無法返回納粹掌權下的德國。他寫信給情人雷巴赫，告知她自己已經取消了本應在普魯士科學院的演講，因為他害怕踏足德國。離開帕薩迪納後，他乘火車前往紐約，報章上刊出納粹已經徹底搜查過他在卡普特的房子，使他感到更為驚恐。在曼哈頓，他向各個組織發表演講，譴責納粹對自由的打擊。這些言論被德國媒體報導，使他被貼上叛國者的標籤。

愛因斯坦和他的隨行人員在紐約登上了比利時大地號（*Belgenland*）返回歐洲，航程中，他寫了一封誠懇的信給普魯士科學院，感謝他們過去的支持，並以政治局勢為由，請求退出學院。在抵達比利時安特衛普港（Antwerp）後，愛因斯坦將他的德國護照上繳給了領事館，並宣布與德國斷絕一切關係。這是他第二次成為無國籍人士（第一次是在瑞士當學生時）。

幸運的是，愛因斯坦在比利時和鄰近的荷蘭有許多朋友對他伸出援手，伊莉莎白王后（來自巴伐利亞，與比利時皇室成婚）尤其支持他。愛因斯坦在萊頓和紐約都有銀行帳戶，在納粹沒收他在柏林的銀行存款後，這些帳戶變得不可或缺。雖然無家可歸且無國可依，但他在國外有著安全的未來。

愛因斯坦僥倖地及時離開了德國。三月二十三日，德國國會通過了《授權法案》（The Enabling Act），終止了一切異議者的權利，並合法地賦予希特勒絕對的權力。納粹隨後解散了所有省級議會，鞏固了他們的鐵腕政權。接下來的十二年，德國將會經歷全世界前所未見最殘暴的獨裁統治。

在愛因斯坦高等研究院的職位準備就緒前，他們一家尋找了一處暫時居所。他們找到了一棟位於北海「小鷺海濱」（Le Coq sur Mer）的房子，暫時租住。儘管這間海邊小屋不如卡普特的舒適，但在他們可以啟程前往美國前、待在比利時的幾個月裡，此處成為了溫馨的避風港。

這是一段對愛因斯坦來說在許多方面都十分悲傷的時期。大約在他被迫逃離祖國之時，悲劇降臨在他的兩名摯愛身上。他那在學校表現優異、並夢想成為精神科醫師的兒子愛德華，患上了精神分裂症，被送往蘇黎世的精神病院。愛因斯坦曾與他討論心理學的世界和佛洛伊德（Sigmund Freud）的著作，對他的事業寄予厚望，並在這夢想破滅之時感到無比絕望。而後在一九三三年九月，愛因斯坦的摯友埃倫費斯特自殺了。在自殺前，埃倫費斯特還開槍殺死了自己患有唐氏症的兒子瓦西克（Wassik），他的妄想動機是為了讓妻子免去照顧這個孩子的負擔。

很快地，冰冷的藍色大西洋將愛因斯坦與歐洲及其苦難分隔兩方。他將在國外目睹昔日同胞的生活每下愈況，即使他被永遠流放到新世界，也從未忘卻他們的困境。儘管他再也沒有返回過歐洲，但他痛苦的心靈與悲慟的思緒將永遠留在那裡。

第五章　殭屍貓與幽靈般的連結

當我們跪求全能的神以免除抉擇之苦——在這些情況下作出決定確實十分困難、嚴肅、痛苦，且令人困惑；但對此祂無法阻攔！我們必須作出決定。一件事**必須**發生、將會發生，而生活繼續向前。生命中沒有任何（波）函數。

——薛丁格，〈不確定性與自由意志〉（Indeterminism and Free Will）

薛丁格無疑才華橫溢，但並非特別勇敢。他渴望被他人——無論是同儕、社會大眾，還是生命中的女性——所仰慕，因此他常會調整自己的言辭以贏得目標對象的青睞。他不希望政治或宗教成為自己與他人之間的障礙，因此在敏感議題上盡量保持中立。雖然他在文章中表達了一些哲學觀點，但這些觀點都被包裝成純粹、非教條式的智性思索考。

儘管如此，納粹的崛起以及他們對日耳曼男性優越的崇拜與薛丁格的性格背道而馳，以至於他無法隱藏自己的感受。與海森堡不同的是，薛丁格厭惡任何形式的民族主義。他熱愛外語、宗教多樣性與異國文化，並不認為有必要將日耳曼傳統和民族置於他者之上。

安妮回憶道，艾爾溫對納粹行為的厭惡曾使他與憤怒的衝鋒隊隊員正面衝突。有一次，他散步到柏林最大的百貨公司之一威爾特海姆（Wertheim's），卻發現該店由於其猶太背景而被抵制。納粹黨宣布一九三三年三月三十一日為全國抵制猶太商人日，佩戴卐字袖章的暴徒阻止顧客進入店內，並找任何他們認為是猶太裔的人麻煩。根據安妮的描述，艾爾溫與這些暴徒發生了爭執，他沒有意識到這樣做的危險，還險些遭到毆打。幸好年輕的物理學家、納粹支持者墨里希（Friedrich Möglich）在緊要關頭認出了他並及時介入。[1]

薛丁格開始迴避普魯士科學院的會議，可能是由於他察覺到這個機構即將被捲入政治局勢之中。事實證明確實如此，四月一日，在愛因斯坦宣布與這個機構及德國斷絕關係後，科學院領導層在一份對廣大群眾公開的聲明中嚴厲譴責愛因斯坦的「反德行為」。當時是活躍成員的馮．勞厄對這樣的行為感到厭惡，他呼籲舉行投票以撤回該聲明；但沒有任何其他領導成員支持愛因斯坦——甚至連一向大力支持他的普朗克也未表態。最終投票失敗，聲明並未被撤回。薛丁格缺席了這些討論，也未公開發表任何立場。

愛因斯坦將永遠不會原諒科學院懦弱的行為。除了馮・勞厄、薛丁格和某種程度上的普朗克（他在私下表示支持，但從未公開表態）外，科學院成員對愛因斯坦的背棄是一帖難以下嚥的苦藥。科學院拒絕反對納粹是他再也不願踏上德國土地的原因之一，哪怕戰後亦是如此。

科學院對愛因斯坦的譴責只是即將來臨的更大地震的前兆。四月七日，德國國會通過了令人髮指的《重訂公職人員法》（Law for the Restoration of the Career Civil Service），該法律禁止猶太人和政治異議者擔任公職，包括教職與學術職。起初，曾在第一次世界大戰前線服役的老兵、戰爭期間失去親人的人，以及戰前便已擔任公職的人屬於例外，但這些豁免很快就失效了。

哥廷根大學是最受納粹禁令影響的大學，該校有許多猶太教職員。儘管玻恩是量子物理學巨擘之一，他還是被告知必須辭職。數學家諾特（Emmy Noether）和庫蘭特（Richard Courant）同樣被解聘。諾貝爾獎得主、實驗物理學家法蘭克（James Franck）在被要求捲舖蓋走人之前便主動請辭。馮・勞厄再一次試圖動員同事們譴責這場清洗，但無濟於事。原可擁有更多話語權的普朗克雖然私下對情勢發展感到驚恐，但卻拒絕公開反對納粹的行為。

其他國家大學的招募人員很快便意識到德國的損失將成為他們的收穫。最早認知到這一點的是牛津大學物理學家林德曼（Frederick Lindemann），他著手網羅一些知名學者來提升系所的研究實力。劍橋大學在湯木生及拉塞福等人的領導下，在科學上成果早已遠超牛津，而林德曼希望能扳回一城。傲慢、優雅且不受歡迎的林德曼最早將目光投向了愛因斯坦，希望能給他一個永久職位，但愛因斯坦僅承諾每年作短暫訪問。反猶法意味著其他人也可能會像愛因斯坦一樣離開德國，林德曼希望能夠說服他們將牛津作為新家。

林德曼出生於德國，曾就讀柏林大學，對德國十分熟悉並密切關注其政治局勢。他迅速意識到納粹政權將對世界構成威脅，並將這一擔憂告訴了他的摯友邱吉爾（Winston Churchill）。第二次世界大戰期間，時任首相的邱吉爾任命林德曼為首席科學顧問，並安排林德曼受封為英國貴族，成為切威爾男爵（Lord Cherwell）。林德曼對英國的軍事政策有很大影響，並因主張轟炸德國工人階級的住宅區而知名（或惡名昭著，若從不同觀點來看）。在一九三三年復活節前後，林德曼乘坐由私人司機駕駛的勞斯萊斯在德國自由旅行，並與許多學者會面，有鑑於他未來在戰爭中扮演的角色，這顯得相當諷刺。

在索末菲的建議下，林德曼決定招募倫敦（Fritz London），這位才華洋溢的量子物理學家曾經提出原子如何結合成分子的關鍵理論。當林德曼拜訪薛丁格的家時，他提到提供給倫敦的職位。令林德曼十分驚訝的是，薛丁格表示若倫敦未接受這個職位，請將他列入候選人之中。林德曼原本沒想到非猶太學者如薛丁格也會考慮離開，但他同意將此事告知牛津新職位的潛在資助者。

對助手的需求

薛丁格在那時已經充分認識到愛因斯坦在其他國家成功找到了學術職位。考量到他在財務上的窘境和對納粹的不滿，牛津大學的職位對他來說頗具吸引力。然而，與愛因斯坦相同，薛丁格接受職位的條件包括聘用一位助手，愛因斯坦有麥爾，薛丁格則選擇了馬奇。他向林德曼詢問是否也能為馬奇在牛津提供一個職位，讓他們可以共事。

然而，薛丁格和愛因斯坦想要助手的動機卻大不相同。愛因斯坦在五十歲之後，對繁瑣的計算工作失去了耐心，因此麥爾對他的工作產能無比重要。馬奇的情況則不同，薛丁格與他討論過合寫一本書的可能性，但他們始終沒有真正合作。事實上，馬奇若同往，他的妻子希爾德也將隨行，而薛丁格對她深深著迷。

林德曼回到英國後，旋即投身為他承諾的所有職位籌措資金，包含薛丁格與馬奇的職位。與此同時，德國的局勢進一步惡化。五月比四月更加慘烈，有更多猶太人遭解職。在柏林大學正門前的倍倍爾廣場（Bebelplatz）上，猶太人和其他被禁作家的書籍被大規模焚燒，熊熊大火顯示德國的智性生活已蕩然無存。玻恩帶著劍橋的聘書離開了德國，前往義大利。

為了逃避這一混亂局面，薛丁格一家與馬奇一家決定前往瑞士和義大利度過夏天，並拜訪包立、玻恩和外爾。外爾早先在哥廷根大學任教，但由於妻子是猶太人，他決定辭職並逃離德國。他最終會前往普林斯頓高等研究院任職。

在義大利北部的山區，薛丁格說服希爾德與他一起——只有他們兩人——騎自行車長途旅行。在這次旅途中，他們開始打得火熱。大約在那時，希爾德懷上了薛丁格的孩子。儘管如此，兩人並沒有選擇與各自的伴侶離婚，而是決定實行一種不尋常的關係——一種複雜的婚姻。

九月，林德曼再次與薛丁格會面，這次是在義大利加達湖（Lake Garda）畔美麗的馬爾切西內村（Malcesine）。林德曼興奮地告訴他，一家英國公司——帝國化學工業公司（Imperial Chemical Industries）已同意資助數個職位，其中包括薛丁格的兩年職位，以及馬奇的訪問學者職位。薛丁格將在牛津大學著名的莫德林學院（Magdalen College）中任職。儘管具體薪資還未確定，薛丁格已經不想再回到柏林，因此他熱情地接受了這個職位。於是，他、安妮和希爾德於十一月初搬到了牛津；而馬奇則需要先返回因斯布魯克，他在那裡仍有職位，因此得回去一段時間以協商並辦理離職。

薛丁格離開德國的行為讓納粹非常憤怒，他是離開德國的非猶太物理學家中最資深者。海森堡雖然並非納粹黨員或支持者，但也對薛丁格拋棄德國感到不滿。在海森堡看來，對德國故土的忠誠以及對德國科學進步的奉獻應該超越政治。他認為應該忍耐等待當前的政權失勢，並對成立更為理性的政府抱有希望，而不是選擇逃離。然而值得稱道的是，海森堡強烈反對由倫納德和史塔克（Johannes Stark）提出禁止「猶太物理學」（例如愛因斯坦與玻恩的研究成果）、並應由「德國物理學」（即非猶太德國科學家的物理學研究）取代的觀點。直到戰爭開始前，海森堡一直與猶太物理學家保持友好關係，並且在戰後恢復往來。他敦促德籍猶太裔物理學家——如玻恩——儘量留在德國，以保持科學界的活力。因此，薛丁格的決定對他來說是對德國科學界的一次重大打擊。

薛丁格離開時的柏林與他曾經熱愛的城市已迥然不同。不到一年前，德國的首都仍生機蓬勃——藝術、科學、政治各領風騷。它的前衛戲劇和輕歌劇吸引著國際關注，它歡迎有各種信仰和觀點的人。然而到了一九三三年末，柏林已然成為一片文化荒漠，只容許政府批准的藝術、音樂和戲劇存在。討論愛因斯坦對理論物理學的貢獻已成為禁忌。新聞受到嚴格控制，以至於只有一家報社報導薛丁格的離去。

不久後的消息進一步使納粹臉上無光，而讓林德曼的自負更加膨脹。薛丁格到達牛津後不久，他得知自己憑波動方程式獲得了一九三三年諾貝爾物理學獎，這一獎項將與狄拉克共享。林德曼在牛津展示薛丁格的桂冠，也趁此機會向帝國化學公司要求提高他的薪資。

一切看似順利，直到數月後，希爾德生下了薛丁格的女兒，他們為她取名露絲（Ruth）。牛津頓時盛傳有資金被挪來讓一名教職員包養情婦，從那時起，薛丁格在牛津獲得長期職位的希望幾乎化為泡影，即便他剛剛獲得諾貝爾獎的殊榮。

隱晦但非惡意

一九三三年愛因斯坦在比利時度過了大半時間，並受到比利時皇室的保護。最終，他不得不向歐洲告別——這將是永遠的告別。愛因斯坦、艾爾莎、杜卡斯以及麥爾乘坐比利時大地號最後一次航行，於十月十七日抵達紐約，這次沒有人群或記者來迎接他。為了避免納粹間諜的可能行動，愛因斯坦一行人在下船後迅速乘小船前往紐澤西（New Jersey），並被直接送往普林斯頓。

由於高等研究院尚未完工，愛因斯坦和其他教職員與普林斯頓大學數學系共用芬恩大樓（Fine Hall）。該建築物有著大壁爐的舒適研討室，是其一大特色。壁爐上方以德文原話刻著愛因斯坦的名言，翻譯過來是：「上帝是隱晦的，但並非是惡意的。」即使要找到正確的解法充滿挑戰，愛因斯坦表達了他對上帝不會誤導科學家相信大自然錯誤理論的希望，愛因斯坦仍然希望能找到一個統合所有力的終極理論。

愛因斯坦面臨的急切問題是找到能幫助他進行計算的助手。雖然他僱用麥爾正是為了這個目的，但他的「計算員」麥爾卻決定進行自己的數學研究，令愛因斯坦非常失望。更糟的是，由於麥爾的職位是永久性的，弗萊克斯納拒絕再為愛因斯坦提供另一位助手。

由於弗萊克斯納過於偏執地事無巨細管理愛因斯坦的行程表，並要求他專注於高等研究院的職責，兩人很快就產生衝突。當愛因斯坦發現弗萊克斯納會審查他的信件，並且在沒有徵求他同意的狀況下替他拒絕邀請時，感到十分可恥。弗萊克斯納甚至替愛因斯坦拒絕了到白宮與羅斯福夫婦見面的請柬，不過愛因斯坦最終還是得知了消息並接受邀請。愛因斯坦覺得自己像囚犯一樣被困在高等研究院，而且似乎沒有人能幫助他進行計算。

幸運的是，高等研究院吸引了大量傑出的年輕研究員，他們渴望與知名科學家合作並留下自己的足跡。其中兩位年輕的物理學家是來自俄羅斯的波多爾斯基和來自美國的羅森。波多爾斯基剛剛在加州理工學院完成博士學位，而羅森則在早前就讀麻省理工學院，已成熟到足以勝任高產出的理論工作。愛因斯坦把握住機會與他們合作，一起深入探討量子物理學的理論。

儘管愛因斯坦不喜歡弗萊克斯納，但他明瞭返回歐洲的危險。他知道高等研究院——其僻靜的地理位置與不需教學的自由——為他提供了追求統一場論、修整廣義相對論的未竟部分，以及進行其他心愛研究的最佳機會。因此，他決定無限期留在美國。

另一個普林斯頓擁有的優點是它鄰近海灘，使愛因斯坦可以在那裡航行。他買了一艘小船，取名為「Tinef」（在德語和意第緒口語中意為「垃圾」），並且幾乎每年夏天都在長島海灣（Long Island Sound）和紐約上州阿第倫達克山脈（Adirondack Mountains）的薩拉納克湖（Saranac Lake）度過。由於他不會游泳，當他的小船偶爾翻覆時，常常需要當地年輕人救援——其中一次發生在一九三五年夏天，當時他們在康乃狄克州的老萊姆鎮（Old Lyme）度假時。這件事甚至登上了《紐約時報》，標題為「潮汐與沙洲的相對運動困住愛因斯坦，他在老萊姆鎮擱淺」。[2]

一九四一年在薩拉納克湖發生的另一起航海事故中，一名小男孩可能救了愛因斯坦的命。那時他被困在水下，一隻腳被網纏住。當時十歲的救援者杜索（Don Duso）在多年後回憶道：「他已經不行了，如果我當時不在附近，他可能會溺水身亡。」[3]

知道自己可能會長期居住在普林斯頓後，愛因斯坦和艾爾莎開始尋找棲身之所。他們找到了一個完美的地點，距離大學（也是高等研究院的臨時據點）僅幾個街區——這樣愛因斯坦便可以走路或騎自行車到辦公室。他們於一九三五年八月購買的木瓦房子位於梅瑟街（Mercer Street）一百一十二號。房子的上層被改造成愛因斯坦的書房，並裝上一扇可以看向屋外樹木的觀景窗，樓下的房間則擺放了他們設法從柏林舊居運來的古董家具。他很快寫信給比利時的伊麗莎白王后，告訴她儘管感到與社會格格不入，但「普林斯頓是一個美妙的小地方……我已經為自己創造了有益於研究並免受干擾的環境」。[4]

為了使這個地方更加溫馨，他們還養了一隻名叫奇科（Chico）的梗犬和幾隻貓。奇科是守衛主人隱私的第一道防線，愛因斯坦說：「這隻狗很聰明，他替我感到難過，因為我收到太多信——這是他想要咬郵差的原因。」[5]

然而，愛因斯坦很樂意打開來自薛丁格的信件。他們保持了熱烈的通信，兩人在遠離祖國的孤獨中，在哲學上越走越近。愛因斯坦也持續與玻恩通信，

愛因斯坦在紐澤西州普林斯頓的梅瑟街住所。

Photo by Paul Halpern

儘管他們在機率性量子力學上有著尖銳的分歧，但他非常重視玻恩的意見。他曾試圖說服弗萊克斯納邀請他們二人來高等研究院訪問，但無功而返。弗萊克斯納已經金盆洗手不再幫助愛因斯坦。

請讓我偕妻子們同行

薛丁格的確有機會訪問普林斯頓，但邀請是來自於普林斯頓大學物理系而非高等研究院。這個機會源於一個名為瓊斯教授職位（the Jones Professorship）的捐贈教席，由一對兄弟創立，兩人均是普林斯頓的校友，旨在增加這所大學數學和科學研究的機會。

這份邀請最早可以回溯到一九三三年十月，當時物理系的某個委員會召開祕密會議以決定這個教授職位授予的對象。該委員會的主席是拉登堡（Rudolf Ladenburg），來自德國的流亡原子物理學家，他對海森堡和薛丁格的研究非常熟悉，並熱切地想邀請他們來訪。他們決定將職位授予海森堡，但也利用部分資金邀請薛丁格短期訪問，為期一至三個月。薛丁格接受了邀請，但海森堡以德國的政治局勢為由拒絕了出國的風險。

薛丁格暫停了他在牛津的工作，於一九三四年三月到四月初訪問了普林斯頓。多年來他發展出一種令人印象深刻、雄辯滔滔的演講風格，尤其擅長運用生動的譬喻。他對文學的興趣（如詩歌和戲劇）有助於他生動地呈現困難的科學概念，他對古代歷史和哲學的廣博知識也使他能夠更廣泛地討論當代議題。此外，他的英語非常流利，清晰宏亮且幾乎沒有一絲奧地利口音。相較之下，愛因斯坦當時只能用英語斷斷續續地讀著準備好的講稿，而且他的德國南部口音非常濃重。物理系對薛丁格非常滿意，甚至建議理學院院長艾森哈特（Luther Eisenhart）聘請薛丁格為瓊斯教席的全職學者。

回到牛津後，薛丁格仔細考慮了普林斯頓的提議，但最終還是決定拒絕。普林斯頓對他的最大吸引力是可以再次與愛因斯坦在同一座城市工作與生活。他曾希望在愛因斯坦的敦促下，弗萊克斯納也能夠授予他高等研究院的職位，但這並未實現。薛丁格羨慕愛因斯坦的優渥薪水與不必教學的待遇，並希望享有相似的條件；令他失望的是，儘管無論以哪種標準來看，普林斯頓的合約條件非常慷慨，但仍未能達到他的期望。在享有與愛因斯坦相似職位的念想中，他不知道愛因斯坦的待遇有多麼特殊——愛因斯坦的收入大約比像普林斯頓這樣的著名大學的資深物理學教授高出百分之五十。因此，薛丁格在十月寫信給拉登堡，婉拒了這個邀請，並說明理由主要是薪資問題。

除了財務上的原因使他與普林斯頓失之交臂，薛丁格還面臨著他不尋常的家庭狀況。由於他對希爾德的愛和希望能多陪伴小女兒露絲——他已經期盼了很久的孩子——他不願意與她們遠隔重洋。他也擔心如果他將她們與安妮一起帶到普林斯頓，當地社會會如何反應。他是否甚至有可能會因重婚罪被起訴？據說他曾向普林斯頓大學校長希本（John Hibben）提及這個家庭狀況，但對方對於「兩位妻子」和共同育兒的想法反應負面，這讓薛丁格感到失望。[6]

在另一個平行宇宙中，薛丁格也許會接受普林斯頓的職位，與愛因斯坦更加親近，並在舒適與安穩中度過餘生；或許他能找到辦法讓希爾德和露絲悄悄移民。然而，最終他選擇返回奧地利，就在它即將被納粹入侵並吞併之時——這樣的發展將令他陷入險境，並迫使他逃亡。但因果關係取決於過去而非未來，而且他掌握的數據並不完整，因此他通常敏銳的頭腦這次做出了非常糟糕的計算。

幽靈般的連結

到了一九三五年，許多量子理論學家已經認為他們的基本概念是正確的，並轉向研究原子核。當量子理論已被視為定論時，研究核理論成為新的潮流。那一年，日本物理學家湯川秀樹提出了一個模型，解釋核子（nucleon，質子和中子）如何通過被稱為介子（meson）的其他粒子交互作用，核子之間的力後來被稱為強相互作用。湯川的理論試圖解釋原子核是如何聚合在一起並保持不散的。（我們現在知道，是膠子〔gluon〕作為交互作用的介質，而非介子。）在一年多以前，義大利物理學家費米描繪了一個稱為β衰變（beta decay）的過程，即中子經由釋放電子及其他粒子而轉變為質子的過程。這種交互作用解釋了某些種類的放射性，最終被納入弱相互作用理論之中。

薛丁格對這些發展很感興趣，但愛因斯坦基本上忽略它們。他更想專注於為他年輕時熱衷的為重力和電磁力譜寫二重奏的集成樂章，而非引入未經測試過的樂器來使其成為三重奏或四重奏。因此，到了一九三〇年代中期，他努力嘗試的各種統一場論已經無法再被視為「萬有理論」；相反，它們只是結合了一部分、而非全部的自然力。

同時，愛因斯坦依然對主流的量子方法感到困擾。他與波耳最後的交鋒發生在一九三〇年的索爾維會議上，他們為不確定性原理爭論。愛因斯坦提出了一個聲稱能夠推翻量子理論的思想實驗——與一九二七年的索爾維會議上的情景相似——經過一番思索後，波耳再次反駁了他。

愛因斯坦的假設裝置是一個充滿輻射的箱子，其中配備計時器，並且裝置被設計為能夠在一個精確的時刻釋放光子。他認為，經由在釋放光子前後秤量箱子的重量，可以計算出光子的精確能量。因此，與海森堡的不確定性原理相互矛盾的是，人們可以同時確定光子的釋放時間和能量。

然而，波耳巧妙地發現愛因斯坦忘記將廣義相對論納入考量。波耳以愛因斯坦之矛攻其之盾，聲稱秤量箱子的過程（例如，使用一個彈簧秤）會略微改變其在地球重力場中的位置。根據廣義相對論，物體在重力場中的時間座標系取決於其位置，因此，位置變化會導致時間值模糊，這與不確定性原理一致。隨著量子邏輯被證明是正確的，波耳再次智取了愛因斯坦。

五年後，愛因斯坦顯然沒有忘記與波耳的爭論。在一系列討論中，他向波多爾斯基與羅森提出了一些他對量子理論的疑慮。那時愛因斯坦已經坦然承認量子力學準確描述了關於粒子和原子的實驗結果，然而，正如他向兩位年輕助手指出的那樣，量子力學並不能**完整**描述物理現實。因為如果像位置和動量這樣的共軛量是對大自然真實的描述，理論上它們應該在任何時刻都有確定的數值。不能掌握這些數值意味著量子力學並不是一個全面性的、描繪大自然的模型。再者，假如測量位置時動量變得模糊且不可知，這意味著動量以某種方式從現實中消失了。因此，根據愛因斯坦的說法，不確定性原理的模糊性表明量子力學在以理論解釋現實上的侷限。

另一個愛因斯坦提出的議題是「非區域性」（nonlocality），或者稱為「幽靈般的遠距作用」。粒子與粒子間任何遠程、即時的影響力，都會違反他所謂的「分離原理」（separation principle）。他認為因果關係是一個牽涉到相鄰物體之間交互作用的區域性過程，並以光速或更慢的速度在空間中從一點傳播到另一點。遙遠的物體必須在物理上被視為彼此獨立、而非彼此連繫的系統，否則，地球上的一個電子與火星上的另一個電子會存在「心電感應」，它們怎有辦法立即「知道」對方在做什麼呢？

在那時，馮．紐曼已經將（最初由海森堡提出的）波函數塌縮的概念正式形式化。在這一形式中，粒子的波函數可以用位置本徵態或動量本徵態來表示，但不能同時用二者來表示。這有點像將雞蛋切片，你可以橫切或縱切，但你只會選其中一種方式來切，除非你想把雞蛋切成小塊。同樣地，當你將粒子的波函數「切片」時——取決於你想要測量哪一項物理量——你必須在位置和動量之間做選擇。然後，在測量位置或動量時，波函數會瞬間以某個機率塌縮成其位置或動量的一個本徵態。現在假設導致塌縮的原因發生在遠處，研究者在沒有提前通知粒子的情況下決定要測量哪個物理量，波函數如何瞬間在遠處得知它應該選擇哪一組本徵態以進行塌縮呢？

這篇由愛因斯坦、波多爾斯基和羅森之間的對話而來的論文〈量子力學對物理現實的描述能否被認為是完整的？〉（Can Quantum Mechanical Description of Physical Reality Be Considered Complete?，通常稱為ＥＰＲ論文）由波多爾斯基獨自撰寫並提出發表。該論文於一九三五年五月十五日發表在《物理評論》（*Physical Review*）上，在量子力學界引起了相當大的轟動——尤其是波耳，他本以為這場辯論早已結束。正當他已開始深入研究核理論時，波耳發現他不得不重新為量子力學辯護。

該論文描述了一對粒子——例如具有兩個電子的系統——（或許是在碰撞後）移動到不同的位置。儘管兩個粒子是分開的，量子力學告訴我們，這個系統將由一它們所共有的波函數來描述。薛丁格將這種情況稱為「糾纏」。

假設一個研究員測量了第一個粒子的位置，整個系統的波函數會瞬間塌縮到它的一個位置本徵態，並立即暴露出第二個粒子的位置資訊。如果相反，研究員測量了第一個粒子的動量，那麼第二個粒子的動量會瞬間顯現出來。由於第二個粒子不可能提前知道研究員打算要做什麼，它必須準備好這兩種——位置和動量的——本徵態，以備不時之需。當第二個粒子同時具備位置和動量的本徵態時，它將處於不確定性原理所禁止的情況中。這篇論文暗示，量子測量理論並非一個天衣無縫的整體，而是充滿矛盾的拼湊。

薛丁格很快寫信給愛因斯坦，讚揚這一結果。他說：「我非常高興……你公然抓住了教條式量子力學的小辮子，就像我們在柏林已討論過無數次的那樣。」[7]

然而，正如科學哲學家費恩（Arthur Fine）和霍華德（Don Howard）所指出的，愛因斯坦謹慎地將他的個人觀點與EPR論文中的論點區分開來。有鑑於愛因斯坦的名望，令人無比驚訝的是，他在提交之前並未審閱這篇論文。因此，他對波多爾斯基構建論證的方式有所疑慮。他在回信給薛丁格時寫道：「（這篇論文）是波多爾斯基在經過多次討論後撰寫的，但它的效果沒有我所希望的那麼好，它的精髓被博學性掩蓋住了。」[8]

愛因斯坦並不希望將重點放在不確定性原理的真偽上，他更希望強調自然法則應該能夠提供對所有物理量的描述，兼備區域性和完整性。由海森堡、馮．紐曼和其他人所倡導的量子力學似乎具有非區域性和模糊性，這些特徵需要更全面的解釋。

他向薛丁格解釋道：「所有物理學都是對『現實』的描述，但這種描述可能是完整或不完整的。」[9]

為了闡明他的觀點，愛因斯坦向薛丁格描述了一種情況：一顆球有可能在兩個封閉盒子的其中一個之中。按其表面意義解釋，機率理論會暗示這顆球的一半在一個盒子裡，另一半在另一個盒子裡。然而，球不可能真的被分割成兩半，它要麼在這個盒子裡，要麼在那個盒子裡。一個完整的描述應該明確指出球在任意時間的確切位置。

愛因斯坦在該論文發表之前就已向世人表達了他的觀點。一九三五年五月四日，《紐約時報》刊登了一篇震驚各界的頭條：〈愛因斯坦攻擊量子理論〉（Einstein Attacks Quantum Theory）。文章解釋了愛因斯坦的觀點：「雖然它『正確』，但它並不『完整』。」[10]

愛因斯坦的火藥

我們已然看到愛因斯坦如何一次又一次地影響薛丁格的思想與職涯——從對理論物理學的興趣到發展波動方程式、從在柏林的職位到獲得諾貝爾獎。的確，薛丁格擁有聰明且充滿創造力的頭腦，如今眾所周知，他提出了那個巧妙的、有關箱子裡的貓的思想實驗。然而，就連這個想法也受到愛因斯坦的啟發。

愛因斯坦的EPR實驗重新點燃了薛丁格對量子測量中某些「模糊」層面的反感，薛丁格找到了新的熱情去探索標準觀點中的矛盾之處。作為回報，愛因斯坦在薛丁格身上找到了願意積極傾聽他疑慮的雙耳。

「你其實是唯一我真正喜歡與之爭辯的人……你看事情從內到外都恰如其分。」愛因斯坦在八月八日寫信給薛丁格說道。[11]愛因斯坦認為，幾乎其他所有人都盲目堅信著新的教條，沒有客觀地考慮其令人不安的意涵。毫無疑問，薛丁格很高興自己成為了愛因斯坦關於量子問題的首席知己。

在同一封信中，愛因斯坦接下來描述了一個關於火藥的悖論。經驗告訴我們，假設火藥是可燃的，它要麼已經爆炸，要麼還沒爆炸。但是愛因斯坦指出，若用薛丁格方程式表示火藥堆的波函數，它可能會演化成一種奇怪的混合形式——既已爆炸，同時又未爆炸。[12]

因此，在愛因斯坦的概念中，當大型、熟悉的系統以量子力學的語言來表達時，可能會將互相矛盾的真理結合成邏輯上不一致的現實怪物混合體。在邏輯上不一致（包括自相矛盾的陳述），是奧地利數學家哥德爾（Kurt Gödel）之所以認為希爾伯特的數學系統不完整的原因。哥德爾的論述在一九三一年發表，並於一九三四年在普林斯頓高等研究院演講時提出。同樣地，愛因斯坦主張量子力學中自相矛盾之處將推翻其方法論。

一隻貓的奇怪故事

部分來自於愛因斯坦關於火藥的想法，再添上一些愛因斯坦「盒中球」思想實驗的成分，薛丁格構思了他關於貓的思想實驗，旨在凸顯量子測量的模糊性。他在八月十九日的一封信中承認自己受到愛因斯坦的啟發，並宣布他已經發展出一個量子悖論，與「你的爆炸火藥桶類似」。

薛丁格向愛因斯坦描述了這個想像中的實驗：「一個蓋革計數器和少量足以引發它計數的鈾被裝在封閉的鋼製盒子中——鈾的量小到在一小時內計數器有一半的機率記錄到核衰變。一個可以放大訊號的繼電器確保了若核衰變發生，含有（有毒）氰化氫的瓶子會被打破。殘忍的是，一隻貓也被放進了這個鋼盒。一小時後，在系統的聯合 ϕ-函數中，活貓和死貓的部分將會以相等的機率混合——請原諒我使用這個詞。」[13]

這意味著在打開盒子並揭曉其內容物之前，與鈾以同等機率可能衰變或不衰變一樣，貓也以同等機率可能被毒死或倖存。因此，代表蓋革計數器讀數和貓狀態的聯合波函數將處於奇怪的疊加狀態——一半衰變，一半未衰變；一半死，一半生。只有當人打開盒子時，聯合波函數才會塌縮到這兩種可能情況的其中之一。

經由提出一隻在實驗者打開盒子前波函數為生死以相等機率疊加的貓，薛丁格凸顯了甚至比愛因斯坦的火藥情景更令人難以置信的情況，試圖展示量子力學已經變成一場鬧劇。為什麼用貓呢？薛丁格喜歡使用他熟悉的事物來譬喻，如家居物品或寵物，藉由具象化情境以對其中的荒誕暢所欲言。他並不是與任何一隻貓有嫌隙，相反，據露絲回憶，他「非常愛動物」，但也並非想要使某隻貓名垂不朽。[14]

兩樣東西無論多麼不同或相距多遠，都可以處於糾纏態嗎？波函數的形式——本來應用於微觀尺度中的電子——是否真的可以用來描述任何事物？他暗示，僅僅是將生命體的命運與粒子的命運連繫起來的想法就令人感到荒謬，如果量子力學能應用到會呼吸也會打呼的生物上，那它就偏離了最初的使命。

愛因斯坦回信給薛丁格，熱情地表達了贊同：「你的貓例子表明，我們對當前理論特性的評估完全一致。」他說，「波函數中包含了活貓和死貓，這絕不能被視為對真實狀態的描述。」[15]

讓波耳感到失望的是，薛丁格與愛因斯坦二人組似乎在嘲笑一個成功的理論，卻沒有提出更可信的替代方案。至於取代量子力學的統一場論？波耳無論如何也不會認為愛因斯坦（以及後來薛丁格）對統一場論的嘗試是可信的，因為愛因斯坦提出的模型既非基於原子實驗的數據，更沒有將核力納入考慮。然而，即使面對批評者，波耳始終保持著彬彬有禮與耐心十足的風度。

薛丁格的貓悖論於一九三五年十一月發表，作為〈量子力學的現狀〉的一部分，在這篇文章中他首次創造了「糾纏」這個術語。正如我們在序章中提到的，這個思想實驗在當時及之後的幾十年間幾乎不為公眾所知。當時，只有物理學界有機會對薛丁格的怪誕假設情境發出嘲笑、驚叫或抱怨。

貓悖論的中心思想之一是發生在微觀和巨觀層面事件之間的衝突，正如薛丁格在論文中所描述的，在原子尺度上的不確定性會與在人類尺度上的模糊性連結起來。由於這種巨觀模糊性從未被觀察到，因此微觀的不確定性也不應存在。[16]

薛丁格認為，機率性的量子規則不適用於生命體。他抱怨某些當代人聲稱投擲量子骰子可以解釋有知覺的生物作出的選擇。他指出，人類行為與粒子的行為不同，科學家無法像為粒子行為那樣為人類行為製作機率圖表。

在一九三六年七月以英語發表於著名期刊《自然》的〈不確定性與自由意志〉一文中，薛丁格討論了粒子交互作用與人類決策之間的區別，並駁斥了它們之間的可比性。他寫道：「在我看來，整個類比是錯誤的，因為人類具有極其巨量可能產生的行為……

是一種自我欺騙。想像這樣的情況：你正在一場正式的晚宴上，身邊都是重要人物，你感到無聊至極，你是否**可以**突然跳上餐桌，踩壞玻璃杯和盤子，僅僅為了好玩？也許你可以、或許你想要，但無論如何，你**無法**這樣做。」[17]

換言之，被預設好的因素——如禮儀和個性——決定了人們最終會做出什麼樣的決定。這種「自由意志」的概念似乎與叔本華的觀點密切相關，即看似自發的行為實際上是不可避免的。如果你知道一個人的內在動機和他的背景，你便大致可以預測他們在什麼情況下會做出什麼行為。然而，根據薛丁格的觀點，不會有任何情況使你說他有百分之七十五的機率做某件事、百分之二十五的機率做另一件事。相反，根據你對他和情境的了解程度，你要麼準確、要麼錯誤地預測出他們會做什麼。

薛丁格嘲笑了用海森堡的方法來計算人們從事某些行為頻率的想法。「如果我在早餐前抽煙（這是一件非常糟糕的事情！）或不抽煙是由海森堡的不確定性原理決定的，」他寫道，「那麼這原理將為這兩個事件給出明確的統計規則……而我可以靠著堅定的意志來推翻它。**再者**，如果我提出的論點被否定了，既然我犯罪的頻率是由海森堡的原理決定的，那麼我為何要覺得必須對自己的行為負責呢？」[18]

他應該要拒絕的聘書

沒有任何歷史學家能發展出一個演算法來準確解釋薛丁格的決定，不論是使用不確定性原理還是其他任何方法。一九三五年底，他得知牛津大學的職位將在兩年後期滿，屆時資助將被終止。他需要離開此地，但接下要去哪裡呢？

同時，馬奇帶著希爾德和露絲回到了奧地利。希爾德陷入憂鬱，需要在療養院接受治療。隨著孩子的母親離開，艾爾溫又與另一位情人展開戀情，這位情人是漢詩·包爾－博姆（Hansi Bauer-Bohm），一位當時居住在英國的猶太裔維也納攝影師。和希爾德一樣，她也是已婚婦女，但她更加自信和果斷。在兩人共處了好幾個月後，漢詩告訴他自己打算搬回家鄉所在的城市。當薛丁格的一位情人已回到奧地利，另一位也即將啟程返回時，也許命運的骰子已經為他指引了回到那裡的道路。

在機遇、命運或學術決策的神祕機制運作下，薛丁格收到了兩所奧地利大學誘人的聯合聘書，其中包括格拉茲大學的教授職位和維也納大學的榮譽教授職位，他求學時期的老朋友提爾岑安排了後者。唯一的其他選擇是愛丁堡大學的教授職位，在他得知薪水有多低之前，薛丁格曾短暫考慮過其可能性。他最終接受了格拉茲的聘書，而愛丁堡的職位則給了第二順位的玻恩。

事後來看，在奧地利合併（被納粹德國併吞）之前搬回奧地利是極其愚蠢的決定——尤其是對已經因為離開柏林的顯赫職位而惹怒納粹的人來說。正如安妮所言：「任何稍微思考過政治的人都會告訴你：『別去奧地利，那裡已非常危險。』」[19]

薛丁格回到的奧地利與他十五年前離開時已大不相同。自一九三三年三月以來，奧地利一直處於一黨專政的法西斯統治之下，由被稱為愛國陣線（Patriotic Front）的民族主義運動組織所掌控。這個運動在精神上類似於由墨索里尼（Benito Mussolini）領導的義大利法西斯黨，該黨壓制了社會民主左翼和奧地利納粹右翼。陶爾斐斯（Engelbert Dollfuss）最初擔任該黨領袖，直到一九三四年七月奧地利納粹在一次未遂的政變中暗殺了他。這些密謀者的目標是與希特勒領導下的德國統一。政變失敗後，許士尼格（Kurt Schuschnigg）接任總理，他力抗奧地利與希特勒結盟的壓力，主張保持奧地利的獨立。然而，奧地利的納粹運動持續壯大，像德國納粹一樣，奧地利納粹組織了憤怒的失業工人和其他支持者，並將他們變成一支強大的非法武裝組織。他們受到希特勒言論的鼓舞，（生於奧地利的）希特勒曾說要撐起一個包含所有德語地區的「大帝國」。

一九三六年七月，許士尼格與希特勒簽署了一項協議，表面上看起來保障了奧地利的獨立。奧地利和德國承諾尊重彼此的主權，互不干涉對方的內政。作為回報，許士尼格承諾將確保他的外交政策適合一個「德意志國家」，並允許一些親納粹政客進入內閣。這些看似無害的條款成為了希特勒安插支持者進入奧地利領導層的特洛伊木馬，並開始從內部施壓以實現統一。

薛丁格於當年十月展開了他在格拉茲大學的教授生涯。他再一次試圖忽略政治，並專注於他的研究。他對愛丁頓近期提出的新方法產生了興趣，愛丁頓試著統合量子物理學與廣義相對論，並由宇宙學論證來解釋不確定性。因此，在奧地利的動盪中，他的目光依然專注在他的方程式之上。

量子與宇宙

愛丁頓在一九一〇年代末至一九二〇年代初作為廣義相對論的主要捍衛者、解釋者和測試者，贏得了物理學界的高度尊重。然而，從一九二〇年代中期開始，他的研究越來越集中於以數學關係來解釋大自然的性質，而這樣的數學關係將極大與極小的尺度連結起來。儘管他從許多方面來說俱是有卓越遠見之人，更是將粒子物理學與宇宙學相結合的先驅之一，但許多物理學家認為他後期的理論工作更像是數字占卜，而非科學。例如，英國天文物理學家丁格爾（Herbert Dingle）將他的研究（與其他推測性理論一起）稱為「無脊椎動物宇宙神話學的偽科學。」[20]

另一方面，愛因斯坦和薛丁格非常尊重愛丁頓獨立思考的方式。與他們一樣，愛丁頓並不是隨波逐流的學者，他們欣賞他對量子力學小毛病的臨床診斷及如何改善的看法，雖然他們並不認同愛丁頓的處方箋。

現代物理學中最重要的兩個關係式，是薛丁格的波動方程式和愛因斯坦的廣義相對論方程式。這兩者適用的領域截然不同，薛丁格的方程式描述了物質和能量在時空中的分布和行為；愛因斯坦的方程式則展示了物質和能量分布如何塑造時空的結構。因此，兩者的一個主要區別在於：在薛丁格方程式中時空是被動的；而在愛因斯坦方程式中，時空卻是主動的。另一個區別則是——至少在量子力學的哥本哈根詮釋中——薛丁格方程式的解（波函數）與實際觀察到的結果只有間接的關係。正如貓悖論明確表達的那樣，被觀察的物理量會在實驗者進行測量並導致波函數塌縮到其本徵態之一時才顯現出來。廣義相對論則生來不需實驗者來給出明確的數值——不然，在一百三十八億年的宇宙演化中，誰來充當觀察者呢？

將薛丁格方程式與狹義相對論結合相對而言較為簡單，如狄拉克在一九二八年所展示的。狄拉克方程式（Dirac equation）旨在描述具有半整數自旋的費米子，其解稱為「旋量」（spinor）——它與向量類似，但旋量在抽象空間中旋轉時的變換方式不同。處理狄拉克方程式旋量解的代數比處理薛丁格方程式波函數解的代數稍微複雜一些，牽涉到被稱為包立矩陣（Pauli matrices）的數學量的乘法。

狄拉克方程導致了一項令人震驚的預測：電子具有帶相反電荷且具相同質量的對應物。狄拉克認為這些是宇宙能量海在電子出現後留下的「空洞」。事實證明，它們是被稱為「正電子」（positron）的實際粒子，即電子的反物質版本——一九三二年安德森（Carl Anderson）在研究宇宙射線時首次發現了它們。

與狹義相對論相比，將量子力學與廣義相對論結合起來是更為艱巨的任務。在整個一九三〇年代，許多物理學家嘗試合併這兩者但都未能成功。甚至連（除了批判或試圖取代它們之外）通常對量子問題敬而遠之的愛因斯坦也曾試圖合併兩者，在他於柏林的最後一年（一九三二年至一九三三年）裡，他與麥爾一起嘗試使用具有四個分量的數學量（與旋量有關，稱為半向量〔semivectors〕）來表達廣義相對論。

愛因斯坦的一部分動機是構建一個統一場論，以應用到質量不同且帶相反電荷的粒子：質子和電子。所有他更早期的統一場論——包括遠距平行的方法——都只能處理具有相同質量的粒子——即電子。為了將質子納入其中，他與麥爾試圖擴展狄拉克方程式，使其符合廣義相對論，並能預測具不同質量的粒子。不幸的是，與他之前嘗試過的統一方法一樣，愛因斯坦的半向量方法未能產生具有物理意義的結果。搬到普林斯頓後，麥爾不再與他合作，他也決定放棄半向量方法。這將是他眾多二手車理論的其中之一，經過多年試駕，最終被發現是個破爛玩意，接著被賣掉以換得下一輛。

愛丁頓同樣對狄拉克方程式感到著迷，並被它在量子物理學與四維狹義相對論之間建立的橋樑所吸引。狄拉克方程式——與海森堡的測不準原理（在前一年出現）一起——激發了他自上而下地構建一個全新的宇宙觀。在他的分析中，他從幾個基本假設出發：例如認為宇宙是彎曲且有限的——類似於愛因斯坦最早包含宇宙學常數的宇宙模型——且所有物理量都是相對的。愛丁頓提出，為了測量物理量（例如位置或動量），研究者必須將其與其他參考點的值作比較。被重力扭曲的時空在這種比較中引入了模糊性，導致測不準原理。由於較小物體的物理量更難以經由與其他已知物體的物理量相比較來求得，測量的不確定性在原子尺度上比在天文尺度上更大。因此，量子不確定性並不是自然界的基礎特徵，而是人類無法絕對精確地測量宇宙中所有事物的結果。

由於愛丁頓認為波函數是非關自然界基礎的合成之物，他使用（經自己物理量相對性的概念修改過的）廣義相對論，來繪製粒子的位置、動量和其他物理量的分布圖。然後，他將這些數據結合起來以構建波函數和波動方程式。他的目標是展示時空定律在受到人類測量能力限制的模糊鏡頭下，如何產生與量子力學相似的方程式。

愛丁頓還根據宇宙中的粒子數量、宇宙的曲率和其他物理量估算了普朗克常數。他認為，量子躍遷的不連續性與宇宙有著有限的空間和有限數目的粒子相關。他將宇宙視為黑體，計算其每個組成部分可獲得的能量，並試圖以此解釋普朗克常數。

愛丁頓的寫作清晰且引人入勝，但他關於基本理論（即他所謂的量子與宇宙的連結）的計算卻相當含糊。總是對大局觀感興趣的薛丁格對愛丁頓的理論十分著迷，但無法理解他如何一步步得出這些結果。一九三七年六月，薛丁格寫信給他，試圖釐清有關普朗克常數計算的問題。愛丁頓回信了，但他的回答仍未能使薛丁格滿意。

當時義大利與奧地利同盟關係緊密，因此前往義大利旅行相對容易。在一九三七年，薛丁格多次拜訪義大利，他在六月的一次旅行中前往羅馬，接受成為宗座科學院（Pontifical Academy of Sciences）院士的榮譽。在十月的另一趟旅行中，他前往波隆那（Bologna）發表關於愛丁頓理論的學術演講。令他失望的是，當時在場的波耳、海森堡和包立對愛丁頓的計算提出了嚴苛的質疑，他陷入了需要捍衛一個自己其實並不完全理解的理論的窘境。

儘管薛丁格對愛丁頓的理論有所疑慮，但這個理論成為他試圖構建自己的統一理論的跳板。像愛因斯坦和愛丁頓一樣，他開始看到經由修改廣義相對論來解釋量子力學中困難問題（如不確定性、狀態之間的躍遷、量子糾纏等）的價值。

在另一個維度中意圖統一

當薛丁格正在與愛丁頓基本理論的細枝末節搏鬥時，愛因斯坦回到了由卡魯扎和克萊恩提出的高維度理論。繞了一圈後，他決定再次利用第五維度所提供的額外自由度，試圖將廣義相對論擴展至納入電磁力的法則。不像他之前與麥爾合作時的嘗試，這次他決定引入一個額外的物理維度，而不僅是數學概念上的維度。增加第五維度使廣義相對論的方程式增添了五個互相獨立的分量。藉由引入這些額外的項，他希望能夠完整描述粒子的所有行為——既包括電磁力也包括重力、既涵蓋量子也涵蓋古典力學。

為了處理這種新統一方法的細節，愛因斯坦很幸運地聘請到兩位得力助手。第一位是德籍猶太物理學家伯格曼（Peter Bergmann），他於一九三六年九月加入高等研究院。他在布拉格完成了博士學位，導師是在那所大學接替愛因斯坦職位的弗蘭克。在次年加入的第二位助手是數學物理學家巴格曼（Valentine “Valya” Bargmann），他同樣生於德國，具有俄國猶太血統。他在包立的指導下在蘇黎世完成了博士學位。作為德籍猶太人，他們在歐洲前途渺茫，於是移居美國，在那裡愛因斯坦熱烈歡迎他們。杜卡斯發現他們的姓氏有著耐人尋味的高度相似，便給他們取了個綽號「伯格與巴格」（the Berg and the Barg）。[21]

除了與助手們會面之外，愛因斯坦的時間已不再受太多約束。一九三六年十二月，長期患有腎臟和心臟疾病的艾爾莎去世，愛因斯坦成為鰥夫，她的女兒伊爾莎（Ilse）在兩年前死於癌症。與愛因斯坦一家住在梅瑟街的杜卡斯此時已接管大部分家務，瑪格特以及後來瑪雅（愛因斯坦的妹妹）也與他們同住。

愛因斯坦培養出每日工作的慣例，每天早上大約十一點，伯格曼和巴格曼會到他家與他私下交談，並計畫當天的工作——包括進行計算的時間，可能加上伴隨著室內樂的夜晚時光。杜卡斯會送三人出門，確保愛因斯坦穿著適合當天天氣的衣服。

愛因斯坦、伯格曼和巴格曼會穿過樹木成蔭的街區，一路步行到愛因斯坦在高等研究院的辦公室。在一九三九年之前，他們的目的地是普林斯頓校園內的芬恩大樓一百〇九號房，之後則是位於鎮中心外的福德大樓（Fuld Hall），該建築是研究院在其前身舊日農場（Olden Farm）上新建的總部。在步行時，他們會討論前一天在研究中遇到的困難或者勝利的時刻，大多數豎耳偷聽他們對話的人都聽不懂他們在討論什麼。

一旦在辦公室中坐定，愛因斯坦會仔細檢查他們的最新成果，並對其提問。他在福德大樓的辦公室被分隔為兩個部分：一個有大黑板的大房間和一個有小黑板的小房間。兩個黑板各有不同的用途，大黑板標記為「擦除」，用於漫無目的的短暫計算、各式各樣的隨筆和任何其他被視為暫時重要的內容。小黑板標記為「請勿擦除」，作為神聖的白紙，用來書寫「最終」的方程式。[22]實際上，「最終」通常意味著它們會存在幾個星期或幾個月，然後被其他方程式所取代。然而，萬一這些方程式碰巧是正確的，黑板上的標示會防止它們被擦除。

在那時，愛因斯坦對方程式正確與否的判斷標準已大大偏離了經驗世界。雖然他在傳統意義上來說依然不信教，但他受史賓諾莎啟發的宇宙宗教指引著他的判斷。他經常要助手們思考上帝在設計一個涵蓋萬物的理論時會作出什麼樣的選擇。[23]奇異點（某些物理量變成無限大之處）和任何其他無法由方程式確定的值是「罪過」，他如此措辭。

方程式應該像建築藍圖一樣天衣無縫，不能為隨機性留有任何餘地。

鑑於他渴望能完整且正確地描述宇宙，愛因斯坦對第五維度的新熱情在某層面上來說是種巧妙的規避。使用額外的維度允許在相距遙遠的事物之間建立非區域性連結，只要這些連結存在於無法被觀察的高維空間中即可。愛因斯坦在EPR實驗及其信件中強烈反對波函數含有粒子隱藏資訊的觀點，所有物理量在任何時候都必須是「真實」的，即使它們沒有被測量。然而，在他的五維統一嘗試中，資訊可以被隱藏在不可觸及的空間裡。這就像政治家告訴記者：「儘管我的對手沒有以文件記錄任何與海外公司的連繫，但我絕對有這麼做——只是這些文件被永遠鎖在我無法親手摸到的保險箱裡。」

五維統一的主要優勢在於廣義相對論本身可以不被更動，可以用使四維的重力描述（符合日食測量和其他實驗測試）不變的方式來構建新增添的力學。愛因斯坦的其他統一模型（例如遠距平行理論）則無法保留這些重要結果，因此使它們從一開始就啟人疑竇。愛因斯坦希望能夠取代量子力學的方程式將源於從四維擴展到五維時所產生的額外項。這就像莊園主人決定為她歷史悠久的豪宅建造一間副屋以滿足她對額外空間的需求，而非重新改造現有結構而破壞其魅力。

愛因斯坦的助手們十分欽佩他的毅力，他們全力以赴推進統一理論的想法，日復一日，直到遇到阻礙。一旦愛因斯坦意識到他們走錯了方向，他會耐心地引導他們轉向新的道路，幾乎不會表達任何挫折或悔恨。他相信他們最終會達到目標——只是時間問題罷了。

徒勞無功的妥協

在一九三七年最後的幾個月裡，薛丁格面臨的最大挑戰是如何在教學職責、研究興趣以及與他生命中三個女人——安妮、希爾德和漢詩（一如預期她已搬回了奧地利）——的相處之間取得平衡。他在格拉茲擁有看來穩定的教授職位，在維也納也有不錯

愛因斯坦的辦公室所在的福德大樓，位於紐澤西州普林斯頓的高等研究院。

Photo by Paul Halpern

的訪問學者職位，這使他經常有理由造訪心愛的故鄉及他的好友提爾岑。

然而，一九三八年初德奧合併（Anschluss）使奧地利被納粹鐵腕掌控，一切都隨之分崩離析。由於希特勒無止境的野心以及當時德國對奧地利一面倒的軍事優勢，這場征服或許無可避免。奧地利總理許士尼格絕望地試圖在安撫希特勒的同時維持奧地利的獨立，他的努力在一九三八年二月十二日與希特勒的會晤中達到了頂點——會晤中，他同意在國內和外交政策上與德國互相配合，並給予奧地利納粹黨完全的自由。隨後，他錯判形勢，決定於三月十三日舉行奧地利獨立公投。希特勒勃然大怒，並下令入侵。許士尼格預見敗局，於三月十一日辭職。當納粹軍隊於次日早晨進駐並將奧地利變成第三帝國的一個行省時，沒有傳出任何抵抗的消息。

薛丁格眾所周知是納粹的反對者，也是愛因斯坦的密友。由於不喜歡政治，他通常不認為有必要公開宣揚自己的立場。在納粹支持者眾多的格拉茲，他對自己的立場保持沉默。然而，在德奧合併前幾週，他在維也納發表了一場關於愛丁頓研究的演講，結尾時他譴責了國家試圖掌控其他國家的霸權行為。聽眾立即意識到他在暗指哪個強權，並予以熱烈的掌聲。

納粹掌權後，迅速在大學中清洗了社會主義者、共產主義者、和平主義者、奧地利民族主義者以及所有政治上的異議者，所有猶太人都遭到大學與其他公家單位解職，提爾岑——他是堅定的和平主義者——立即失去了工作。薛丁格當然很清楚即將發生的變化。

厭倦了流浪的研究生活，薛丁格決定不惜任何代價都要盡全力保住他的教職。由於漢詩擁有猶太血統，於是他疏遠了她——他冷酷無情的行為自然使她感到非常不滿。他還會見了納粹任命的格拉茲大學校長賴歇爾特（Hans Reichelt），以尋求建議。賴歇爾特建議他撰寫一封效忠第三帝國的信並提交給大學理事會。出於對被解僱的恐懼，他同意了。

隨後讓薛丁格無地自容的是，他對德奧合併表達支持的效忠信被寄給全德國的報社，並於三月三十日被廣為刊登。國際科學界很快通過《自然》的報導得知此事，前同事們對這份「懺悔書」感到震驚，內容聽起來就像他重生成了納粹的忠實信徒。薛丁格寫道：「我在最後一刻仍然誤判了我國真正的意志和命運。血統的呼喚讓曾經的懷疑者回歸他們的民族，並因此找到了通往阿道夫．希特勒的道路。」[24]

一九三八年四月，薛丁格或許希望進一步表現忠誠，於是返回柏林參加一場致敬普朗克八十大壽的研討會。他的參與似乎是一個回到過去並恢復他在德國物理學界地位的機會。

然而，薛丁格對納粹政權的效忠最終證明是徒勞的。回到格拉茲後，他發現自己已經失去了在維也納的榮譽職位。到了當年八月，他也失去了格拉茲的教授職位。納粹認為他不可信賴，因而無法保留他的身分。他與希特勒政權出賣靈魂的交易只讓他再次陷入了無學術職位的困境。

再見，再會，莎呦哪啦

好萊塢電影《真善美》（*The Sound of Music*）戲劇性地描繪了一個家庭從奧地利逃亡的過程，這裡面有一些改寫事實之處。電影中的馮．特拉普音樂家庭悄悄越過山脈逃往瑞士，而現實中的馮．特拉普家族則是利用與義大利的關係，安靜地逃離了納粹政權。喬治．馮．特拉普（Georg von Trapp）擁有義大利國籍，這使得他能夠自由乘火車前往義大利，然後經倫敦到達美國，他們已經在那裡規畫了一場音樂會巡演。

同樣地，當薛丁格失去了教職，並決定是時候與安妮離開他們的祖國時，義大利成為了方便的逃亡路線。然而，他們的逃亡過程遠比馮．特拉普家族來得驚險。首先，儘管他間接接到了可能的新工作消息，但條件非常模糊。此外，由於奧地利已經不再是獨立的國家，他沒有有效的旅行證件。

薛丁格的救星是一個他素未謀面的人：愛爾蘭總理德瓦勒拉。德瓦勒拉出生於美國，母親是愛爾蘭人，父親是古巴人，他兩歲時隨家人搬到了愛爾蘭利默里克（Limerick）。在都柏林皇家大學（Royal University in Dublin）攻讀數學期間，他受到哈密頓的影響，畢業後在梅努斯（Maynooth）的聖派翠克學院（St. Patrick's College）和愛爾蘭各地講課。一九一六年，由於對愛爾蘭文化受壓迫日益不滿，他加入愛爾蘭志願軍（Irish Volunteers），並參加了復活節起義（Easter Rising）——反對英國統治、並主張建立民主愛爾蘭共和國的武裝叛亂。他在大型麵粉倉庫寶蘭磨坊（Boland's Mill）的崗哨指揮第三營。

愛爾蘭志願軍在英軍人數和火力的懸殊優勢下被迫投降，德瓦勒拉和其他領導人被捕，除他之外，其他人都被處決。德瓦勒拉的性命得以保全，可能是因為他的美國身分，或者是出於外界要求停止處決的壓力。服刑一年後，他回到愛爾蘭領導新芬黨（Sinn Féin party），並協助起草愛爾蘭獨立的條件。由於與新芬黨在如何與英國談判上存有分歧，他最終創立了共和黨（Fianna Fáil party），並成為愛爾蘭的總理。

作為黨主席的他幾乎是獨自起草了一九三七年的愛爾蘭憲法，並為國家設立了中立且與英國分離的路線。受過數學家訓練的他，對哈密頓之前所在的研究中心——丹辛克天文台（Dunsink Observatory）——的式微深感不安，認為這是衰敗的象徵。他不僅希望恢復愛爾蘭的榮耀，還計畫使其在數學和科學上獨領風騷。為此，他決定效仿普林斯頓的高等研究院，建立都柏林高等研究院。但誰將成為愛爾蘭的愛因斯坦呢？

在得知薛丁格被維也納解僱的消息後，德瓦勒拉認為他是該計畫中首席教授職位的完美人選。由於直接聯繫薛丁格十分不智且可能驚動納粹，德瓦勒拉通過一連串中間人傳遞消息。他首先與愛丁堡大學的數學家惠特克（E. T. Whittaker，他曾是德瓦勒拉在都柏林的導師之一）交談，惠特克把這個消息傳給了他的同事玻恩，玻恩寫信給薛丁格住在蘇黎世的朋友巴爾（Richard Bär），巴爾讓一位荷蘭朋友前往維也納通知薛丁格一家。然而，由於薛丁格一家當時在格拉茲，這位朋友沒能找到他們，只能把消息傳給安妮的母親。最終，安妮的母親把德瓦勒拉的邀請寫成一封短箋寄給了薛丁格夫婦。薛丁格和安妮讀了三遍短箋，然後把它扔進了爐火。

薛丁格知道自己別無選擇，只能接受這個提議。雖然在他心中仍希望在牛津大學獲得永久職位，但他有感，由於資金問題和林德曼對他的敵意，這幾乎已不可能實現——

他對希特勒的「懺悔」使林德曼更加憤怒。安妮開車到瑞士邊境的康士坦茨（Constance）與巴爾會面，並表達了他們對都柏林職位的興趣。巴爾隨後寫信告知玻恩，玻恩通知了惠特克，惠特克則把好消息轉告給德瓦勒拉。

九月十四日，薛丁格夫婦從格拉茲逃亡。由於擔心計程車司機可能會報告他們的行蹤，安妮開車把他們的行李載到火車站，然後把車留在一個車庫，要求洗車，那是她最後一次看到那輛車。當他們搭上開往羅馬的火車時，口袋裡只剩下十馬克。

到達羅馬後，薛丁格打算寫信給德瓦勒拉及林德曼，告知自己的情況。他希望接受德瓦勒拉的聘書，同時詢問林德曼在此期間他是否可以留在牛津。當時在羅馬大學（University of Rome）任教的費米提醒薛丁格，他的每一封信都可能會被審查。由於薛丁格是宗座科學院的成員，梵蒂岡似乎是更安全的地點。於是，在梵蒂岡的花園美景環繞下，他寫好了信，並將給德瓦勒拉的信寄往日內瓦的國際聯盟（the League of Nations）——因為德瓦勒拉當時是這個國際組織的主席。兩天後，德瓦勒拉致電邀請他們前往日內瓦會談，他讓愛爾蘭領事為他們準備了頭等艙車票和一些旅費。

薛丁格夫婦激動地搭上了開往瑞士的特快車。到了邊境時，一名邊防警察手持一張寫有他們名字的紙，要求他們下車並分開通過安檢，令他們十分驚慌。當安妮把手提包和其他個人物品放進X光機時，警察在一旁冷眼盯著她，這使得安妮非常緊張。幸運的是，他們最終被允許重新搭上火車，並順利抵達日內瓦，德瓦勒拉熱情地接待了他們。在日內瓦逗留了三天，與德瓦勒拉討論了研究院的計畫後，他們動身前往英國。

到達牛津後，薛丁格對林德曼的冷漠態度感到非常失望。林德曼無法原諒他曾經發表過親納粹的聲明，薛丁格聲稱這不關任何人的事，他只是做了他該做的事，而這無濟於事。幸運的是，他並不需要依賴林德曼的幫助，因為很快他就獲得了在比利時根特大學（University of Ghent）為期一年的職位。由於都柏林研究院仍在籌畫階段，連開幕日期都尚未確定，他把握住了這個機會。

等待研究院落成

薛丁格在十一月十九日短暫訪問都柏林時，進一步了解了總理的計畫。根據設想，該研究院將包括理論物理學研究所和凱爾特研究所。薛丁格提出了自己的願望清單，其中包括希望希爾德和露絲能與他和安妮一起前往愛爾蘭。[25]這個請求極不尋常，因為希爾德有自己的丈夫。

然而，德瓦勒拉並沒有反對，因為薛丁格的請求並不是他最擔心的問題。他需要愛爾蘭國會批准設立這個研究院，而這個過程將需要經過好幾個月的政治角力。當薛丁格一家在根特時，德瓦勒拉與來自反對黨「統一黨」（Fine Gael party）的議員，如穆爾卡希（Richard Mulcahy）將軍等人展開辯論，這些議員認為愛爾蘭已經有許多優秀的大學需要更多資金，因此成立研究院是多餘的。批評者嘲笑將兩個截然不同的領域——理論物理學和凱爾特研究——結合在一個機構中的想法，這兩者唯一的共同點似乎只是總理對它們都感興趣。穆爾卡希認為也許應該乾脆取消物理學研究所。

德瓦勒拉反駁說，一個分部可以提升另一個分部的聲譽。他聲稱國際上的科學成就將為愛爾蘭帶來新的榮耀和尊重，並援引了哈密頓的遺贈。由於共和黨在議會中佔多數，他知道自己最終能讓法案通過。他的辯論主要是針對那些搖擺不定的議員，以加快這一過程。

當薛丁格聽到這些辯論——尤其是取消物理學研究所的想法——時，他感到十分不安；但德瓦勒拉向他保證，最終一切將會順利解決，他只需耐心等待。由於沒有其他更好的選擇，這位物理學家只能選擇相信德瓦勒拉。

薛丁格在根特等待都柏林的職位，使他得以結識了比利時理論學家兼神父勒梅特

（Georges Lemaître），他是最早提出宇宙從高密度狀態開始膨脹的概念——後來被稱為大霹靂理論——之人。薛丁格受到啟發而作了一些計算，用以展示某些類型的宇宙膨脹如何導致物質和能量生成。他的研究結果預示了一九四〇年代末由霍伊爾（Fred Hoyle）、戈爾德（Thomas Gold）和邦迪（Hermann Bondi）提出的穩態宇宙學理論，也與現代宇宙學關於許多物質是在太古膨脹時期生成的概念相吻合。

在他感到沮喪的時期，薛丁格轉而思考——與史賓諾莎、叔本華和吠檀多思想類似的——宗教與哲學問題。他將會帶到都柏林的一份未出版手稿反映了他對自然秩序的探索，如何逐漸與愛因斯坦宇宙宗教的信仰體系趨同。薛丁格寫道：「在解決一個科學問題時，另一位玩家是我們親愛的上帝。他不僅設置了習題，還制定了遊戲規則，但這些規則並非完全公開，其中一半留給你自己去發現或推導。」[26]

到了一九三九年九月，薛丁格在根特的任期結束，他必須離開比利時。希爾德和露絲已經與薛丁格和安妮一起住在比利時，馬奇則留在因斯布魯克。此時出現了幾個問題：首先，都柏林的研究院仍未獲得批准；其次，隨著納粹入侵波蘭，第二次世界大戰爆發。薛丁格除了再次失業，更在技術上成為盟軍的敵國公民。這是一個大問題，因為他必須經過英國才能到達愛爾蘭。幸運的是，德瓦勒拉和林德曼（出乎意料地提供了幫助）等幾位支持者出面干預，為他和他的大家庭取得穿越英國到達都柏林的合法文件。他們於十月七日抵達都柏林。

一九四〇年六月一日，愛爾蘭國會最終通過了建立都柏林高等研究院的法案。研究院的董事會議於同年十一月首次召開，到了這時，戰爭成為延宕的主要原因。在薛丁格等待研究院落成期間，心懷歉疚的德瓦勒拉幫他安排了愛爾蘭皇家學院的訪問教授職位，並同時讓他在都柏林大學（University College Dublin）授課。

同時，薛丁格一家在克朗塔夫（Clontarf）的寧靜郊區找到了居所，位於金科拉路（Kincora Road）二十六號。這是一個靠近都柏林灣（Bay of Dublin）的美麗地點。熱愛騎自行車的薛丁格非常喜歡這個地方，因為距市中心不太遠，使得騎自行車的路程非常愉快。

愛爾蘭文化歷史學家法倫（Brian Fallon）說道：「一九四〇年都柏林高等研究院的設立是其同類運動中的里程碑。」[27]它是所謂「蘇格蘭蓋爾語文藝復興」（Gaelic Renaissance）運動中的一個里程碑。還有誰能比文藝復興人士薛丁格更適合領導理論物理學研究所呢？當研究院正式在其位於梅里恩廣場（Merrion Square）的總部開幕時，除了德瓦勒拉，也許沒有人能比薛丁格更開心了。

薛丁格在都柏林郊區克朗塔夫位於金科拉路的居所。
Photo by Joe Mehigan, courtesy of Ronan and Joe Mehigan

第六章　愛爾蘭之幸

（愛因斯坦和愛丁頓的理論）並不成功，他們決定要放棄。為何現在會成功？是因為愛爾蘭的氣候嗎？可能是的，或者更可能是梅里恩廣場六十四號這樣極為宜人的氣候，在那裡人們有時間**思考**。

——薛丁格，〈最後的仿射場定律〉（The Final Affine Field-Laws）

永遠不要在科學上依賴權威，即使是最偉大的天才也可能會犯錯——無論他有沒有、有一個還是兩個諾貝爾獎。

——薛丁格，〈最後的仿射場定律〉

在都柏林市中心有一塊優雅的綠地，四周環繞著一排排宏偉的喬治時代連棟房屋。

有著美麗自然景致的梅里恩廣場靠近三一學院（Trinity College）、政府建築和博物館，是建造都柏林高等研究院的理想之地。德瓦勒拉明智地選擇在此處建立研究院的兩個分支——凱爾特學研究所和理論物理學研究所——作為學者們寧靜的避風港。後來，在廣場的另一側還建立了宇宙物理學研究所。

薛丁格在多年的動盪後首次感到安全與接納，他有充足的時間探索新的興趣——比如生物學——使他最終寫成了一本深具影響力的書《生命是什麼？》（*What Is Life?*）。德瓦勒拉為他的卓越新星深感自豪，多次帶著全體內閣參加他的演講。

薛丁格感激愛爾蘭對他的接納及德瓦勒拉給予的關注，於是渴望成為愛爾蘭通。他對凱爾特設計產生了濃厚的興趣，他家的座上賓會留意到他精心製作的手工家具模型，其中的布料由他在愛爾蘭織布機上編織而得。他還嘗試學習蓋爾語，並在桌上放著一本給初學者的《愛爾蘭作文輔助》（*Aids to Irish Composition*）。儘管他擅長其他語言，但他對愛爾蘭語的文法頗為頭痛，最後只好放棄。即便如此，許多愛爾蘭同事仍十分欣賞他的努力。在一切之中最重要的是，他告訴都柏林人比起高傲的牛津自己有多麼喜歡這裡，而這令都柏林人非常高興。

薛丁格在研究院十分活躍，並和同事們相處愉快。由於他常常工作至深夜，因此他並不喜歡早起。然而，他常會騎自行車及時趕到高等研究院，與同事們共度早茶並享受愉快的對話。[1]

薛丁格有許多理由感到自在與安心：居住在中立國，他可以避開戰爭的恐怖及表達敏感政治觀點的危險；此外，擁有德瓦勒拉這樣強大的顧問兼靠山，使他可以自由地追求他不尋常的生活方式。

德瓦勒拉不僅是總理，也是全國性報紙《愛爾蘭日報》的創始人與所有者。該報的立場通常與德瓦勒拉的觀點一致——他甚至隸屬於該報的編輯小組。多年後，一場重大醜聞揭露——儘管擁有數千名來自美國和愛爾蘭的外部投資者，他藉由操控報社的營運方式將大部分利潤轉移給自己和家人。公司被設計成幾乎所有投資者持有的都是虛假股份，並且從未分紅；而德瓦勒拉及其家人持有真實股份，並以此非法斂財。[2]

《愛爾蘭日報》的記者們應付著擁擠的工作環境和混亂的氛圍，他們在某種程度上知道，讓德瓦勒拉和他的朋友們看起來光鮮亮麗是他們工作的一部分。也許正因如此，加上薛丁格自然流露的才華和魅力讓記者印象深刻，他得到頻繁且奉承式的報導，甚至常常登上頭版或次版。

例如幾篇《愛爾蘭日報》上有關薛丁格家居生活的輕鬆小品。一九四〇年十一月，

〈在家中的教授〉（A Professor at Home）一文中，他被描述為「當代數學物理學界中最響亮的名字」。記者原以為會受到薛丁格冷淡的招待，但「當那位語調溫和卻談吐幽默的男士在都柏林郊區打開門時，我便知道我錯了，這是一個富有人性的人」。[3]

有名如愛因斯坦，他的航行活動只有在遇到麻煩時才會成為新聞，例如一九三五年他的船在康乃狄克州海岸擱淺。相較之下，《愛爾蘭日報》甚至連薛丁格外出度假也加以報導，比如，一九四二年八月他決定來一趟前往凱里（Kerry）的單車之旅，《愛爾蘭日報》也忠實地報導了此事。[4]

另一篇文章〈「原子人」在家：艾爾溫．薛丁格博士的休假日〉（The 'Atom Man' at Home: Dr. Erwin Schrödinger Takes a Day off）於一九四六年二月發表，詳細描述了他與安妮、希爾德及露絲的家庭生活，文章中嗅不出一絲他們生活情況異常的氣味。文章中引述了（但並未質疑）薛丁格對希爾德與露絲待在愛爾蘭的原因的誤導性描述——指著剛剛在西洋棋局中擊敗他的露絲，薛丁格說：「她和她的母親——馬奇太太——在戰爭爆發時與我們一起住在比利時，我們便把她們一起帶過來了。」[5]

露絲在都柏林大體而言感到滿足，並享受著三位扮演親職角色大人的關愛。有一天，一位好友問她為什麼有兩位母親，但「父親」（指馬奇）卻不在身邊，[6]露絲不知道如何回答，對她來說，這完全正常。她深愛家中的狗布爾希（Burschie，意思大致上是指「小夥子」）——他是來自威克洛山區（Wicklow Mountains）的長毛牧羊犬，從小就來到他們家，戰爭期間牠隨著測試警報響起的吠叫讓她不安。她在後來憶起並描述在愛爾蘭的日子「相當平靜」，只有在布爾希去世時曾感到悲傷。[7]

有了德瓦勒拉的庇護，薛丁格顯然不必擔心他的感情生活會引發醜聞。事實上，他甚至更能夠放手追求其他女性。在安妮和希爾德照顧著露絲和承擔家務的同時，他繼續發展多段婚外情，這些都記錄在他的日記中；而在公眾面前，他是報紙所稱的「偉大的頭腦」。

每個上班日，薛丁格從打理得井井有條的郊區家中騎車到舒適的辦公室，然後再騎車回家。他經常度假，每年只需演講幾次，他的思想得以自由地徜徉於理論物理學的奇妙世界中。在戰時年代，當薛丁格的諸多同事歷經苦難之時，德瓦勒拉為他保障了溫馨安逸的生活。

在這一切的幸運之中，他也有需要為此付出代價的自覺。他被期望將高等研究院——甚至是更廣義的愛爾蘭科學——推向世界。當愛因斯坦被授予柏林的職位時，他曾表達過擔心自己是一隻「獎金母雞」，可能會喪失「下蛋的能力」。[8]薛丁格在工作表現上面臨著相似的處境，甚至還多了另一層壓力——這個國家的領袖始終在注視著他。他被視為愛爾蘭在物理學上獲得國際聲望的最大希望，是愛爾蘭的「新哈密頓」、唯一的諾貝爾獎得主，也是最接近愛因斯坦角色的人選。媒體大肆宣傳這一形象，對他有著不切實際的期望。

薛丁格一部分的創造動力源於內在的天性，他厭倦常規，喜歡挑戰並重塑自我。他喜歡自己被視為是文藝復興人，甚至是古希臘哲學家的接班人。他活躍的思想在各式主題之間奔馳，希望找到通往新知的冒險之路。

一些物理學家在需要創新的時候會嘗試合作，然而，在一九四〇年代早期，這種可能性十分有限。雖然薛丁格在國際物理學界中仍享有盛譽，但大多數物理學家專注於與戰爭相關的研究。理論物理學朝新方向前進，如核物理和粒子物理，薛丁格在研究上的興趣逐漸偏離了主流。

儘管高等研究院位於市中心，它一度與其他愛爾蘭科學機構相互隔絕。愛因斯坦的前助理英費爾德（Leopold Infeld）在一九四九年訪問時觀察到：「這所研究院吸引了世界各地的學生，讓愛爾蘭在科學史上留名。然而它對自己的國家、對愛爾蘭的知識生活和其大學的影響卻微乎其微。」[9]

笑柄

當薛丁格是《愛爾蘭日報》的寵兒時，其競爭對手《愛爾蘭時報》對他雖然尊重，卻不那麼熱情。《愛爾蘭時報》保持對德瓦勒拉政府及其政策的批判性態度，在追求獨立和開放之時，經常必須應付政府的審查和誹謗指控。

理論物理學研究所與薛丁格辦公室所在的梅里恩廣場六十四－六十五號。

Photo by Joe Mehigan, courtesy of Ronan and Joe Mehigan

在德瓦勒拉的反對者——尤其是統一黨的成員——看來，高等研究院是一個自負領袖的虛榮計畫，他自視為世界上最優秀數學家、科學家和語言學家的同儕。因此，《愛爾蘭時報》對這個機構的態度並不如《愛爾蘭日報》那般認真。在時報受到誹謗訴訟威脅並被迫噤聲之前，一位專欄作家甚至嘲弄研究所的學者，他模仿史威夫特式（Swiftian）[10]風格，將其研究描繪成愚蠢荒誕的、類似於《格列佛遊記》（*Gulliver's Travels*）中發生在高高在上的拉普塔島（island of Laputa）中的活動。

這篇充滿爭議的文章於一九四二年四月在《愛爾蘭時報》的幽默專欄〈滿滿一壺威士忌〉（Cruiskeen Lawn）中發表。這個專欄的文章由古怪且極富想像力的作家奧諾蘭以筆名高帕林撰寫，以無所忌憚的方式揭開現代愛爾蘭生活的面目。奧諾蘭對科學和哲學有著濃厚的業餘興趣，再加上他流利的蓋爾語，使他能密切關注高等研究院兩個分部交出的報告。他好奇地注意到凱爾特學院的奧拉希利（F. O'Rahilly）教授提出嶄新的觀點，指出聖派翠克是兩個不同人的綜合體，這對他來說似乎有些奇怪——甚至稱得上是褻瀆。

奧諾蘭還記得，薛丁格曾於一九三九年都柏林大學形而上學會（Dublin University Metaphysical Society）發表了名為〈對因果關係的一些思考〉（Some Thoughts on Causality）的演講。一如既往，薛丁格在這個問題上猶豫不決，沒有給出宇宙是否嚴守因果律的明確答案。當時，意識到自己如暴風中的門廊鞦韆般經年在這個議題上搖擺不定，他引用西班牙作家德烏納穆諾（Miguel de Unamuno）的話：「一個成功做到從未自相矛盾的人應被強烈懷疑其根本沒說過任何話。」[10]

演講結束時，學會會長路斯（A. A. Luce）牧師感謝薛丁格保留了自由意志的可能性，並因此稱他為「現代的伊比鳩魯（Epicurus）」。然而，奧諾蘭對此有不同的解讀，並將薛丁格對因果性的躊躇誤解為他對「第一因」（first cause）的懷疑。換言之，在奧諾蘭看來，他為不可知論（agnosticism）打開了大門——沒有第一因，就不需要上帝的存在。

奧諾蘭對高等研究院尖刻的諷刺專欄聚焦於這兩場演講，視其為不符該機構使命、令人尷尬的異端研究範例。他寫道：「這所研究所的第一個成果，就是證明了有兩個聖派翠克且沒有上帝。異端邪說和無信仰論的傳播可與優雅的治學無關，若我們不加注意，這間研究所會讓我們成為世界的笑柄。」

---

⑩ 編案：指強納森·史威夫特（Jonathan Swift），愛爾蘭作家，以諷刺文學著稱，其即《格列佛遊記》作者。

奧諾蘭還稱研究所「惡名昭著」，並評論道：「天啊，我願意為了在那裡得到一個職位而付出一切……為了做些大多數人看起來是消遣的『工作』。」[11]

儘管薛丁格對奧諾蘭的評論一笑置之，並看到其中的幽默，高等研究院的領導層卻十分憤怒，向《愛爾蘭時報》施壓並要求道歉。報社編輯適時地表達了歉意，並承諾奧諾蘭再也不會在其專欄中提到研究院。

薛丁格並非奧諾蘭唯一批評的科學家。一九四二年七月，愛丁頓在高等研究院發表了關於統一性的學術演講，其中提到只有極少數人能真正理解相對論。隨後，奧諾蘭在專欄中建議應該使用蓋爾語教導愛爾蘭的學童相對論，他嘲笑道，這樣他們可以避免「成為兩種語言的文盲」，而可以「在四維空間中成為文盲」。[12]

奧諾蘭也是一名小說家，以筆名「弗蘭・奧布萊恩」（Flann O'Brien）出版小說。他最著名的小說之一《第三警察》（*The Third Policeman*）於一九三九至一九四〇年間創作，與薛丁格抵達愛爾蘭並發表因果論演講的時期重疊。奧諾蘭生前未能找到合作的出版社，直到他去世之後，此書才在一九六七年出版。

小說中的幕後角色，一位不拘一格的學者德塞爾比（de Selby），透過一系列註腳向讀者揭示自己的想法。德塞爾比提出了許多奇特的自然理論，包括一個關於夜晚的古怪理論，他認為夜晚是由火山爆發和燃燒煤炭產生的「黑氣」積聚所致。13

奧諾蘭對愚蠢科學思想的嘲諷廣為後人所研究分析。德塞爾比這個角色很可能（或至少部分）受到另一位名字以「德」（de）開頭的人物——睿智的德瓦勒拉——的自大觀點所啟發。然而，有鑑於愛因斯坦和薛丁格在當時的顯赫地位，他們也可能是靈感的來源。

哈密頓的紀念郵票

沒有數學家比哈密頓更為德瓦勒拉所鍾愛。一九四三年對全世界來說是毀滅之年，德國和蘇聯軍隊在史達林格勒（Stalingrad）激烈交戰，華沙的猶太戰士英勇抗擊納粹軍隊。然而，對德瓦勒拉來說，一九四三年是慶祝發現四元數（一個由哈密頓在愛爾蘭發明的數學量）百周年紀念的一年。

四元數是複數的四維推廣，具有實數和虛數（即 -1 的平方根）部分的複數可以表示為二維平面上的點。哈密頓希望為三維空間中的點找到類似的表示方法，他在穿越都柏林的布魯姆橋（Brougham Bridge）時靈光乍現，意識到他將需要四個部分而非僅僅三個。四元數的定義在他腦中瞬間浮現，他立刻將方程刻在了橋的一側。

在德瓦勒拉的領導下，愛爾蘭政府發行了紀念哈密頓及其發現的郵票。當年十一月，德瓦勒拉舉辦了一場盛大的晚會，邀請國際社群前來同慶。然而由於戰爭，僅有少數外國學者能夠出席。

為什麼德瓦勒拉在世界大戰期間如此執著於純數學？儘管愛爾蘭保持中立，其經濟也受到重創——就像世界上許多地方一樣，食物被配給、許多物資被限縮。然而，德瓦勒拉對其個人興趣的執著讓批評者感到困惑。

英裔愛爾蘭貴族格拉納德勛爵（Lord Granard）曾在與德瓦勒拉會面後指出，他「位於天才與瘋狂的邊界」，這當然可以用來形容許多具有非凡專注力的人。儘管面對重重困難並追求不尋常的目標，德瓦勒拉在政治上仍然備受歡迎，就像雖然書呆子氣、但總是看起來在為學生找出最好辦法的教師一樣。

四元數百年紀念的起始，為薛丁格增添了額外的壓力，他需要滿足人們對他的期待——期待他成為新哈密頓，並使愛爾蘭重回其科學上的榮耀。薛丁格透過將愛丁頓及狄拉克（在此之前從未到過愛爾蘭）等知名人士引薦到都柏林高等研究院，已經開始讓這個國家引人注目。他還招募了成就斐然的物理學家海特勒（Walter Heitler）出任助理教授，增加了理論物理學研究所的智慧之光。然而，他仍然承擔著需要證明如以下報導論述的壓力：「薛丁格教授是這裡最努力延續哈密頓傳統的人。」[14]

由於愛因斯坦是天才的化身，薛丁格採用了看似自相矛盾的策略：一方面炫耀自己與這位受人推崇的物理學家的關係，另一方面又微妙地貶低他的成就。就像索末菲在課堂上大聲朗讀愛因斯坦的信件一樣，薛丁格設法讓同事和媒體知道他與愛因斯坦的書信往來持續不斷。然而索末菲和薛丁格顯然有著不同的動機：索末菲認為愛因斯坦的話語會啟發他的學生，而薛丁格享受的是向公眾吹噓他與愛因斯坦的友誼。報導稱：「這些在兩個頭腦之間往來的書信充滿了神祕的代數公式，它們有著好萊塢女星特納（Lana Turner）的性感曲線。」[15]

儘管與愛因斯坦關係密切，薛丁格在另一篇關於哈密頓的文章中卻貶低了他。在評論百周年紀念時，薛丁格寫道：「哈密頓原理已成為現代物理學的基石，是物理學家期望所有物理現象均遵守的法則。在此之前，愛因斯坦曾經提出『不符哈密頓原理的理論』，他的想法引起了轟動……但事實上，這個理論後來被證明是失敗的。」[16]

當時的薛丁格保持一種處於量子疊加的觀點——既具有愛因斯坦對海森堡的態度，也同時具有海森堡對愛因斯坦的態度。他與愛因斯坦一同批評相信機率論的人（如海森堡）脫離了日常經驗，貓的悖論就是這類批評的典型案例。然而，在他認為愛因斯坦聽不見的地方，他會暗示這位年邁的物理學家已經失去了對現實的把握，而這恰恰是海森堡會給愛因斯坦的一類評論。然而，愛因斯坦要到四年之後，才會完全意識到他受到了多大程度的操弄。

普林斯頓的隱士

愛因斯坦在戰時相當孤獨。即便身處普林斯頓這個相對小的社區，能夠與他相熟的人也並不多。在艾爾莎去世後，他鮮少有動力打扮、甚至理髮。他與多位助理合作，持續為統一場論依舊孤獨地奮鬥著。

他寫信給從柏林搬到當時英屬巴勒斯坦（現今的以色列）海法（Haifa）的朋友米薩姆（Hans Mühsam）醫師：「我已經成為了孤獨的老人、一種因不穿襪子而知名的父權式人物，在各種場合被當成異類展示。但在工作上，我比以往更加狂熱，並且真的懷有我已解決統一物理場這個老問題的希望。然而，這就像在飛船中漫遊雲端，無法清晰地看見回到現實——即回到地球——的路途。」[17]

普林斯頓大學一九三九年畢業班創作的一首幽默小曲反映了大眾對愛因斯坦的態度。戲弄教授是普林斯頓應屆畢業生的習俗，儘管愛因斯坦並非大學的教職員，他們還是唱了這樣的歌詞：

所有學習數學的男孩啊
艾比・愛因斯坦指引方向
儘管他很少出門
老天，我們真的希望他能理理頭髮。[18]

在高等研究院新建總部裡具殖民地風格的福德大廳中工作後，愛因斯坦不再需要與大學數學系共用空間，也不再需要面對已卸任的弗萊克斯納，接任的董事是溫和的艾德洛特（Frank Aydelotte）。在這片田園般的景緻中，四周環繞著大片的森林與許許多多的林中小徑，愛因斯坦可以與同事（如新任成員哥德爾）以及訪客們一同享受漫長愉快的散步。

其中一位訪客是多年未見的波耳，他於一九三九年冬季在此處停留了兩個月。這場重逢本該充斥著兩位老對手的詼諧妙語，但二人之間卻隔著一層詭異的沉默。他們都沉浸在自己的思緒之中，愛因斯坦——與伯格曼和巴格曼——正熱衷於尋找具有物理解的廣義相對論的五維擴展。

波耳當時正為與之相較更加嚴峻的心事所苦。他剛從奧地利物理學家弗里施（Otto Frisch）那裡得知，哈恩（Otto Hahn）和施特拉斯曼（Fritz Strassmann）在柏林成功完成了以中子轟擊鈾的實驗。弗里施的姑姑、核物理學家邁特納曾與他們一同執行這個計畫，後來因其半猶太血統而逃到瑞典。她和弗里施在分析實驗結果後得出結論：核分裂（原子核的裂解）發生了。弗里施將消息傳給波耳後，他為納粹可能掌握了原子彈的祕密而驚恐不已。確實，戰爭期間，海森堡將會領導包含哈恩等人的原子核研究計畫。

儘管波耳心中正被更迫切的議題所煩擾，他仍禮貌性地出席了愛因斯坦的演講，內容是他對統一理論的最新嘗試。波耳表情呆滯地坐著，聽著這位廣義相對論之父講述所謂的「萬有理論」，但是這理論似乎忽略了自廣義相對論時代以來的所有科學發展。自旋呢？中子呢？核力呢？除了演講的關鍵時刻，他或許已經瞌睡連連。在演講結束時，愛因斯坦直視波耳，並說他的目標是取代量子力學。波耳回瞪著愛因斯坦，但沒有說一句話。[19]

波耳來訪的數月之後，愛因斯坦也被召喚處理核武議題。一九三九年七月，當愛因斯坦在長島東部度假航行時，匈牙利物理學家西拉德（Leo Szilard）和維格納帶著嚴重的警訊來到他的家中，他們擔心納粹可能會從比利時剛果採購鈾以製造炸彈。西拉德計算出核分裂可能引發連鎖反應——某一種鈾的核分裂將釋放中子，這些中子促使越來越多的原子核產生裂變，產生極其巨大的破壞能量。

八月，愛因斯坦起草了一封致羅斯福總統的警告信，由西拉德翻譯成英文後簽名寄出。在兩年多後，羅斯福將會啟動曼哈頓計畫（Manhattan Project）——一個在科學上由奧本海默（J. Robert Oppenheimer）主導的絕對機密項目——以研發原子彈。儘管愛因斯坦未被允許參與曼哈頓計畫的核心工作，戰爭期間他仍被多次邀請提供相關知識。與此同時，儘管世界四分五裂，他仍不斷往前推進他的宇宙統一計畫。

經過近二十年致力於統合自然力的研究，通常保持樂觀的愛因斯坦偶爾會陷入絕望。例如在一九四〇年五月十五日位於華盛頓特區的美國科學大會（American Scientific Congress）上，他「承認這項工作似乎毫無希望，探討宇宙的一切邏輯方法都走入了死胡同」。[20]

就算在這樣的黑暗時刻，愛因斯坦仍拒絕接受世界被機率統治的觀點。他在研討會上表示，雖然「海森堡的不確定性原理無疑是真理」，但「他無法相信我們一定得接受大自然的法則像骰子遊戲一樣運作」。

這種短暫的自我懷疑很快就會消散，他像尋找西北航道（Northwest Passage）的探險者般，若發現一條路徑被堵，便尋找其他替代的途徑。在他構思新的研究方向之時，音樂總能撫慰他的心靈。然後他會徵詢助理們的意見，並沿著另一條道路繼續向前探索。

一九四一年，愛因斯坦、伯格曼和巴格曼發表了他們最後一篇關於五維統一的論文。伯格曼在那一年離開了普林斯頓高等研究院，前往黑山學院（Black Mountain College）任職，他最終會在雪城大學（Syracuse University）成立一個重要的廣義相對論研究小組，並發展自己關於重力的量子理論；巴格曼則成為普林斯頓大學的數學教授。愛因斯坦將再次需要尋找新的助手。

上帝之鞭

愛因斯坦接下來就統一理論的合作對象將是他多年的老友兼頻繁的批評者包立。包立認為無論是對朋友還是敵人，他都必須盡可能無情地坦誠，並以此為己任。他自豪地貼著埃倫費斯特贈予他的標籤：上帝之鞭（die Geissel Gottes），有時甚至會以此來簽署他的信件。愛因斯坦似乎欣賞包立會仔細閱讀他的諸多論文，但每次都得準備好面對無情的批評。包立以某種方式在愛因斯坦的「宇宙宗教」中佔有一席之地，愛因斯坦為犯下誤解自然法則中「上帝的想法」的「罪行」，而被包立的嘲諷所折磨。

一九四〇年中，高等研究院的數學研究所邀請包立成為該機構的臨時成員。文件紀錄顯示，他們選擇包立而非（另一位候選人）薛丁格，是因為他們認為選擇包立具有較小的風險。他們認為薛丁格「才華橫溢，但不如包立可靠。當我們早在一九三七年比較二人的優劣時，就已決定選擇包立」。[21]

為什麼高等研究院數學研究所認為薛丁格「較不可靠」？是否在那裡有人知道他非比尋常的家庭狀況？鑑於有傳言說他曾與普林斯頓大學校長談論此事，也許消息傳到了鄰近的高等研究院；又或者，薛丁格的出版紀錄除了有哲學小品、也有基於數學計算的論文，因此可能被認為較為零散。無論如何，包立受到了青睞。

包立很高興能夠在戰時離開動盪的歐洲，前往更為平靜的地方。儘管他工作所在的蘇黎世對有猶太親屬的人而言似乎相對安全，但在地理上鄰近希特勒的德國仍非理想之所。因此，他來到普林斯頓度過戰爭歲月。

愛因斯坦決定利用他與包立身在福德大樓同一屋簷下的機會，嘗試為不同的自然力提供共同的容身之所。愛因斯坦延伸了與伯格曼和巴格曼一起發展出的想法，與包立合作研究一個五維統一模型，這是愛因斯坦少數幾次與知名物理學家、而非助手合作的研究項目之一。

包立嚴謹的研究方法讓他們得出無可辯駁的結論：這樣的模型沒有具物理意義、無奇異點（即沒有無限項）的解。他們能找到的、唯一無奇異點的解必須是無質量且電中性的——如光子。然而，建立統一模型的目標之一是描述具有質量和電荷的粒子（例如電子）行為。

一九四三年，愛因斯坦和包立聯合發表了一篇論文，指出模型缺乏可信的解。他們評論道：「我們無法不感到卡魯扎的五維理論中蘊含著某些真理，但是其基礎仍不盡理想。」[22]

愛因斯坦的高維度探索走入了死胡同，他決定放棄卡魯扎和克萊恩的方法，轉而將心力集中於標準維度（三維空間和一維時間）的理論。儘管後來有人繼續發展卡魯扎－克萊恩理論並試著盡其力成其功，但愛因斯坦認為他已窮盡了所有可能性。他的「勿擦」黑板需要被洗刷，毫無疑問，是時候轉向新的方向了。

仿射狂熱

正當愛因斯坦的統一進展陷入僵局時，薛丁格卻出乎意料地開始對此產生了濃厚的興趣。受到他最敬佩的三位理論學家——愛因斯坦、愛丁頓和外爾——啟發，他決定也來碰碰運氣。薛丁格翻閱了他們早期關於廣義相對論和統一場論的一些論文，並開始構思自己的方法。

由於在各自身處的研究機構中相對孤獨，薛丁格和愛因斯坦自然而然就兩人均感興趣的話題通信。自一九四三年冬天起，薛丁格定期寫信給愛因斯坦，探討擴展廣義相對論以納入其他自然力的可能性。在除夕夜，他寄給愛因斯坦一封只有理論物理學家才會如此表達的節日賀卡——一封根據哈密頓的最小作用量原理，以拉格朗日法推導出廣義相對論方程式的信件。在信末附言中，薛丁格建議修改拉格朗日量並檢查其所生成的場方程式。

正如我們稍早所討論的，哈密頓發展了最小作用量原理和拉格朗日法以描述物體的運動。這種方法設想了如何在所有可能路徑中選擇最有效的路徑——就像拓荒者試圖最佳化他們的步行和攀爬以最快跨越山脈。如果考慮海拔和其他因素，地圖上最筆直的路徑可能並非最佳方案。同樣地，粒子在空間中的運動路徑取決於位能的地勢，這種地勢經量化後可以被納入拉格朗日量中，而拉格朗日量可以被用來找到運動方程式。

如希爾伯特所證明的，愛因斯坦的廣義相對論方程式可以用由兩個（在座標轉換下不變的）純量乘積構成的拉格朗日量推導而得——這兩個純量的其中一個與測度距離的度規張量有關，另一個與描述曲率的里奇張量（與前面提過的愛因斯坦張量相連結）有關。度規張量和里奇張量都可以用4×4矩陣的形式表示。每個矩陣有十六個分量，但由於對稱性，只有十個分量是獨立的（其他六個是重複的）。在標準廣義相對論中，這十個獨立的曲率分量與（表示物質和能量的）應力－能量張量的十個獨立分量相連結。簡而言之，物質和能量導致了時空彎曲，其中包含十條互相獨立的關係式。

然而，曲率僅僅是時空幾何中的一個層面，要了解物體在空間中所走的路徑，還需要知道度規張量的分量，它們告訴我們如何定義點到點的距離。這些分量提供了在特定區域的改良版畢氏定理。正如我們在早前的譬喻中所描述的，度規張量就像在炙熱沙漠上方搭建一頂罩子，其中沙地因分布四處的岩石（物質和能量）而凹凸不平（曲率）。要建造這樣的度量罩子，我們需要建造一種支架，以告訴我們杆子（局部座標軸）從一點到另一點如何彎曲。連接支架杆子的是仿射聯絡，在標準廣義相對論中，有六十四個仿射聯絡，但對稱性限制其中只有四十個是獨立的。

這是愛因斯坦對重力的標準描述。為了加入與電磁力相關的額外分量，需要通過更多維度（薛丁格並未認真考慮）或額外的結構如遠距平行（他也未考慮）來修改方程式，或鬆綁對稱性要求並使仿射聯絡成為理論的基礎。追隨愛丁頓採取的、愛因斯坦曾在一九二三年短暫考慮過的路徑，薛丁格選擇放棄對稱性要求並集中研究仿射聯絡。他稱自己的方法為一般統一理論（general unitary theory）。（其首字母縮寫「GUT」一詞日後會被用來表示「大統一理論」〔grand unified theories〕，也就是統合電弱力與強相互作用的理論。）

在愛因斯坦得空回復他除夕夜的信之前，薛丁格已經建立起自己方法的雛型。他從最一般的仿射聯絡出發，利用這些來構建里奇張量和一種更靈活的拉格朗日量，這種靈活性為納入電磁力的分量提供了可能的空間。他還希望加入他稱之為介子場（meson field，即我們現在稱為強相互作用）的分量，但決定將此項保留作為後續研究（他很快便會著手進行）。隨後，他利用某些數學特性將拉格朗日量限制在一個特殊情況，最終得到了一個與希爾伯特不同的拉格朗日量。他的方程式作出了一個不尋常的預測：磁場（如地球和太陽的磁場）隨著高度增加而遞減的速度比傳統理論所預測的更快。這種減弱源於一個（類似愛因斯坦多年前為重力引入的）為電磁力引入的宇宙常數。隨著理論架構大致完成，薛丁格認為自己已經準備好向同儕學者報告他的研究結果。

生命、宇宙及萬物

一九四三年一月二十五日，薛丁格在皇家愛爾蘭學會發表了他的一般統一理論，大約五個月後，這篇論文會在學會的會議紀錄中發表，他在演講中解釋了自己如何接續愛丁頓和愛因斯坦擱置的工作。在這紀念哈密頓的一年，薛丁格樂於運用這位愛爾蘭數學家的方法，以進一步向他致敬。

《愛爾蘭日報》對此事大肆報導，尤其強調「超越愛因斯坦」的部分。二月一日，記者勞洛（Michael J. Lawlor）以〈從愛因斯坦之處向前〉（Forward from Einstein）為標題，發表了這篇驚人的報導：「一個極富深遠意義的科學理論，堪比愛因斯坦著名的（徹底改變了現代物理學家對宇宙本質認識的）相對論，已由艾爾溫・薛丁格教授創立……有人曾說過愛因斯坦為人類心靈開啟了一個新世界，薛丁格教授的結論奠基於廣義相對論的宏大結構之上，現在又向前邁出了另一大步，這一步如此之大，以至於當時候到來，這個新理論也許會像愛因斯坦的理論那樣，對我們這個時代起到相似的作用。」[23]

隔天，《愛爾蘭日報》又發表了一篇報導，包含了幾位愛爾蘭科學家在採訪中對薛丁格研究的評論。都柏林三一學院的麥康奈爾（A. J. McConnell）稱讚了他的努力，特別是在「對純科學研究機構而言的艱難時期」，他的同事羅威（C. H. Rowe）則將薛丁格的成就描述為「這個國家科學史上的傑出事件」。[24]

當月，薛丁格以截然不同的主題〈生命是什麼？〉（What Is Life?）舉行三場公開講座。雖然他在生物學方面沒有受過訓練、也沒有研究經驗，但他年輕時曾被父親對生物的熱情所吸引，因此他希望分享自己對這一領域的見解。

當他抵達三一學院物理學劇院（Physics Theatre）準備進行首場演講時，他發現講堂被擠得水洩不通，甚至有些人被阻擋在外。於是，他答應幾天後為那些無法進場的聽眾重講一次。當然，愛爾蘭總理——薛丁格最忠實的粉絲——也顯眼地坐在幾百名聽眾之中。演講結束時，薛丁格得到了觀眾熱烈的掌聲。

薛丁格演講的重點包括了原子特性與生物行為之間的關係，他指出，大多數自然系統傾向增加熵（無序），而生命則藉由吸收能量（如太陽能）來保持有序。他還推測，非周期性晶體（aperiodic crystal，原子不重複排列的晶體）在生命發展中扮演了某種角色。因此，他成為最早提出生命是由化學序列編碼的學者之一。一本根據他的演講寫成的書將會成為一九五〇年代生物學家的靈感來源，比如發展了DNA雙螺旋結構模型的華生（James Watson）和克立克（Francis Crick）。

這些熱門的講座吸引了《時代雜誌》（*Time*）的關注，報導中寫道：「薛丁格有他獨特的魅力，他柔和愉快的語調及那詼諧的微笑讓人著迷。都柏林人因這位諾貝爾獎得主與他們同住而感到自豪。」[25]

當《愛爾蘭日報》首次報導薛丁格的一般統一理論時，他們將副本寄給愛因斯坦以徵詢他的反應。四月，愛因斯坦終於通過電報發出了禮貌而自制的回應，他寫道：「薛丁格教授是非常謹慎並具批判性的思想家，因此每位物理學家都應該對他為解決這個巨大難題的新嘗試保持高度關注。目前我無法再說更多。」[26]

在同一篇文章中，《愛爾蘭日報》詢問薛丁格對愛因斯坦回應的看法，他答道：「愛因斯坦教授在看到完整的科學論文之前當然無法再說更多。」

這場在《愛爾蘭日報》中發生的交流足夠友好，尚未破壞他們之間的友誼。然而，隨著薛丁格對自己理論的信心日益增長，他對自己優於愛因斯坦研究成果的宣言變得愈發大膽。

愛因斯坦的希望之墓

在一九四三年六月二十八日的皇家愛爾蘭學會會議上，薛丁格宣稱他的一般統一理論已經由實驗證據得到了驗證，再次引起轟動。他解釋自己復興了愛因斯坦二十年前放棄的想法，並自豪地表示他已經實現了愛因斯坦無法達成的目標。他在會議上朗讀了一封愛因斯坦寄給他的私人信件，在信中，愛因斯坦稱他早期對仿射理論的嘗試為「我希望的墳墓」。

薛丁格說：「我想我們現在可以將他的希望挖掘出來，因為我在最近獲得了有關這部分理論強而有力的觀測證據。」[27]

愛爾蘭日報紙以〈愛因斯坦失敗了〉（Einstein Had Failed）為標題報導此事，並毫無根據地斷言薛丁格在愛因斯坦「承認失敗」之處取得了成功。這篇文章具有誤導性，因為它暗示愛因斯坦早已放棄研究統一理論，然而事實恰恰相反，愛因斯坦經常承認早期的想法是錯誤的，但仍然緊抓著最終能夠成功的希望不放。

薛丁格理論的關鍵實驗證據是什麼呢？實際上此話並沒有任何根據。薛丁格宣稱的證據與地球磁場的測量有關。（愛因斯坦小時候珍愛的指南針出乎意料地成為了推翻他理論的一部分。）而這些測量甚至並非近期的數據，其中一筆可追溯至一八八五年，另一筆則是在一九二二年。當時有更為近期的數據可供使用，但薛丁格卻未曾提及。例如，與薛丁格的演講同月，地球物理學家伍拉德（George Woollard）發表了一篇系統性探索北美磁場和重力場分布的論文，[28]然而薛丁格卻從陳舊積灰的書籍中提取數據。

地球物理學家有時會發現預期的磁力線行為與實際情況不符，這通常指向地底下未知的磁化結構，例如磁鐵礦含量異常高的岩石。因此，如果地球物理學家發現指南針指向異常，他們可能會開始思考是什麼樣的地底結構造成了這種現象。

一般而言，地球磁場的讀數會隨著時間和地點而波動，這是因為磁場是由複雜的發電機所產生的，而這個發電機受到地核、地函和地殼中磁化物質狀態變化的影響。

然而，薛丁格對這些異常現象有不同的解釋，他認為這些異常顯示出古典電磁理論在預測上的輕微偏差，並且（與標準的廣義相對論一起）必須被他的統一理論所取代。正如報紙在頭版報導的那樣：「指南針的反應記錄了地球磁場強度的變化，意外地提供了薛丁格教授偉大理論的證據。這與恆星運動為愛因斯坦的相對論提供證據的方式無比相似，而薛丁格教授的新理論彌補其不足並在某種程度上取代了它。」[29]

當薛丁格發展他的波動方程式時，他立基於已知的物理原則——如能量守恆及波的連續性——他理論的成功是因其能夠精確解釋原子的光譜線；當愛因斯坦提出他的廣義相對論時，他立基於等效原理，這是一個穩固的假設，源自於對物體在空間中如何加速的測量。這個理論被數種互相獨立的方法檢驗——包括星光被太陽重力所彎曲的現象——使其難以有其他的解釋。

然而，薛丁格宣稱一般統一理論經由指南針指向的異常行為「得到證實」，缺乏強而有力的理論依據，也沒有顯著的實驗證據。他通過抽象的數學推理來發展這個理論，而不是基於長期存在（甚至是假設）的物理原則。此外，這些用來證明他理論的證據，能夠簡單地用地球磁場的自然變異來解釋。甚至是薛丁格本人，在當時也認為他的理論還處於初步而非最終的階段。他會在接下來的幾年繼續研究，然後再一次宣告他的勝利。然而，報紙上的報導卻讓這一理論看起來像是既成事實，是科學界不容置疑的重大突破。

八月，薛丁格寫信給愛因斯坦，宣稱他的理論是正確的，並附上他的電磁「證據」。[30]愛因斯坦對此表示懷疑，他在九月回信，列舉了可能導致地球磁場不對稱的其他原因，包括北半球和南半球海洋覆蓋區域的不平衡。[31]十月，薛丁格回信，承認道：「與往常一樣，你可能是對的。」[32]

儘管愛因斯坦提出了批評，薛丁格卻並不氣餒。他興奮地向愛因斯坦解釋他計畫擴展仿射理論以納入三個場：重力場、電磁場和介子場（強相互作用）。重力場和介子場將由仿射聯絡的對稱分量處理，而電磁場則交由反對稱分量處置。愛因斯坦對此感到好奇，並引起了更多的書信討論。

愛因斯坦繼續為能擁有一位物理學理論的筆友交流想法而感到高興，他溫暖地寫信給薛丁格：「我非常感激你願意坦誠地告訴我你的嘗試。從某種程度上說，我理該得到這份坦白——因為幾十年來，我一直在一塊頑石上撞得頭破血流。」[33]

隨著〈生命是什麼？〉和他的一般統一理論所帶來的新知名度、與愛因斯坦溫暖書信的來往，以及在物理學方面的顯著進展，薛丁格開始感到飄飄然。然而，儘管他才華橫溢，他的判斷力卻被自戀情結所蒙蔽。他對受到女性仰慕的渴望以及在誘惑中感到的興奮，使他輕易陷入更多段婚外情。接下來幾年，他將經歷兩段均導致懷孕和女嬰誕生的戀情。

第一位戀人是名叫希拉・格林（Sheila May Greene）的已婚女子，她是活躍於社會運動的知識分子，也批評德瓦勒拉政府。他們的戀情始於一九四四年春季，希拉在那年秋天懷孕了。一九四五年六月九日，他們的女兒布拉特納・尼科萊特（Blathnaid Nicolette）出生，希拉和她的丈夫大衛（Daivd）將會撫養她（在他們分居後大衛將單獨撫養）。除了他們的女兒外，這段戀情的具體結果是一本由艾爾溫寫給希拉的愛情詩集，並在日後出版。

第二位戀人是名叫凱特・諾蘭（Kate Nolan，為保護她的隱私而化名）的女子，她在政府部門工作，並在紅十字會擔任志工時成為了希爾達的朋友。[34]他們的短暫戀情帶來了名叫琳達・瑪麗・泰瑞絲（Linda Mary Therese）的女孩，於一九四六年六月三日出生。最初，凱特在意外懷孕的衝擊下將琳達交由薛丁格夫婦撫養，然而兩年後，她決定把女兒要回來。有一天，她看到薛丁格家聘請的保姆推著琳達在附近散步，凱特把琳達從推車裡抱出來，並帶走了她。薛丁格無能為力，因為凱特是琳達合法的母親。凱特把琳達帶到了羅德西亞（Rhodesia，現在的辛巴威），琳達將會在那裡長大。琳達的兒子（薛丁格的孫子）魯道夫（Terry Rudolph）將於一九七三年在那裡出生，[35]他成為了量子物理學家，現於倫敦帝國學院（Imperial College London）工作。

捕捉物理學家

在戰爭期間居住在中立的愛爾蘭，薛丁格避開了是否投身軍事行動的道德抉擇。相較之下，留在德國的海森堡陷入難以抗拒的境地。他與希姆萊（Heinrich Himmler，大權在握的納粹黨衛軍和蓋世太保的領袖）有親戚關係，這有助於他免受批評，像是他對像玻恩等猶太科學家過於友好的指責。這些關係還幫助他在戰爭期間獲得領導級的科學職位。海森堡並未退縮也未抱怨，反而欣然接受為祖國效力的機會，即使是在他並不支持的政權之下。

關於海森堡在戰時指導納粹核計畫的角色已被大量書寫過。戰後，他會淡化團隊為研發原子彈作出的努力，強調他們在和平利用核能方面的研究。他的物理學同事馮·魏茨澤克（Carl Friedrich von Weizsäcker）曾表示，他們故意拖延，從未希望希特勒能夠獲得原子彈。他們認為，德國科學家在某種程度上來說比盟軍更具倫理，因為他們並沒有認真地研發核武器，且從未使用過它們。海森堡還指責愛因斯坦是偽君子，從頂級的和平主義者變成了盟軍軍事行動的堅定支持者。

然而，波耳寫給海森堡的未寄出信件在二〇〇二年被公開，信中記錄了他們在一九四一年於哥本哈根的討論（這些會議成為弗萊恩〔Michael Frayn〕著名劇作《哥本哈根》（*Copenhagen*）的基礎）。波耳從未將信寄給海森堡，因為他不想在傷口上撒鹽。他回憶道，海森堡告訴他德國人正在積極地製造原子彈，並且最終將會成功，波耳對海森堡的信心感到震驚。一九四三年九月，波耳被迫搭乘漁船從丹麥逃至瑞典，並轉乘林德曼安排的軍機前往英國，加入盟軍的核計畫。

監視海森堡和德國核計畫成為盟軍情報局重要的優先事項。在波耳逃亡的同一時期，高斯密特（與烏倫貝克共同提出了量子自旋的概念）被任命為阿爾索斯任務（the Alsos Mission）的負責人，負責評估軸心國在研發原子彈方面的進展。平凡的大聯盟棒球選手兼教練貝格（Moe Berg），可說是最不可能成為間諜的人，但他擅長外語，並且精通偽裝科學。他的前隊友笑稱他「能說十二種語言，但不管說哪一種都仍舊擊不到球」。[36]貝格於一九四三年加入了戰略服務局（Office of Strategic Services，中央情報局〔CIA〕的前身），並很快被徵召參加一個極為機密的項目，旨在阻止納粹的核計畫。

在獲得關於量子和核物理學的介紹後，貝格偽裝成物理學家，參加了一九四四年十二月在蘇黎世舉行的研討會，海森堡將在其中演講。貝格攜帶了一把手槍與一顆氰化物膠囊，他收到的嚴令是：如果海森堡看來正在朝著原子彈邁進，貝格應該刺殺他。相反，如果他看起來只是在做無害的研究，貝格將不碰他一根毫毛。幸運的是，後者的情況發生了，海森堡討論了量子物理中的散射矩陣，這與製造炸彈幾乎無關。貝格決定，留海森堡一命對盟軍來說應是安全的。

一九四五年，隨著盟軍逼近柏林，英國和美國軍方意識到，任何由德國科學家發現的關於原子的祕密都可能落入蘇聯手中，他們啟動了「伊普西龍行動」（Operation Epsilon）以抓捕頂尖的德國核物理學家，並將他們帶往英國。海森堡和其他九人——包括哈恩、馮・魏茨澤克和馮・勞厄——被帶至位於劍橋附近氣派的農場大廈（Farm Hall），並在那裡被拘留了六個月。儘管與世隔絕並受到監視，但他們過得尚稱得上舒適，並受到了很好的待遇。

農場大廈布滿了隱藏的麥克風，成為了一個特有的實驗室，而實驗對象是科學家自己。其「實驗」目的是看看遭受良好待遇而身心放鬆的研究者，在不知道他們被監控的情況下，會不會對他們原有的目標及實際發現敞開心扉。當盟軍在八月將原子彈投擲在日本廣島和長崎時，科學家們的反應被錄下並仔細分析。所有的判準都顯示他們對盟軍原子彈計畫進展如此迅速而感到震驚。儘管他們的確一直在為製造原子彈而努力，但由於資金不足和海森堡在實驗設計方面缺乏常識——他的思維過於抽象，無法應用於炸彈製作——他們的進展受到了阻礙。因此，他們向上級回報，建造原子彈需要經過更多年的研究，無法在短期內實現。

海森堡從農場大廈被釋放後，重新開始了他的學術生涯。隨著戰爭結束，盟軍獲勝，德國恢復了戰前的邊界，並作出了一些調整。德國被劃分為四個佔領區，每區由一個同盟國管理，而柏林被單獨劃分為四個區域。海森堡定居在哥廷根，這個地區被分配給了英國。

薛丁格很高興看到奧地利被解放並重建為共和國。然而，它也曾被劃分為各個佔領區，包括東部的蘇聯區。儘管他考慮回國，但由於政治形勢，他仍暫時留在都柏林，這段等待期最終長達十年。在此期間，他決定辭去理論物理學研究所所長的職位，將這個任務交給海特勒，自己則繼續擔任資深教授。他聲明的理由是想要專注於研究。然而，有報導指出，他與研究所的維修人員有所爭執，並且已受夠了行政事務。

當希爾達和露絲離開都柏林前往奧地利時，他們的家庭生活也發生了巨變。在他們共同居住在金科拉路的歲月裡，安妮與露絲變得非常親近，她成為了孩子的第二位母親。當希爾達決定帶著露絲回到因斯布魯克與馬奇團聚時，安妮感到極度焦慮不安，並陷入了深深的憂鬱，而薛丁格繼續與其他女性發展婚外情無疑使情況變得更糟。

愛因斯坦絕不願再重返德國。但如果他回去了，將會看到一片破敗之景。與大部分柏林中區的建築一樣，他在巴伐利亞的公寓大樓已經被摧毀。他在卡普特的湖畔小屋，由於戰時位於蘇聯區而被徵用。大多數德國城市的面貌已經遭受天翻地覆的變化，需要數十年的重建。然而，最令人震驚的莫過於戰爭帶來的死亡人數，納粹有系統地謀殺了數以百萬計的歐洲人，其中包括六百萬猶太人，而另有數百萬人在戰爭中喪生。還有不計其數的人無家可歸、身心殘疾、成為寡婦孤兒，或以其他方式受到影響。愛因斯坦永遠無法忘記、也無法原諒這種無法言說的恐怖。

帶著悲傷與憤怒，愛因斯坦重啟了之前中斷的統一場論研究。他與史特勞斯合作，開始探索他稱之為「相對論性重力理論的推廣」的理論。這在某些方面與薛丁格的研究相似，它們均牽涉到調整（將時空中的一點與另一點相連的）仿射聯絡，並觀察這些調整將如何影響場方程式。他最初獨自開始這項研究計畫，將成果發表在一篇單一作者的論文上；但他的計算中存在一個錯誤，史特勞斯修正了它。他們於一九四六年共同發表了一篇聯名論文。

愛因斯坦並不認為他對統一場論的研究工作已經完成，在他生命最後的十年中，他採取了兼容並蓄的方法，將廣義相對論的各種修正形式視為可能的選項，而非最終定論。儘管如此，他的顯赫名聲保證了無論他寫出什麼——無論有多麼抽象或多麼初階——總會有觀眾買單。此外，他還必須與競爭者搏鬥，尤其是那位在都柏林工作的老夥伴。

第七章　公共關係下的物理學

我不喜歡斯坦家族；
有格特，有埃普，也有愛因。
格特的詩是胡言亂語；
埃普的雕塑是垃圾；
而沒人能理解愛因。

——作者不詳，出自《時代》雜誌，一九四七年二月十日

戰爭結束後，愛因斯坦的公眾形象顯然變得更加複雜。廣島和長崎的轟炸將他與戰爭行動連結在一起，儘管——諷刺的是——事實上他甚至不被允許參與美國軍方的原子彈研究。原子彈爆炸將質量轉化為能量的現象，使蕈狀雲的形象不可磨滅地刻在了相對

論之上。（即便在今天，愛因斯坦不知何故是「原子彈之父」的觀念依然存在。）如果說戰前人們認為愛因斯坦是天才，那麼戰爭的結果似乎讓他擁有了超級英雄的力量。

這種形象的反映之一是一九四八年五月二十三日出現在溫切爾（Walter Winchell）廣受歡迎的報紙專欄中的奇怪謠言，標題是〈科學家們觀察到鋼塊被光束融化〉（Scientists See Steel Block Melted by Light Beam）。這篇文章告訴數百萬讀者：愛因斯坦正與十位前納粹科學家合作，研發一種超強的死亡射線，他寫道：「這十一位科學家（由愛因斯坦領導）穿上石棉衣，觀看著一束光……一塊20×20平方英寸的鋼塊瞬間融化，和你在家裡打開開關一樣迅速……這種新的祕密武器可以從飛機上操作並毀滅整個城市。」[1]

根據愛因斯坦的ＦＢＩ檔案（在幾十年前依《資訊自由法》〔Freedom of Information Act〕要求而被公布），這一傳言被嚴肅看待，以至於美國陸軍情報局（the US Army's Intelligence Division）出面駁斥了它，指出「這種概念在現實基礎上無法成立……也沒有任何機器可以被建造成在幾英尺外依然奏效。」[2]

愛因斯坦的ＦＢＩ檔案還包含對他可能投奔蘇聯的擔憂，這種擔憂可能有一部分來自於他將會帶著有關原子核的高度機密投誠。這樣仔細的監視無疑是多此一舉，因為他從未獲得過參與研究原子彈的許可，也對其具體內容一無所知。

令人啼笑皆非的是，FBI似乎並不知情，愛因斯坦曾與一位俄羅斯女性瑪格麗塔・科林科娃（Margarita Konenkova）有過戀愛關係，她據稱是蘇聯間諜。一九三五年，愛因斯坦在科林科娃的丈夫、著名雕塑家科林科夫（Sergei Konenkov）為高等研究院製作愛因斯坦的半身像時認識了她。在那之後，他們展開了一段持續到戰爭結束的婚外情。愛因斯坦（在一九四五至一九四六年間）寫給科林科娃的情書在一九九八年的一次拍賣會上曝光，歷史學家才得知這段關係。[3]愛因斯坦和瑪格麗塔自稱「Almar」，這是愛因斯坦與瑪格麗塔名字的結合，就像「Brangelina」是布萊德・彼特（Brad Pitt）和安潔莉娜・裘莉（Angelina Jolie）的合稱一樣。當情書公之於眾時，一位前蘇聯間諜聲稱科林科娃是類似於哈里（Mata Hari）的間諜，試圖誘惑愛因斯坦洩露美國原子彈計畫的機密。她確實介紹他認識了蘇聯駐紐約副領事，然而，到目前為止，尚無確鑿證據能夠證明她是間諜，更無證據顯示她曾勾引愛因斯坦洩露任何軍事機密——他本來也不具有這些機密。幸運的是，當時的八卦小報並不知道這件事；愛因斯坦對媒體已經足夠不信任了。

愛因斯坦仍然對大部分報紙上關於他的報導嗤之以鼻。當一家瑞士報紙的記者詢問他有甚麼讀物適合年輕人時，他的回答顯示出對新聞媒體的高度蔑視：「一個只讀報紙的人……讓我想到羞於戴眼鏡的高度近視者，他完全跟隨那個時代的判斷與流行，什麼都看不見，也什麼都聽不見。」[4]

當都柏林傳來薛丁格似乎比他更早提出了統一場論的消息時，愛因斯坦對隨之而來的巨量關注毫無防備。他將不得不親自面對好於追根究柢的記者以澄清事實：至少有一部分造成媒體報導熱潮的原因是德瓦勒拉面臨的處境。

因愛爾蘭嚴峻的經濟狀況而備受批評的德瓦勒拉，希望都柏林高等研究院這個「心智的奧林帕斯」能閃耀光芒，他的明星球員薛丁格必須為愛爾蘭科學累積更多勝利。德瓦勒拉的傳聲筒《愛爾蘭日報》感到有義務為主場隊加油，並大肆吹噓其成就，否則，政治對手正虎視眈眈，等著抓住德瓦勒拉的任何失誤。

德瓦勒拉的下墜聲望

在戰後時期，經過逾十年的執政，愛爾蘭總理的聲望顯然已嚴重下滑。大量失業人口、食物配給以及使人憶起馬鈴薯饑荒的向外移民，讓人們越來越覺得他與民生脫節。一個新的社會民主黨——共和家族黨（Clann na Poblachta）——開始從共和黨中吸引支持者。愛爾蘭國會中的辯論變得更加激烈，政客們抨擊政府政策，有時還需要提醒他們稱呼德瓦勒拉的正式頭銜。

德瓦勒拉仍然積極參與都柏林高等研究院的事務。儘管只有有限證據支持研究院已達到預期的國際知名度，他和他的政黨仍持續將研究院的創立視為一項重大成就。例如，在一九四八年愛爾蘭大選期間，他的政黨將都柏林研究院的創立列為政績之一。[5]

在這樣的社會動盪之中，德瓦勒拉和都柏林高等研究院的領導層決定經由設立宇宙物理學研究所來擴展其使命。雖然新增研究所屬於研究院的原有權限，但德瓦勒拉理解到他需要向愛爾蘭國會申請額外資金來籌辦新研究所。在這樣的艱難時期，他要財政部吐錢的請求引發了一片負面的呼聲。一九四七年二月十三日的國會辯論中，總是直言不諱批評德瓦勒拉政府的統一黨議員狄倫（James Dillon）率先發起了憤怒的抨擊。

「我的主張是，這是為了替一個聲名狼藉的政府爭取廉價且虛假的知名度，」狄倫主張道，「我記得在一本《德瓦勒拉傳記》（*Life of de Valera*）中描述政治之於他是難以忍受的痛苦折磨：他真正的快樂是脫離世俗事務，自由地徜徉於數學的高級之境，在那裡少有人能跟上他。可笑的是我們現在正正身處在這個景象中——他和那位宇宙物理學家坐在梅里恩廣場之上，飄浮於宇宙以太中，而統一黨、農民家族黨（Clann na Talmhan）

和工黨的無知之徒們卻在為領取養老金的老人、乳牛等等卑微的考量而操心。」[6]

狄倫的言辭中提到的「坐在梅里恩廣場的宇宙物理學家」指的是薛丁格還是其他人仍不得而知，不管除了德瓦勒拉之外他諷刺的目標為誰，顯然都柏林高等研究院都因其菁英主義而受到抨擊。在極度匱乏的時期，薛丁格面臨著巨大的壓力，需要為他薪資和職位的合理性提出證明。

不對稱的情誼

從一九二〇年代初期他們關於波動力學的對話起，到一九二〇年代末在卡普特附近的閒遊，以及一九三〇年代中期關於量子哲學的討論，愛因斯坦和薛丁格的友誼多年以來不斷鞏固加深。他們在一九四〇年代初期關於統一場論的通信，揭示了使他們關係更加緊密的共同興趣。然而，可以說兩人的理論目標和技術最接近的時期是在一九四六年一月至一九四七年一月之間，當時他們都試圖經由移除對稱條件來擴展廣義相對論。他們幾乎同步地尋找統一性，只有一些細微的差異區分了他們的想法。那一年，除了沒有共同發表論文，他們幾乎在所有意義上而言都是合作者。然而，當薛丁格——部分源於必須為德瓦勒拉表演的壓力——在對愛爾蘭皇家學院發表的戲劇性宣言中聲稱自己勝過了愛因斯坦時，他們的合作戛然而止。

薛丁格為何突然離開這個雙人組合，並開始獨自行動？儘管愛因斯坦和薛丁格在物理學理論上的興趣相稱，但他們當時的生活狀況卻截然不同。愛因斯坦幾乎不需要為取悅上級而煩惱，在那時，普林斯頓高等研究院的領導層和物理學界基本上已將他視為一種遺蹟——更多是為了作為展示而非科學貢獻——而他也心知肚明。此外，他也不必擔心自己需要為了養家而保持高產能，因為他的妻子艾爾莎早已離世。他不懈奮鬥的動力僅來自於內心的嚴格要求。

另一方面，薛丁格（或許正確、也或許錯誤地）感到他仍需要證明自己——證明自己的薪水合理，甚至可能爭取加薪。那場被國際媒體提及的〈生命是什麼？〉的演講提升了他的聲望，而做一些「像愛因斯坦的事情」將會對此更有幫助。因此，他一心專注於愛因斯坦正在做的研究，並思索著如何幫助或超越他。他變得像小心觀察教練一舉一動的武術學生，試圖模仿每個動作，並希望自己有朝一日能青出於藍。

這並不是說薛丁格懷有任何權謀之心——他對這項研究計畫的確充滿興趣，因為這與他的數學才能非常契合，而他最不想做的就是傷害或背叛愛因斯坦。但他天真地認為，他可以在不影響到愛因斯坦的情況下取悅德瓦勒拉和研究院的贊助人。直到為時已晚，他才意識到自己的成功宣言將會冒犯他的朋友。

透過他們的通信，我們可以看到他們的想法如何發展。一九四六年一月二十二日，愛因斯坦寫信給薛丁格，描述如何經由保留度規張量的非對稱項來擴展相對論，這是他剛剛與史特勞斯合作完成的研究。度規張量定義了時空中距離的測量方式，是畢氏定理在彎曲空間中的推廣形式。它可以寫成一個具有十六個分量的4×4矩陣，通常，因為對稱性，其中只有十個分量是獨立的。然而，愛因斯坦決定移除對稱性，將其他六個分量恢復為獨立的數學量。他增加度規張量中的獨立分量是為了給電磁力騰出空間——這與他早前透過增加維度所進行的嘗試具有同樣的動機。

愛因斯坦告訴薛丁格，包立對他的新方法提出了異議。包立一般來說不喜歡混合對稱性和非對稱性分量，認為這樣的系統無法適當地轉換，從而不具有物理意義。包立曾經援引聖經的一句話給外爾：「上帝分開的東西，人們不應將之結合。」[7]

「包立對我吐舌頭。」愛因斯坦對薛丁格抱怨道。[8]

這是什麼新鮮事嗎？包立批評愛因斯坦嘗試過的**每個**方法向來迅速。對愛因斯坦來說不幸的是，每次包立都被證明是對的。但這次「上帝之鞭」可能真的在某方面有所遺漏嗎？愛因斯坦希望得到薛丁格的指引。

一九四六年二月十九日，薛丁格回信並提出了一些建議。他解釋了如何可以用某種方式表示度規張量，使「包立不再吐舌頭」。[9]他還敦促愛因斯坦引入介子場（強相互作用），使自然力的統一更加完整。

介子場成了二人之間的分歧點。愛因斯坦不想經由增加額外的相互作用而使情況變得複雜。他認為，找到一個規範重力和電磁力、在數學上合理而沒有麻煩奇異點的理論就已足夠了。而對薛丁格來說，統一當時已知的三種相互作用中的兩種是不夠的，他想要一個能征服所有已知力的完整三連勝。整個春天他們都在爭論著這個問題，但兩人都固執己見，誰也不肯讓步。

另一方面，薛丁格一度認為愛因斯坦過於雄心勃勃——試圖發展一個沒有奇異點的理論來描述電子的所有行為。按照他一貫的風格，他以動物譬喻來描述自己的感受。「用英語的俗話來說，你正在狩獵大型獵物，」他在三月二十四日寫信給愛因斯坦，「你想要獵獅，而我正在談論兔子。」[10]

來自惡魔奶奶的禮物

儘管在研究方法上存在差異，愛因斯坦和薛丁格之間的友誼仍持續加深。四月七日，愛因斯坦在一封信開頭便表達了對他的高度讚譽：「寫這封信為我帶來無上滿足，因為你是我最親近的兄弟，你的思維與我如此相似。」[11]

薛丁格聽到愛因斯坦對他引為知己的讚美，深感榮幸。對物理學家而言，沒有什麼比思維方式和愛因斯坦相似更熱切的讚揚了，更遑論從愛因斯坦本人寄出的信中讀到這些字句會是多麼美好。愛因斯坦在另一次通信中還稱呼薛丁格為「聰明的淘氣鬼」，這讓薛丁格的自信更加膨脹。

在他們每月一、兩次透過通信、大量而深入的對話中，兩人會一同對彼此面臨的阻礙發笑。其中一個他們開不膩的玩笑是關於愛因斯坦對他遇到的一個數學問題作出的評論，他稱其為「來自惡魔奶奶的禮物」，用意是將其定位為一種詛咒——一種逐漸養成的、自己註定會失敗的感覺——但薛丁格覺得這個說法十分有趣。

薛丁格在回信中講述了自己的故事：「我已經很久沒有如此開懷大笑過了，『來自惡魔奶奶的禮物』讓我笑得前俯後仰。」他寫道：「因為我也曾去過你之前準確描述的髑髏地（Calvary），我當時找到的東西可能和你的結果一樣不合適。」[12]

愛因斯坦回覆道：「你的上封信真是不可思議地有趣。我被你對『惡魔奶奶』也如此付出過深深打動。」[13]

他們一起面對著層出不窮的數學難題——阻礙這兩位物理學家的其中一個問題是「不變性」的概念。標準的廣義相對論有一個理想的特性，即簡單的變換（如座標軸平移或旋轉）不會影響物理結果。然而，一些廣義相對論的擴展版本缺乏這種不變性，某些分量會以不同於其他分量的方式轉換，這讓理論變得不夠理想。這就像在一輛平穩行駛的車後方加上拖車，並且希望如果其中一輛車右轉，另一輛將會同速跟隨；否則，這個兩車系統可能會彎成V字形並解體。

到了一九四六年底，兩人關係已緊密到薛丁格試圖說服愛因斯坦搬到愛爾蘭與他一同工作。他認為兩人若能一起工作，將十分理想。愛因斯坦禮貌地拒絕了，回信道：「老植物不該換新盆。」[14]

一九四七年一月左右，薛丁格作出了自己認為的重大突破。他找到了一個簡單的拉格朗日量，適用於他的一般統一理論，可以生成包含重力、電磁力和強相互作用的場方程式——至少他自己是這麼認為的。興奮的薛丁格準備了一份報告，打算於一月二十七日在愛爾蘭皇家學院的會議上發表。

千載難逢的演講

一九四七年的愛爾蘭冬天以極端嚴寒著稱，嚴寒與降雪使得嚴重的燃料短缺更加令人苦不堪言——難怪政府變得如此不受愛戴。到了一月底，都柏林的氣溫已降至冰點，天空中開始飄雪。隨著冬季繼續向前推進，天氣將變得更加惡劣。

儘管地上覆蓋了一層積雪，自行車騎士仍然在市中心的街道上艱難前行。薛丁格並未因天氣而退縮，因為他有任務在身。薛丁格騎著自行車沿著道森街（Dawson Street）前行，與都柏林主要大道格拉夫頓街（Grafton Street）平行，袋中揣著「宇宙的鑰匙」來到了學院大樓——那是一組可以寫在郵票上的簡單符號組合，但他相信這是描述宇宙萬物的拉格朗日量。只需將這個拉格朗日量代入由哈密頓發展出的運動方程式中，所有的自然力就會奇蹟般地出現。

哈密頓的精神籠罩著這座莊嚴的紅磚建築。一八五二年時——也是學院搬到道森街十九號的那一年——哈密頓身為愛爾蘭頂尖的科學家，經常出席會議。他對時間與空間的關係非常感興趣，他若能看到物理學家如何在數學理論中將它們連結起來，無疑會十分著迷，正如他曾經說過的：「如何讓時間的一與空間的三在符號鏈中環環相扣。」[15]

學院的會議廳由著名建築師克拉倫登（Frederick Clarendon）設計，風格優雅，高高的天花板上懸掛著大型吊燈，彌補了來自陽台上方高窗的微弱照明。倚著牆排列的書櫃上堆滿了厚重的大部頭書籍，提醒著成員們過去的學術成就。每一系列的講座都為後世小心記錄在學院的會議紀錄中，為書櫃再添一筆收藏。

總理坐在大廳中，還有其他大約二十名與會者，包括學生與教授。他無疑十分高興能置身於此，而非在國會中與憤怒的反對派辯論。他的出席幾乎保證了媒體的報導，得知這場會議可能具有新聞價值，《愛爾蘭日報》和《愛爾蘭時報》的記者聞訊而來，他們眼神專注，滿懷對故事的渴望。

學院主席柯克帕特里克（Thomas Percy Claude Kirkpatrick）——他是醫生、藏書家兼醫學史學家——登上講台。他同樣騎自行車而來，因為他沒有汽車。柯克帕特里克介紹了新成員羅斯伯爵（Earl of Rosse），然後邀請第一位講者、植物學家韋伯（David Webb）上台，他發表了關於一種愛爾蘭本土植物的演講。

接著輪到薛丁格發表，大廳變得安靜，所有的目光都集中在這位奧地利諾貝爾獎得主身上。

「當一個人越接近真理，事物就變得愈發簡單。」薛丁格開場說道，「今天我很榮幸向各位展示仿射場理論（Affine Field Theory）的基石，從而向各位介紹一個存在了三十年的難題之解，這個難題涉及對愛因斯坦一九一六年偉大理論的有效推廣。」[16]

記者們仔細地記下有關這場新科學革命的筆記，腦中奔騰著對報導標題的想像。他們希望自己能夠掌握足夠的數學知識，以向讀者傳達其重要性。

薛丁格解釋了愛因斯坦和愛丁頓如何磕磕絆絆地幾乎發現了正確的拉格朗日量——即里奇張量的行列式加上負號後的平方根——但他才是真正得視真理之人。（讓我們回想一下，里奇張量是一種描述時空曲率的方法，其行列式是一種加總其分量的方法。）薛丁格指出，與先前的嘗試相比，關鍵不同之處在於他使用了非對稱性的仿射聯絡。（不具名的）同事們試圖勸阻他，但他仍堅持自己的想法。

薛丁格以（他最喜愛的）動物譬喻來解釋他如何使用非對稱仿射聯絡，從而納入了額外的獨立分量。他說：「有人想讓一匹馬跨欄，於是看著牠說：『這可憐的傢伙有四條腿，對牠來說要控制它們可能很困難。我知道該怎麼辦，我會一步一步教導牠：我會先把牠的後腿綁在一起，牠將學會只用前腿跳躍，這樣會簡單得多。然後我們再看看，或許之後牠能學會用四條腿來跳躍。』這生動地描述了情況。這小可憐（仿射聯絡）被對稱性條件綁住後腿，失去了六十四個自由度中的二十四個，結果它無法跳躍，便被像對待窩囊廢一樣雪藏。」[17]

在演講結束時，薛丁格大膽預測他的理論將解釋為何像地球這樣的旋轉質量體會擁有磁場。自一九四三年以來，他的目標從闡明地磁場的異常擴大到解釋整個地磁場。這真是強人所難！他對地磁學知之甚少，似乎也未認識到地核模型已為理解地球磁場所帶來的進展。

例如，一九三六年，丹麥地球物

愛爾蘭皇家學會的會議廳，薛丁格在這裡發表他的許多重要演講。

Photographer and date unknown; by permission of the Royal Irish Academy © RIA

理學家雷曼（Inge Lehmann）經由分析地震波，證明了地球具有內核和外核。一九四〇年，美國地球物理學家貝切（Francis Birch）藉由假設地球內部的鐵在高壓下的行為特性而提出了地磁模型，儘管他的模型實屬簡陋且不精確，但它提供了一個合理的起點來解釋地球磁場的來源。考量到這些歷史，薛丁格對地磁學的解釋不僅未射中標的，甚至未射向正確的靶場。

冬天裡的一條龍

在會議結束後，薛丁格匆忙騎著自行車衝出學院，以躲避好奇的記者。他在雪中用力踩著踏板，盡全力快速穿梭於車流之中。記者們在他金科拉路的家中追上了他，他將演講稿副本交給記者，並附上為門外漢用簡單語言解釋的附加頁。毫無疑問，新聞報導——全國報導，或許甚至是國際報導——即將出爐。

薛丁格的新聞稿〈新場論〉（The New Field Theory）以歷史描述開篇，介紹了從古希臘到愛因斯坦時代粒子與力的概念。他解釋以幾何學來描述力與物質是從古到今一貫的意圖，這正是他的研究的輝煌背景，他的歷史敘述似乎暗示他是古希臘人與愛因斯坦的合理繼承者。在描述自己理論的精髓後，他再次提及如果愛因斯坦和愛丁頓在一九二〇年代能擁有更開放的心胸，他們本可以得出同樣的結論。他提到他相信自己幾乎肯定是對的，地球磁場的測試將會證明這一理論，而他也相信，只有他的理論可以解釋地磁現象。

次日，《愛爾蘭日報》報導薛丁格的演講具有劃時代的意義，並引述他的話：「該理論應涵蓋場物理學中的一切。」在對演講內容作出摘要後，報導還附上了他的個人採訪，記者請他用較簡單的語言解釋他的理論，他回答道：「要把這個理論簡化到讓普通路人理解幾乎是不可能的，它開創了場物理學的新天地。這是我們科學家應該做的事情，而不是製造原子彈。這是一種廣義化。現在愛因斯坦的理論成為了一個特殊案例——就像向上拋擲的石頭是廣義拋物線概念中的一個特殊案例。」[18]

當被問及愛因斯坦先前否定這個理論的另一版本時，薛丁格表示這對年輕物理學家來說是很好的教訓——即便是最聰明的科學家也可能犯錯。換句話說，他認為自己有足夠的見識，能無視愛因斯坦的權威獨自向正確的解法前進。他也承認自己有可能是錯的，並說若真如此，他將會像個「愚蠢的傻瓜」。

國際媒體隨即轉載了《愛爾蘭日報》的報導。例如，一月三十一日《基督教科學箴言報》報導薛丁格宣稱他已較愛因斯坦率先求得了統一場論，從而實現了懸宕三十年的追尋。[19]

在最初的自信心爆棚後，薛丁格開始擔心他的虛張聲勢將會被如何解讀。愛因斯坦知道後會怎麼想呢？他肯定會理解這些情況——都柏林高等研究院正處於困境，急需資金；觀眾中有德瓦勒拉，他必須給他留下深刻印象；再加上記者們的煩擾。畢竟，這只是一場學術演講，他在學術框架下作出這些聲明，是媒體將其傳播。這是一些薛丁格為合理化自己行為所找的理由。

二月三日，他寫了一封信給愛因斯坦，解釋他的最新研究成果並向他示警媒體可能的情況。薛丁格警告愛因斯坦，記者可能很快會追問他對新理論的反應，並給出了不太有說服力的道歉。他解釋道，都柏林高等研究院糟糕的薪水和退休金使他需要稍微誇大研究結果，以引起外界對研究院的關注。換言之，他為了宣揚資金短缺的研究院而稍微誇大了自己發現的重要性。

在信的結尾，薛丁格反思如果他那立基於行列式的拉格朗日量是錯的，他將要怎麼辦。「我將與這個行列式一同入睡並一同醒來，」他寫道，「實在沒有別的理智選擇……如果這樣是不對的，那我就讓自己成為一隻禽龍，口中說著『好冷，好冷，好冷』，然後把頭埋進雪裡。」[20]

薛丁格向愛因斯坦解釋道，禽龍是一個來自拉斯維茲（Kurd Lasswitz）故事的角色。雖然他並未詳細說明這個文學典故，但讓我們來看看他可能的意思。拉斯維茲是著名的科幻作家，在他的小說《上白堊紀動物故事：霍姆臣》（*Homchen: an animal tale from the Upper Cretaceous*）中，禽龍是一隻來自史前時代的長頸龍，生活在茂密的蕨類植物中，習慣了太陽的溫暖。有一天，牠驚訝地發現外面的天氣寒冷刺骨，牠從洞穴中探出脖子但旋即縮回，並喃喃自語「好冷，好冷，好冷」。由於氣候變化，牠無法在天氣變暖前享用早餐。誰知道牠需要等多久？

確實，在一九四七年飄雪的冬天裡，薛丁格就像一條尖厲咆哮的龍，卻在之後不得不偃旗息鼓。他誇大的主張如火般燒毀了他與一位最親密朋友的關係，他對合作研究統一場論付出的努力化為煙霧。愛因斯坦不再回覆他的信件，正如他所擔心的，薛丁格被遺留在「好冷，好冷，好冷」的境地裡。

侮蔑都柏林

一則國際新聞傳回了都柏林，狠狠地打擊了這座城市的自尊。德瓦勒拉領導下的都柏林正試圖將自己定位為科學研究的中心，然而，二月十日發表在《時代雜誌》上的一篇報導不僅忽略了這些努力，還似乎將都柏林描述為站在科學對立面的城市。文章開頭寫道：「上週，從不因科學著稱的都柏林偏偏傳來了消息：有一個人不僅了解愛因斯坦，還像班德斯納奇（bandersnatch，虛構怪獸）一樣（他自稱）在超前許多的狀況下猛然衝進朦朧無限的電磁領域……如果是真的，他的成就堪稱贏得了科學上的大滿貫。」[21]該報導在頁首展示了薛丁格提出的拉格朗日量和相關公式，並提到「對非科學人士來說，這看起來像難以理解的塗鴉」。

該記者對愛爾蘭科學唐突的輕視引起了都柏林出生的數學家辛格（John Lighton Synge）的注意，當時他在匹茲堡擔任卡內基技術學院（Carnegie Institute of Technology）的教授。辛格寫了一封信給編輯，於三月三日的期刊上發表，批評編輯竟允許如此的評論，並指出哈密頓也來自都柏林。[22]

編輯並未認可辛格提出的都柏林著名科學家的例子，反而將討論轉向人身攻擊。

他在信後的反駁中舉出了辛格的叔叔、劇作家約翰・米林頓・辛格（John Millington Synge）的例子，稱這正是為什麼都柏林應該被認為是作家之城、而非科學家之城。他寫道：「讓都柏林出生的高等數學家辛格想起自己城市的偉大幽靈（其中包括他叔叔──《西方世界的花花公子》〔*The Playboy of the Western World*〕的作者），承認都柏林是一個作家之城。」

辛格無疑想與他的叔叔撇清關係，並澄清都柏林是來自各行各業專業人才的家園，編輯的回應顯示出其難以擺脫刻板的印象。

值得玩味的是，次年，辛格將會被任命為都柏林高等研究院的成員，他將在那裡與薛丁格共事多年。他將對廣義相對論的研究作出重要貢獻，以至於他的傳記作者稱他為「自哈密頓以來，最偉大的愛爾蘭數學家兼理論物理學家」。[23]

愛爾蘭的報紙關注了這場關於都柏林科學價值的辯論。《愛爾蘭時報》稱讚辛格是「傑出的數學家」，[24]另一家愛爾蘭報社《圖阿姆先驅報》（*the Tuam Herald*）則提到國會關於宇宙物理學研究所的喧鬧。報導在重述《時代雜誌》的報導和辛格對其的評論後總結道：「一些議員在最近國會關於宇宙物理學的辯論中的態度，為我們提供了豐富的思考材料。」[25]

確實，在大西洋兩岸有關都柏林是否「不因科學著稱」的討論，顯示出德瓦勒拉希望藉由建立都柏林高等研究院（並招募薛丁格）來消除的偏見有多頑強。儘管他努力了，但似乎仍未達成讓愛爾蘭科學復興受到國際讚譽的目標。

愛因斯坦的反駁

自然而然地，大眾會想知道相對論大師本人是否認為自己在統一的目標上被超越。《紐約時報》的記者勞倫斯（William Laurence）——他通常負責報導愛因斯坦晚年時期的消息——寄了一份薛丁格的論文和新聞稿給他，以了解他的反應。勞倫斯還將副本寄給了維格納、奧本海默和其他著名的物理學家。在給愛因斯坦的便箋中，勞倫斯說道：「如果你在閱讀這些文件時認為自己同意薛丁格博士的觀點，我將無比感激能得到你對此的陳述。」[26]

《紐約時報》刊登了三篇有關這個所謂突破的文章，其中包括一則愛因斯坦「拒絕評論」的聲明（後來證明只是暫時的）。[27] 另一篇描述這場演講的報導標題是：〈愛因斯坦的理論據悉被擴展：都柏林的科學家聲稱他完成了已被尋找三十年的統一場論〉

（Einstein's Theory Reportedly Widened: Scientist in Dublin Claims He Has Achieved Unified Field Theory Sought for 30 Years）。[28] 第三篇文章則提到，儘管薛丁格可能是對的，但他「意識到自己路途中的陷阱」。[29]

不久之後，另一家新聞機構海外新聞社（the Overseas News Agency）獨立地寄了一份薛丁格的文章給愛因斯坦。報社的總監蘭道（Jacob Landau）更是在傷口撒鹽，雷同地詢問他對「這一公式的價值及其影響」。[30]

從愛因斯坦的反應看來，他非常憤怒。在史特勞斯的協助下，他撰寫了一份給媒體的聲明。雖然聲明的語氣一開始中立而科學，到最後卻充滿諷刺。愛因斯坦寫道：「理論物理學的基礎目前尚未確立，我們首先努力為理論物理學尋找可用的（邏輯簡單的）基礎。普通人傾向於認為這個基礎的發展過程是由經驗事實逐步推廣（抽象化）而得，然而，情況並非如此。」

在解釋了薛丁格的理論為何只是數學練習（而且不怎麼出色）、並非真正的物理結果後，愛因斯坦以批評媒體作結：「這種以聳人聽聞的語氣發布的消息，讓普通大眾對科學研究的性質產生誤解。讀者會覺得每五分鐘就有一場科學革命，像是某些不穩定小共和國的政變一樣。事實上，理論科學的發展過程非常緩慢，不同世代最傑出的頭腦經由不懈的努力，逐步深化對自然法則的認識。誠實的報導應該充分展現科學工作的這一特質。」[31]

愛因斯坦對媒體報導的批評非常貼切，然而，這同樣適用於對他自己統一場論模型的報導——這些模型在很多情況下被視為重大突破，而非僅僅是進展中的研究工作。例如，一九二九年關於遠距平行理論的媒體炒作期間，他不僅沒有平息各種臆測，還通過自己的公開聲明為理論的重要性加油添醋。

愛因斯坦的批評發表在《尋路者》（*Pathfinder*）等公共媒體上，這是一家位於華盛頓的新聞期刊，也刊登於《愛爾蘭日報》。薛丁格隨後發表了一份新聞聲明，將此事定義為學術自由的問題：「愛因斯坦教授肯定不會否定一名學者向其學術機構報告並自由發表意見的權利。」[32]

安妮回憶起當時甚至還有提起訴訟的討論，雙方都考慮指控對方剽竊。當包立得知此事後，他決定居中調解。他警告雙方這樣的訴訟舉動會引發不良的公眾反應，他還說道：「此外，我真的看不出這樣大驚小怪是為了什麼。這是個考慮不周的理論，如果你讓**我的**名字與它有任何關係，那我倒是有權起訴**你**。」[33]

薛丁格很快便決定，進一步加劇衝突是不智的。他和他的朋友之間的麻煩已經夠多了，事態已經失控。他開始稱這件事為「愛因斯坦的爛攤子」。

儘管薛丁格不再爭論，一位幽默作家卻決定為他發聲，奧諾蘭以他的筆名撰寫了一篇辛辣的專欄，指責愛因斯坦的傲慢，他評論道：「你知道嗎，我不喜歡這篇演講的全部。首先，注意開頭對德魯伊斗篷假設的冷嘲熱諷……我——呵呵——**自然是外行人**。外行人自然傾向於思考某些相當愚蠢的東西，（比如）金子長在樹上……這只是謾罵，僅此而已。」[34]

和薛丁格一樣，愛因斯坦也將這場爭論擱置了（他並未回應奧諾蘭的文章，他可能甚至完全沒聽說過）。然而，他在三年後才恢復與這位老友的通信。

里程碑

一九四八年，住在愛因斯坦附近且經常拜訪他的普林斯頓物理學家惠勒（John Wheeler）帶來了令人振奮的消息。惠勒的天才學生費曼發展了一種獨特的量子力學方法，稱為「歷史之和」（sum over histories），它將哈密頓的最小作用量原理推廣到光子如何在電子和其他帶電粒子之間傳遞以產生電磁力的研究。光子在創造這種力的過程中，扮演被稱做「交換粒子」（exchange particle）的角色（外爾的電磁學規範理論要求其存在）。不同於古典力學中粒子沿著唯一的路徑運動，費曼解釋了在量子交互作用中，所有可能的路徑都會被採取、並依照其機率加權，而產生最終的淨值。

我們可以藉由一個譬喻來理解古典力學與費曼歷史之和的區別：假設一名穿著靴子的男孩在放學回家的路上有三條不同的路線可選：通過沙地的捷徑、稍長的泥巴路和更長的礫石路。在古典力學中，他會選擇最有效的路徑，因此他的靴子將會沾滿沙子。而在量子的版本中，結果將會是多條路徑的歷史之和。在這種情況下，他的靴子上會有很多沙子，但也會有一些泥巴以及少量礫石——這就像他同時走了三條路一樣，但「大部分的他」選擇了最快的路徑。

初期費曼方法的一個問題是出現了討厭的無限項，不過他——與物理學家施溫格（Julian Schwinger）和朝永振一郎獨立地——開發出消除這些無限項的方法，稱為「重整化」（renormalization）。重整化牽涉到整理排列各項，使得它們在加減運算後留下有限和。

費曼、施溫格和朝永的貢獻被稱為量子電動力學（quantum electrodynamics，QED），為理解粒子相互作用打開了大門。雖然量子電動力學是為了描述電磁相互作用而設計的，但他們的方法將被改良以描述原子核的強、弱交互作用，成為通往自然力標準模型（經由統一的解釋來理解電磁交互作用、弱交互作用以及強交互作用）決定性的一大步。

愛因斯坦對此類想法興趣缺缺。根據惠勒的回憶，他對費曼路徑積分的概念不以為然，問題在於它對機率的依賴。「我無法相信上帝會擲骰子，」愛因斯坦告訴惠勒，「但也許我有權犯錯。」[35]

那一年，薛丁格（以及安妮）成為愛爾蘭公民。除了對奧地利山脈的思念，以及——當然地——對希爾德和露絲的思念之外，他對他的移民國在各方面均感到非常滿足，唯一的小問題是他的保護者不再是總理。一九四八年二月的選舉後，由於反對黨在國會組成聯盟，共和黨失勢，德瓦勒拉被迫下台，這次權力更迭證明了愛爾蘭的民主運行良好。不久，愛爾蘭將正式成為共和國——雖然從本質上說來，從一九三〇年代晚期以來愛爾蘭就已經是共和國了。

一九四九年年初，愛因斯坦迎來七十歲生日的數月前，他需要進行腹部手術。他在除夕夜入住布魯克林猶太醫院（Brooklyn Jewish Hospital），術後休息了幾天。當他從醫院後門離開時，大批狗仔隊湧向他，要求他擺姿勢拍照。他憤怒地拒絕，大喊：「不！

不！不！」[36]但是，狗仔們仍然不肯放過他，最後他不得不打電話給警察護送他離開。

那年生日的亮點之一是一些因戰爭而無家可歸的兒童來訪，包括他年僅十一歲的遠房親戚克澤克（Elizabeth Kerzek）。猶太聯合呼籲組織（United Jewish Appeal）的主席羅森瓦爾德（William Rosenwald）帶著這些難民來到愛因斯坦家中，他向愛因斯坦承諾，將努力在年底前為這些難民找到新家。愛因斯坦身為難民，強烈支持為流離失所的歐洲人尋找新家和工作機會，並為之撰寫了無數支持的信件。

當時由奧本海默擔任院長（他在戰爭結束時被任命）的高等研究院聯合普林斯頓大學為他們這位最著名的科學家舉辦了一場出席踴躍的研討會。早已放棄統一自然力並轉而追求純數學的外爾是眾多參與致敬的思想家之一，物理學家已經開始將外爾的規範理論應用於粒子研究，並取得了優異的成果。

波耳無法親自出席會議，但他錄製了祝賀影片。他已經逐漸享受與愛因斯坦對話，將其視為檢驗量子物理困難部分的「煉火」。他認為自己與其他人對愛因斯坦犀利的質疑作出回應，促使量子哲學變得更為強大。

另一位講者，物理學家拉比（I. I. Rabi）預測，重力對原子鐘的影響將在愛因斯坦八十歲生日之前得到準確的測試。他的預測相當準確，儘管愛因斯坦未能活到那個年齡，但一九五九年，即愛因斯坦冥壽將滿八十時，哈佛物理學家龐德（Robert Pound）與他的學生雷布卡（Glen Rebka）在實驗中成功測量了重力紅移——廣義相對論中重力對光頻率影響的現象，這無疑是愛因斯坦理論的又一次勝利。

另一位與會者維格納也讚揚了愛因斯坦，在晚年，他將對EPR和薛丁格的貓這些思想實驗產生濃厚興趣，並探討量子測量理論的難題。他的「維格納的朋友」悖論將進一步延伸薛丁格的貓悖論，想像了一位打開了盒子、觀察了貓但並未報告結果的朋友。對於外部觀察者來說，維格納好奇在這位朋友傳達結果前，他是否會處於震驚和鬆一口氣的混合量子態中。這個思想實驗將進一步強調意識在量子力學正統詮釋中的角色。

報紙也向愛因斯坦致敬，指明他對宇宙真理持續的尋求。《紐約時報》恰如其分地指出，他「將繼續追尋，直到生命的最後一刻，以求得……一個涵蓋一切的概念，在原子核內部的巨大力量中間引入重力和電磁力，以找到一條能夠將宇宙凝聚在一起的基本法則」。[37]

在這方面，到了年末，他再次感到成功在望。這位年逾古稀的科學家依然擁有點燃世界想像力的火花。其他競爭者統統被擱置一旁，這次愛因斯坦將再次成為眾人矚目的焦點。

第八章　最後的華爾滋：愛因斯坦與薛丁格的晚年時光

人往往難以察覺自己存在的重大意義，而這絕不應該為他人帶來困擾……苦與甜來自外在，而艱難則來自內在、來自自身的努力。大部分時候，我做的是大自然驅使我去做的事。因為這樣而獲得如此多的尊敬與愛，讓我感到羞愧……我活在年輕時為之感到痛苦、成熟後卻為之感到美好的孤獨中。

——愛因斯坦，〈自畫像〉（Self-Portrait）

愛因斯坦七十一歲生日前的幾個月，與他五十歲生日時的情況幾乎相同：發表並推廣一個新的統一理論。為了紀念這一時刻，普林斯頓大學出版社決定在一九五〇年三月發行一本修訂版的《相對論的意義》（*The Meaning of Relativity*），這本書收錄了他於一九二一年五月在普林斯頓大學就這個主題的演講內容。新版包含一個附錄，其中愛因斯坦將以通俗的形式解釋他的「重力的推廣化理論」。

在這樣的情況下，愛因斯坦最不需要的就是又一次被在媒體上的糾紛分散注意力。他不需要擔心薛丁格，因為薛丁格此時表現得溫良恭儉——毫無疑問，薛丁格因為他們之間的沉默而苦惱，並因此意識到為了短暫的榮譽而傷害一段友誼是多麼愚蠢。然而，愛因斯坦仍然無法擺脫爭議，新內容的過早曝光在幕後引發了一場風波。

普林斯頓大學出版社主任史密斯（Datus Smith）和編輯貝利（Herbert Bailey），將愛因斯坦最新理論的發布時程安排得恰到好處，他們計畫在二月發布新聞稿，屆時書已經上市。普羅大眾可以購買此書並閱讀附錄，以了解這個據稱是突破性的創見。

然而，在一九四九年聖誕節前後，史密斯和貝利發現愛因斯坦另外與《科學人》雜誌安排在其上刊出一篇由他撰寫的關於推廣化理論的文章。《科學人》預定將很快宣布此事，出版社最不希望看到人們因為那篇文章而忽略這本書，因此，他們決定提前發布新書出版的公告。

在一九五〇年的一月九日，也就是他們的新聞發布會不久後，他們驚訝地在《生活雜誌》（*Life*）上看到巴奈特（Lincoln Barnett）寫的一篇文章。巴奈特最近撰寫了一本名為《宇宙與愛因斯坦博士》（*The Universe and Dr. Einstein*）的書，[1]該文章不僅用通俗語言解釋了愛因斯坦的推廣化理論，還搶在計畫好的附錄之前發布，更完全沒有提及新書或普林斯頓大學出版社；相反，它指稱愛因斯坦的理論已經發表。這在某種程度上說來並沒有錯，因為他曾發表過其他版本，但在此期間他已經對理論進行了修改。史密斯和貝利擔心讀者會對此感到困惑，並導致書籍的銷量下滑。

史密斯急忙寫信給巴奈特，生氣地指責他未給予適當的說明。巴奈特回信致歉，解釋他由於無意中的疏忽而未提及新書，[2]而《生活雜誌》想要搶先於《科學人》拿下這個熱門話題；此外，他是在美國科學促進會（American Association for the Advancement of Science）的研討會上獨立地獲得愛因斯坦新理論的資訊，當時愛因斯坦在會上展示了較早的版本；最後，他原以為《生活雜誌》會在其他報導中提到這本書。史密斯接受了他合理的解釋及誠摯的道歉。[3]

為了讓史密斯和貝利的工作更加複雜，愛因斯坦在那段期間打電話給他們，說他的推廣化理論方程式能以更簡潔的形式表達。他堅持要他們在他修改完附錄前停止書的生產，而這部分需要由巴格曼的妻子索尼婭（Sonja）將其從德語翻譯成英語。雖然成本毫無疑問將增加，但出版社還是照辦了——畢竟這是愛因斯坦，他們還能怎麼辦呢？新書印刷完成後，愛因斯坦發現他的計算中存在一些錯誤，這些錯誤在勘誤表中得到更正，並被插入每本書中。

此事還有一段插曲，一月中旬，愛因斯坦收到紐澤西州梅普爾伍德市（Maplewood）的哈格曼（Frances Hagemann）來信，她指控《生活雜誌》文章中的一句話「宇宙法則唯一的和諧建築」是她的版權所有，愛因斯坦通過原子能委員會（Commission on Atomic Energy）盜用了這句話。

她寫道：「這是提醒你別碰我的財產。我還沒讀你的書，但如果在我閱讀時發現其中有任何對我版權的侵犯，我將在版權法允許的最大程度內起訴你。」[4]

哈格曼還把信的副本寄給了貝利，貝利回信解釋這句受質疑的句子是屬於《生活雜誌》、而非愛因斯坦的。[5]哈格曼仍然不滿意，她憤憤地回覆貝利，並寄給愛因斯坦一份副本，聲稱她的版權不僅限於她的詞語，還包括她的思想。[6]之後沒有紀錄顯示她是否正式提出法律訴訟。

關於這個理論的消息也傳到國際媒體。《愛爾蘭時報》一位記者指出，除了少數學者如薛丁格，大多數人缺乏足夠的知識來理解愛因斯坦的新理論。記者寫道：「不幸的是，愛因斯坦博士獨自一人立於曠野中，全世界只有少數人能夠成功穿過圍繞著他理論的藩籬……愛爾蘭很幸運，因為她的公民薛丁格博士屬於那少數能理解並解釋新理論的人之一。」[7]

《紐約時報》稱讚這一新作是愛因斯坦的「重大理論」。「他最新的智慧結晶，」它猜測，「可能會揭示超出想像且仍隱藏於視野之外的巨大力量。」[8]

令人驚訝的是，在愛因斯坦七十一歲時，距他產出最後的突破性論文已過去四分之一世紀，他僅僅是提出一組未經實驗檢驗的統一方程式，就引發了如此轟動。每一個愛因斯坦的理論——無論可信與否——就像是吸引一群群記者和物理學愛好者的香甜花蜜，他們蜂擁而至，爭相一嚐滋味。

與此形成對比的是，主流物理學界認為愛因斯坦接連不斷的統一嘗試罔顧已知的粒子特性，因而愈發顯得荒謬。大量新的次原子成員如緲子（muon）、π介子（pion）、κ介子（kaon）在宇宙射線數據中出現，而愛因斯坦的理論甚至並未考慮它們。此外，他也一直在理論中忽略核力。

舉例而言，雖然奧本海默非常喜愛愛因斯坦，也非常敬仰他早期的開創性研究，但他認為愛因斯坦後期的努力不但荒謬且有失身分。奧本海默寫道：「我認為在當時情況已經很明確了……這個理論處理的內容過於單薄，遺漏了現今物理學家已知但在愛因斯坦學生時代尚不知的許多東西。因此，它顯得像是一種無望的、且被歷史性的（或更確切來說偶然的）條件所侷限的方法。雖然愛因斯坦對統一艱難的堅持贏得了人們的感情——甚至應該說是所有人的熱愛——但他幾乎失去了與專業物理學的連繫，因為有些學到的知識於他而言在人生中來得太晚，他因此無法去關注它們。」[9]

謙卑且抱有希望

薛丁格對於三年前他和愛因斯坦之間的爭執感到非常難過。為了修補關係，他慷慨地稱讚愛因斯坦對統一自然力的努力，同時貶低自己的研究。「我也是那些曾嘗試過但無法獲得真正令人滿意的結果的研究者之一，」薛丁格承認道，「如果他現在成功了，那的確非常重要。」[10]

儘管薛丁格渴望與愛因斯坦和解，兩人對何為一個完整理論的標準仍存在著重大分歧。與愛因斯坦不同，薛丁格一直強調在理論中納入核力。當愛因斯坦似乎已放棄進行實驗預測時，薛丁格總是強調其重要性——儘管他對何為證據的理解有時可能會有所偏差。他常常以地球磁場為例，即使他並沒有真正了解地球物理學。此外，作為波動方程式的創立者，薛丁格比愛因斯坦更願意強調正統量子力學在預測上的成功。最後，早在他於一九一七年發表的廣義相對論論文中，薛丁格便對愛因斯坦已經放棄的宇宙常數項保持著高度的興趣。

愛因斯坦因哈伯關於宇宙膨脹的發現而擱下了宇宙常數，然而薛丁格認為這項常數是必要的，雖然其值很小。他在一九五〇年出版的《時空結構》（*Space-Time Structure*）一書中——這本書是對廣義相對論及相關理論的全面性綜述——為納入宇宙常數提供了充分的理由。他主張他仿射理論的一大優勢在於，它以一種自然的方式解釋了宇宙常數的來源，並規定其值應該很小但不為零。[11] 薛丁格對於小而不為零的宇宙常數之主張確實具有先見之明——這與當今加速膨脹的宇宙觀相吻合，而這膨脹由未知的暗能量驅動。不知怎的，他的直覺恰好準確無誤。

在他的書中，薛丁格也探討了統一理論找不到解的可能性，但並未將其視為阻礙。他還指出，即使找到了古典解，這些解也可能與粒子的量子性質不符。[12]

與愛因斯坦不同，薛丁格認為僅靠擴展廣義相對論將不足以產生實際的粒子解，他認為自己波動方程式的簡單波函數解更能夠揭示量子力學的細微差別。

將它帶到最高法院

到了一九五〇年秋天，愛因斯坦和薛丁格已經恢復通信——或許他們意識到自己有多麼重視與對方的思想交流。薛丁格小心翼翼地避免再冒犯他親愛的朋友，他已經學會了不再自誇自己理論的優越性。

愛因斯坦繼續調整他的推廣化理論，在一九五〇年九月三日寫給薛丁格的一封信中，他承認自己的努力或許看來有些唐吉訶德式的荒誕。「這一切都帶有老朋友唐吉訶德的氣味，」他寫道，指的是他的某個數學假設，「但如果你想要符合描繪現實所必須遵守的規範，那就別無選擇。」[13]

他們的討論轉向量子測量差強人意之處，這是他們最喜愛的共同話題。薛丁格日益變化的興趣又轉回哲學上。他渴望表明，在歷史的脈絡中，量子力學的正統詮釋有朝一日將成為遺蹟。他在一九五二年發表的論文〈是否存在量子躍遷？〉（Are There Quantum Jumps?）中表達了這種觀點，將量子不連續性比作（被哥白尼體系取代的）托勒密天文學中的本輪（epicycles）。他將這篇論文寄給愛因斯坦，無疑希望獲得積極的回應。

不久之後，他們基於仿射概念的統一場論開始遭到攻擊。一九五三年發表的幾篇論文——包括物理學家約翰遜（C. Peter Johnson Jr.）和卡拉威（Joseph Callaway）的文章——顯示了愛因斯坦的推廣化理論（以及由此延伸而至的薛丁格研究）無法正確導出帶電粒子在大自然中的行為。愛因斯坦迅速反駁了這些批評，但是薛丁格變得更加灰心喪志。

一九五三年五月，薛丁格在收到愛因斯坦最新的想法後，提出了一些建設性的批評，並附上了幾個數學上的建議。為了不惹愛因斯坦生氣，他在信的開頭寫道：「請不要對我的頑固感到不滿。」[14]

愛因斯坦於六月回信，以幽默的方式回應了他們的辯論：「我們已為仿射理論是否自然爭論了很多次，但都沒有到任何結果。只有親愛的上帝才能評判直覺性的決策，就像在這裡的最高法院一樣，祂不必處理這樣的上訴。」[15]

量子測量時的波姆自旋

許多在普林斯頓度過一九四〇年代至一九五〇年代初這段時光的物理學家都有著自己關於愛因斯坦的故事，一些人曾見到他在鎮上散步（或許身邊跟著助手）、另一些人出席過他（通常以德語進行）的演講，幸運的少數則有機會與他見面並私下討論。珍藏著這些珍貴時刻的難忘記憶，他們無疑已多次為朋友和家人講述這些故事。

阿默斯特學院（Amherst College）的物理學家羅默（Robert Romer）曾撰文描述他與愛因斯坦有過「半小時的相處」——他在一九五四年二月受邀至愛因斯坦家中拜訪，那次會面愉快而難忘。「杜卡斯女士歡迎我，帶我上樓來到愛因斯坦狹小而雜亂的書房。」他回憶道，「愛因斯坦就站在那裡，看起來『完全就像愛因斯坦』的樣子：卡其色長褲、灰色運動衫，穿得幾乎和我現在一樣時尚。」[16]

羅默印象深刻的記憶之一是關於他們對EPR思想實驗的討論，他記得愛因斯坦問道：「你真的相信，如果有人在這裡測量了一個原子的自旋，將會同時影響另一個遠在那裡的原子自旋的測量嗎？」他一邊指向梅瑟街。事後回想，羅默對愛因斯坦使用自旋、而不是（像最初論文中那樣）使用位置和動量來描述實驗感到驚訝。這似乎比物理學家波姆（David Bohm）提出自旋版本EPR還要更早發生，波姆將在一九五七年與阿哈羅諾夫（Yakir Aharonov）共同發表EPR理論的變形版本。

愛因斯坦是在一九四〇年代末波姆擔任普林斯頓大學的助理教授時認識他的。波姆對量子力學懷有濃厚興趣，並決定撰寫一本關於這個主題的教科書。書出版後，他開始懷疑正統詮釋的某些部分，包括「幽靈般的遠距作用」。他對愛因斯坦表達了疑惑，並與他就量子理論的邏輯缺陷進行了多次有益的討論。波姆決定開發一種使用隱變數（hidden variables，未被檢測到的幕後因素）的決定論詮釋。當時，由於他拒絕在麥卡錫時代眾議院非美活動委員會（House Un-American Activities Committee）作證，因此被迫離開普林斯頓。在愛因斯坦的幫助下，他在巴西聖保羅大學（University of São Paulo）獲得了新的職位。在那裡，波姆繼續探索標準量子力學具因果性的替代性詮釋，其結果是回歸德布羅意和薛丁格於一九二〇年代提出的觀念——波函數為物理實體、而非僅僅是儲存粒子機率信息的資料庫。一九二七年，德布羅意發表了一種量子力學的決定論詮釋，以指引粒子行為的真實波動（被稱為「領波」〔pilot waves〕）為基礎。因此，德布羅意和波姆的想法——雖然經獨立發展而來——有時會被合稱為「德布羅意－波姆理論」（de Broglie-Bohm theory）。

波姆－阿哈羅諾夫版的EPR思想實驗想像了來自同一能階的兩個電子朝不同方向射出，包立不相容原理保證了這兩個電子必須具有相反的自旋狀態：如果一個向上自旋，另一個則必須向下自旋。在測量之前，哪個電子具有哪個方向的自旋我們不得而知，因此，兩個電子形成了量子糾纏態，包含了自旋向上－向下、向下－向上兩種可能性的等量混合。現在假設一名實驗者使用磁性裝置測量其中一個電子的自旋，而另一位研究者則立即記錄另一個電子的自旋。根據正統量子詮釋，系統將立即塌縮至其自旋本徵態之一，即向上－向下或是向下－向上。因此，如果第一個電子的讀數為自旋向上，另一個讀數將自動變為自旋向下。在兩者缺乏空間中相互作用的情況下，第二個電子如何立刻「知道」該如何自旋？

一九六四年，物理學家貝爾（John Bell）將進一步探索這個問題，他將發展一種數學方法來區分糾纏態的標準量子詮釋和涉及隱變數的替代詮釋。他的想法基於波姆－阿哈羅諾夫的自旋版EPR思想實驗，貝爾定理（Bell's theorem）對進一步分析觀測者測量量子系統時發生的實際情況至關重要。一九八二年，法國物理學家阿斯佩（Alain Aspect）及其同事經由偏振實驗驗證了這一理論。

波姆和貝爾的工作是關於量子力學的詮釋，而非其應用。一個更實際的問題則是擴展量子場論，以納入除電磁力以外的其他力，其目標是將量子電動力學推廣至成為能夠描述其他相互作用——例如核力和重力——的理論。

這一領域——與羅默的「與愛因斯坦的半小時」發生時間相約——迎來了重大的理論突破，一九五四年初，物理學家楊振寧和數學家米爾斯（Robert Mills）發表了一篇論文，將外爾的規範場理論擴展至納入除單一圓周對稱以外的其他對稱群。讓我們回想一下，最初應用於電磁力的規範理論類似於一個風扇或風向標，可以在一個迴路周圍指向任何方向，因此，它具有某種圓周旋轉對稱性。

圓周旋轉的對稱群稱為U(1)。U(1)的一個關鍵特性是它是阿貝耳群（Abelian group），這意味著操作的順序不會影響結果。如果你將風扇順時針旋轉四分之一圈，然後逆時針旋轉三分之一圈，風扇將與逆向操作到達相同的位置。

楊－米爾斯的研究將外爾的方法擴展到非阿貝耳的對稱群。自然界中的一個簡單例子是三維旋轉，可用SU(2)群來表示。拿起一個雞蛋，仔細在其上標記一點，然後順時針繞其長軸旋轉四分之一圈，接著逆時針繞其短軸旋轉三分之一圈。與二維圓周情況不同，若交換順序，雞蛋上的標記會到達不同的位置。換句話說，非阿貝爾群（如SU(2)）的操作順序至關重要。

楊－米爾斯規範理論的一個重要特性（後來由荷蘭物理學家胡夫特〔Gerardus 't Hooft〕和韋爾特曼〔Martinus Veltman〕的諾貝爾獎獲獎研究證實）是，它與量子電動力學一樣可重整化，這意味著計算將得出有限的結果。其性質非常適合用於模擬弱、強相互作用以及電磁力。當然，愛因斯坦對包含機率概念的統一理論——如基於量子場論的理論——興趣缺缺。

一九五四年秋天，海森堡在美國巡迴演講期間拜訪愛因斯坦的家時，愛因斯坦表現出的正是這種興趣缺缺。在品嚐咖啡與蛋糕的同時，海森堡最後一次嘗試說服相對論的創始者大自然具有機率性，他希望藉由提及自己已開始構建（基於量子原理的）統一場論來引起愛因斯坦的興趣。為了讓下午過得更順利，他們避開了所有政治話題。然而，愛因斯坦對此毫不動搖，他駁斥海森堡，反覆引用他那句老話：「但你肯定無法相信，上帝會擲骰子吧。」[17]

鉛筆和筆記紙

在與海森堡會面後，愛因斯坦僅餘半年的生命。自一九四八年以來，他已知自己胸部有顆如定時炸彈般的主動脈瘤，隨時可能破裂。他脆弱的健康狀況是他極少旅行並大多時候待在普林斯頓的原因之一。曾有一次他南下前往佛羅里達州的薩拉索塔（Sarasota）休假，這是他難得的一次出城旅行。

一九五一年，愛因斯坦的妹妹瑪雅去世，他悲痛不已，感到比以往更加孤獨。愛因斯坦晚年的一大安慰是與兒子漢斯・阿爾伯特更加親近——他已移居美國並成為柏克萊大學的水利工程學教授。每當漢斯・阿爾伯特來訪時，他們都會聊上許久，談論共同的科學興趣，以彌補過去失去的時光。

愛因斯坦對核子戰爭的恐懼使他花費大量時間為世界政府（world government）奔走遊說。他認為，將大規模毀滅性武器的控制權交給一個全球中央權力機構，是防止其被使用的唯一途徑。意識到自己在世的時間有限，他希望盡己之力以保護地球。

作為猶太家園運動的堅定支持者，他對一九四八年成立的以色列的國內衝突激烈感到痛心。他希望那塊土地上的猶太人和阿拉伯人能和平平等地共存，並敦促通過協商來解決土地爭端。他期望以色列能成為與鄰國友好相處、並被接納的國家。

一九五二年，以色列首任總統魏茨曼（Chaim Weizmann）過世後，愛因斯坦被正式提名為總統。儘管深感榮幸，他迅速而禮貌地回絕了這個邀請。他心臟的狀況和無法旅行無疑是這個決定的部分原因，但主要仍是因為他偏好獨處而不喜置身於聚光燈之下，也對成為國家元首毫無興趣——特別是當他與政府決策意見相左時。

愛因斯坦的最後一項重大公共行動是簽署〈羅素－愛因斯坦宣言〉（Russell-Einstein manifesto），這是一項由哲學家羅素（Bertrand Russell）發起的對世界和平的呼籲。請願書指出，下一次世界大戰可能會涉及核武——如氫彈——的使用，這可能摧毀主要城市並造成人類滅絕，請願書呼籲結束武裝衝突，並採取和平的方式來解決爭端。愛因斯坦於一九五五年四月十一日簽署了這份文件，並在僅一週後離開了人世。

愛因斯坦人生中的最後幾天被劇痛折磨，然而，他仍然堅強而清醒。四月十三日，杜卡斯發現他癱倒在地上，她驚慌地叫來醫生，醫生趕到後開了嗎啡以助他休息。隔天，數名醫生抵達並告知杜卡斯，愛因斯坦的動脈瘤已變得極不穩定，即將破裂。他們建議進行手術，但愛因斯坦拒絕了，他表示自己已活得夠久，是時候離開了。隔天，劇烈的疼痛令他動彈不得，杜卡斯叫來了救護車，將他送往普林斯頓醫院。

即使身陷劇痛之中，愛因斯坦仍希望繼續研究統一場論。他在去世前一天仍要求身邊的人拿來鉛筆和他的筆記，這樣他便可以繼續進行計算。他的兒子趕至，一整天都陪伴在他身旁；另外還有他信任的遺產執行人內森（Otto Nathan）以及杜卡斯。

四月十八日凌晨，愛因斯坦的人生抵達終點，這是生命最終的奇異點。正如醫生所警告的，動脈瘤突然破裂。他用德語對護士低聲說了臨終之言，但護士聽不懂這語言，於是遺憾地，這些話成為了永遠的謎。愛因斯坦不希望為他立紀念碑，甚至不想在墓地中長眠。他的遺體——除了大腦——被火化，骨灰被撒散。令人感到毛骨悚然的是，病理學家哈維（Thomas Harvey）在火化前檢查愛因斯坦的遺體時，擅自決定取出並保存他的大腦，以用於科學研究。往後數年中，愛因斯坦的大腦一部分被切片並進行分析。今天，其中一些切片展示於費城的馬特博物館（Mütter Museum）中。

愛因斯坦去世後，一場紀念會恰如其分地在數月後舉辦——這是由包立為狹義相對論周年紀念所籌辦、在伯恩舉行的大型研討會。它吸引了來自世界各地的頂尖研究者，包括伯格曼等人，他們在戰爭之後首次返回歐洲。感人的是，愛因斯坦最後一位助手考夫曼（Bruria Kaufman）向眾人發表了他最後一篇關於統一場論的論文。

維也納的呼喚

愛因斯坦的去世令薛丁格失去了一位最親密的通信夥伴。儘管他們的關係曾在一九四七年出現危機，他們仍然非常信任彼此的意見。幸好在愛因斯坦去世前他們恢復了通信，否則薛丁格可能會感到更加遺憾。

自一九四六年起，薛丁格就一直希望能重返奧地利。然而，由於維也納被蘇聯勢力所包圍，並且部分地區被蘇聯軍隊佔領，他對回到維也納仍有所疑慮。對政治已感厭倦的他無意在冷戰中成為棋子，在他看來，保持中立是最佳策略。

因此，當前同盟國在一九五五年達成協議，讓所有外國軍隊撤出奧地利時，薛丁格感到非常高興。作為交換條件，奧地利將鄭重承諾永久保持中立且永不擁有核武。在他看來，從他所經歷的奧匈帝國主義、奧地利法西斯主義到納粹併吞，這是他一生中聽到最好的政治消息。

收到維也納大學的聘書後，薛丁格憧憬著在離開都柏林後展開富有創造力的職涯。當他與安妮搭船離開他所鍾愛的城市、準備返回家鄉時，德瓦勒拉是最後向他們告別的人。這是個五味雜陳的時刻，因為儘管薛丁格有多麼愛愛爾蘭，他仍渴望自己故鄉的群山風光。抵達維也納後，聯邦教育部（Federal Ministry for Education）歡迎他歸來，奧地利為這位傑出的國民回歸而感到欣喜。

令人遺憾的是，薛丁格歸鄉並未如他所期待的那般充滿喜悅與舒適。艾爾溫和安妮晚年健康狀況極差，兩人都有嚴重的呼吸道問題，除了嚴重的哮喘，安妮還飽受重度憂鬱症之苦，並持續接受電擊治療。在抗憂鬱藥物問世前，這種療法被認為是標準的治療方法。艾爾溫的支氣管炎和肺炎不時發作，他持續了一生的吸菸習慣更是讓情況雪上加霜。他因白內障手術而需戴上厚重的眼鏡，並且還患上了靜脈炎、動脈硬化、高血壓和心臟病。登山健行時，他經常需要停下來喘氣。對於無法再攀爬從前可以輕易登頂的山峰，他感到沮喪。

在離開都柏林前，他曾因支氣管炎發作——為求能夠獲得休息——而服用過量的安眠藥與威士忌。隔天早上，安妮發現他幾乎意識全失，且無法喚醒，她驚慌之下叫來了醫生。幸運的是，醫生成功讓他甦醒，並脫離了危險。

在維也納大學安頓下來後，薛丁格嘗試集中精力於研究工作。儘管身體抱恙，他仍設法完成了一些晚年時期的研究項目。他指導了年輕的物理學家哈朋（Leopold Halpern），他是薛丁格的最後一位助手，哈朋後來會與狄拉克（一九三三年諾貝爾物理獎的另一位得主）一起工作。

回到早年對哲學的思索，薛丁格撰寫了一篇題為〈什麼是真實？〉（What Is Real?）的文章，旨在作為一九二五年〈尋路〉一文的補充。他將這兩篇文章合併出版，題為《我的世界觀》（*My View of the World*），作為他對生命、意識和現實本質的終極闡述。幾年前，他曾出版過一本關於希臘哲學的書《大自然與希臘人》（*Nature and the Greeks*）。本著柏拉圖和亞里士多德的精神，薛丁格一向自視為自然哲學家，而非單純精於計算的專家，儘管他在計算方面也有不凡的造詣。

轉換與結束

一九五七年八月十二日，艾爾溫年滿七十。他很快便決定，是時候該從大學退休了。在學年結束時，他獲得了名譽教授的頭銜，這讓他享有教授應有的待遇，但無需教學。雖然在就職後不久便卸任並不常見，不過薛丁格過去曾有過數次迅速的轉職，尤其是在其職涯的早期，只有在都柏林任職超過十年。

目前沒有任何關於薛丁格對一九五七年七月普林斯頓博士生艾弗雷特（Hugh Everett III）所發表的論文〈量子力學的「相對狀態」形式〉（'Relative State' Formulation of Quantum Mechanics）回應的記錄。這篇論文詳述了後來被稱為量子力學的「多世界詮釋」（many-worlds interpretation）概念，一種對正統觀點的聰明替代方案。雖然該文章如今被視為經典，但當時很少有物理學家閱讀它。艾弗雷特的博士導師惠勒鼓勵他的想像力，但擔心主流物理學家如波耳可能會覺得這些想法太過離奇。實際上，波耳對艾弗雷特的研究無甚興趣，也沒有留下深刻印象。直到一九七〇年代物理學家德維特（Bryce DeWitt）宣傳這一假說，這個理論才開始吸引支持者。

有趣的是，愛因斯坦更早之前曾與艾弗雷特有過交流。一九四三年，當艾弗雷特只有十二歲時，他寫信給愛因斯坦，詢問宇宙是隨機的還是有統一的原則。愛因斯坦親切地回信，簡要地指出，艾弗雷特已創造並越過了自己的哲學障礙。

多世界詮釋提供了明確的方式來分析薛丁格貓的處境，它主張每次量子觀察都會導致現實分叉為無數條平行路徑。艾弗雷特巧妙地處理了決定論和觀察者角色的問題，提出觀察者的意識會隨著現實的分叉而無縫分裂。因此，每個觀察者的複製體都會認為自己的情境是真正、預定的現實，而在那個分支上，他們的確是對的。不存在塌縮，也就消除了測量者對被測量物的影響。因此，將一隻貓放入配備放射性觸發機制的鋼盒中，將導致由衰變的可能性所引發的分叉，在一個分支中，樣本衰變，貓被毒死，觀察者將感到憂傷；在另一個分支中，樣本保持完好，貓得以存活，觀察者感到欣喜。

艾弗雷特認為他的詮釋暗示了不朽性。[18]面對任何可能導致死亡的情境，總會有一個平行分支，在那裡生還是可能的。因此，如果一隻貓每天在鋼盒中待上一小時，某一版本的它總會活到下一個小時，以此類推。

如果這種不朽性是可能的，我們將無法察覺到那些遭遇不幸命運的自己，也看不到所有其他平行分支中的哀悼者。然而，我們會見證自己所愛的人逝去——至少從我們分支的角度看來確是如此。因此，這樣的不朽尚不知是福是禍。這與一九五〇年代末艾爾溫和安妮的情境有所呼應，當時他們已受過多次病痛折磨，開始想像沒有彼此的生活。

一九五八年，海森堡姍姍來遲地登上統一場論的舞台，公開發表了自己的理論。不同於愛因斯坦和薛丁格的嘗試，它以標準量子力學和粒子物理學為基礎。該理論基於旋量（類似向量但變換方式不同），包含了當時已知的弱交互作用，也包括楊振寧和李政道近期發現的宇稱不守恆現象。宇稱守恆（parity conservation）是描述某一過程的鏡像應該等同於原始過程的性質，楊和李指出，涉及弱交互作用的過程（如許多類型的放射性衰變）並不總是遵循該規則。此時薛丁格已退出學術舞台，並未公開對海森堡的統一場理論發表評論——無論如何該理論缺乏實驗證據。

同年，活躍於學術領域的物理學家包立去世，年僅五十八歲，令物理學界震驚。他生前對海森堡的統一場理論亦有所貢獻，他與海森堡在那一年多有齟齬，他們的爭端始於一篇將他稱為「海森堡的助手」的新聞稿[19]——包立對這一稱呼感到屈辱，開始公開抨擊海森堡的理論。當他聽到海森堡在廣播中談論自己的理論，聲稱一切到位只差些細節，包立旋即向物理學家加莫夫（George Gamow）寄去一幅空白矩形的速寫，上面寫著：「這是向世界展示我能如提香（Titian）一樣繪畫，只缺少些技術細節。」[20]

對包立十分憤怒的海森堡並未出席他的葬禮，這為他們曾經成果豐碩的合作畫上了悲傷的句號。與包立及海森堡相比，愛因斯坦和薛丁格對他們在媒體上短暫的爭執顯然寬大得多。

薛丁格晚年的兩大亮點是女兒露絲在一九五六年五月與布勞尼澤（Arnulf Braunizer）結婚，以及露絲和布勞尼澤的第一個孩子安德烈亞斯（Andreas）在一九五七年二月出生。數年前，艾爾溫向露絲透露他是她生物學上的父親，因此，他可以公開地享受當祖父的樂趣。不幸的是，露絲法律上的父親馬奇在安德烈亞斯出生後不久便去世了。

布勞尼澤夫婦定居在阿爾卑巴赫（Alpbach），一個靠近因斯布魯克的迷人提洛（Tyrolean）山村。那裡有新鮮的空氣和豐富的花卉，為從繁忙的維也納暫離的人提供了休憩之地，成為了薛丁格一家最喜愛的地方之一，他們在那裡感到無比安逸和舒適。截至本書寫作時，露絲和布勞尼澤仍居住在那裡。

一九六〇年五月，艾爾溫從他的醫生口中得到了不幸的消息：他以為（或他希望）在數十年前便已戰勝的結核病再次復發。那一年隨著時間推移，他的呼吸越來越困難，最終不得不住進醫院，在那裡度過聖誕假期。

他之前便讓安妮知道他希望能在家中——而非在醫療環境中——度過最後時光。出院後，安妮帶他回家，陪伴在他身邊，並握著他的手。他們日益艱難的晚年使他們彼此間仍然深厚的感情愈發顯現，他的臨終話語是對她的深情呼喚。

一九六一年一月四日，薛丁格離開了物質世界。在提爾岑的監督下，他的遺體被送往法醫處驗屍，隨後運往阿爾卑巴赫，並於一月十日安葬在一處教堂墓地。提爾岑為他的多年好友致悼詞。墓地飾有一個精雕細琢的鐵製十字架，上面嵌著的圓形刻上了他著名的波動方程式。

多年後，露絲在墓碑前放置了一塊刻有薛丁格詩句的銘牌，其中包含「所有存在即是唯一存在」的句子，恰如其分地總結了他萬物一體、永恆的吠檀多哲學。[21] 詩意的銘牌結合物理學的墓碑，完美地向他那複雜的靈魂致敬。

潛入文化中的貓

在薛丁格去世時，物理學家主要因為他的波動方程式而認識他，而生物學家（以及生物學愛好者）則因《生命是什麼？》這本書而熟知他。然而，普羅大眾對於他的貓悖論幾乎一無所知——這後來成為他最為著名的貢獻。這一情況在一九七〇年代有所改變，因為一些科幻作品引起了人們對他這個關於糾纏的故事的關注。

由勒瑰恩（Ursula K. Le Guin）於一九七四年創作的《薛丁格的貓》是第一批關於這個主題的推想小說之一。勒瑰恩表示，她是經由閱讀《給農民的物理學》（*Physics for Peasants*）而認識到這個量子思想實驗的，她說：「這絕對是給某種類型科幻小說的絕佳隱喻。」[22]

在隨後的幾年中，其他作家繁殖了大量異想天開的量子貓故事，許多的故事都圍繞著平行宇宙及相關主題展開。一九七九年，威爾遜（Robert Anton Wilson）出版了《隔壁的宇宙》（*The Universe Next Door*），這是《薛丁格的貓》三部曲的首部作品，內容關於另類歷史。一九八五年，海萊恩（Robert Heinlein）出版了《穿牆的貓》（*The Cat Who Walks Through Walls*），構想了因時間旅行而產生的新現實。大約在那個時期，一些科普書籍也開始討論這個悖論的意涵。此後，出現了各式各樣的量子動物故事——通常涉及貓，但有時與其他動物甚至人類有關，他們陷於生與死之間的模糊地帶中。

一九八二年，作家亞當斯（Cecil Adams）在他的專欄「真實訊息」（The Straight Dope）中發表了一首詩，成為了量子貓傳說的一部分（尤其是後來當它在網路上廣為流傳之後）。詩描述了Win（薛丁格）和Al（愛因斯坦）之間圍繞著宇宙中的隨機性而展開的史詩級戰爭，這產生了貓悖論和擲骰子的名言。詩篇以Win在Al的葬禮上下注，賭他是否會進入天堂作結。

在爬過文學之路後，這隻詭異的貓因樂隊「驚懼之淚」（Tears for Fears）而躍入流行音樂界。該樂隊在一九九〇年代初以〈薛丁格的貓〉作為其單曲的B面曲發布。（之後他們還推出了〈上帝的錯誤〉〔*God's Mistake*〕這首歌，歌詞中提到「上帝不擲骰子」，將愛因斯坦的名言轉化為對愛情不可預測性的沉思。）如詞曲作者歐薩巴（Roland Orzabal）所解釋的：「我的歌……只是對以經典科學觀點看待一切的挖苦、對理性唯物主義的諷刺、對將事物分解而無法重新拼合的嘲諷、對見樹不見林的批評。在歌曲結尾，我唱到『薛丁格的貓對世界已死』。貓真的死了，還是只是睡著了？我喜歡這種模糊性、這種不確定性。」[23]

近年來，薛丁格的貓成為了受歡迎的迷因，它出現在T恤上、漫畫中（如流行的網絡連環漫畫《xkcd》）以及電視節目中（如《生活大爆炸》〔*The Big Bang Theory*〕和《飛出個未來》〔*Futurama*〕）。谷歌於二〇一三年八月十二日薛丁格一百二十六歲冥誕時將這個思想實驗的塗鴉融入其標誌中，或許是一次最著名的致敬。通過形形色色的文化引用，這隻貓——甚至是可使用在任何事物之上的「薛丁格的」（Schrödinger's）這個詞——已成為模糊性的總體象徵。

科學傳奇

我們對薛丁格和愛因斯坦複雜生活的諸多了解來自於文獻資料，不幸的是，他們智識遺產的價值意味著一連串的控制權爭奪戰。

一九六三年，安妮接待了一位來自美國的訪客——科學哲學家兼歷史學家孔恩（Thomas Kuhn），孔恩當時參與了一個記錄量子物理學歷史的計畫。在接受採訪後，安妮交給孔恩一個重達二百多磅的大箱子，裡面裝滿了她已故丈夫的信件、手稿、日記以及其他個人資料。這是一座無與倫比的薛丁格資料寶庫，對歷史學家來說彌足珍貴。

在孔恩的細心安排下，他將大部分的資料複製（主要是用微縮膠片），並將原件捐贈給維也納大學中央圖書館。數十年來，圖書館一直保存著這個箱子，而研究者則在世界各地的檔案庫和研究中心查閱副本。

安妮於一九六五年去世後，露絲成為薛丁格遺產的唯一繼承人，但她直到一九八〇年代才得知這個箱子的存在。她詢問維也納大學物理研究所所長提林，但被告知沒有新的資料可供查閱。二〇〇六年，她向大學校長提出歸還資料的請求，大學尋求法律顧問的建議，並決定通過法律訴訟來解決所有權問題。布勞尼澤夫婦聘請他們的律師，開始了法律角力，以決定誰是這些資料的合法擁有者。[24]

案件持續了數年之久，二〇〇八年秋天，雙方在可能的解決方案上取得了重大進展，[25]雙方計畫建立一個新的基金會來管理這些資料。最終，案件於二〇一四年十月在庭外和解，薛丁格的文件被列為聯合國教科文組織的世界遺產。

愛因斯坦的文件同樣也曾成為法律糾紛的來源，他去世後，內森和杜卡斯負責管理他的遺產。他們親自批准他照片和資料的使用，直到大部分資料被轉交給耶路撒冷希伯來大學（Hebrew University）。他們在普林斯頓也建立了一個副本檔案庫，使研究者得以查閱他的文獻。內森和杜卡斯與普林斯頓大學出版社簽訂了協議，讓他們開始以論文集的形式出版愛因斯坦的著作。然而，在一九七〇年代，內森與出版社因編輯人選問題而產生了爭執，需要法院介入仲裁。物理學家兼科學史學家斯塔赫爾（John Stachel）成為該計畫的首席編輯。

接著發生了一件誰也沒預料到的事，斯塔赫爾和另一位歷史學家舒曼（Robert Schulmann）發現漢斯·阿爾伯特的第二任妻子伊麗莎白在伯克萊的一個保險箱裡存放著大約五百封愛因斯坦與米列娃之間的信件。這批資料包含約五十封早期情書，揭示了此前愛因斯坦人生中不被人知的時期。在愛因斯坦的遺產方和普林斯頓大學出版社之間的進一步爭論之後，出版社獲得了這些情書的出版權。許多讀者對愛因斯坦在他們關係初期對米列娃表達的熱情、與離婚前對她表現出的輕蔑所形成的鮮明對比感到震驚。

愛因斯坦與薛丁格的人生告訴我們，即便是最傑出的科學家也是人。他們除了擁有驚人的洞見外，還忍受過長時間努力卻沒有任何進展的空轉。在他們的私人關係中，也有溫柔的時刻和背叛的事件。他們可能會追逐短暫的幻象，然後再回到真正關心他們的人身邊。

愛因斯坦與薛丁格之間的通信充滿了大量的溫暖與相互支持。或許，正如唐吉訶德與桑丘·潘薩（Sancho Panza），他們最終追逐的也是風車。他們均清楚他們的探索可能會被視為唐吉訶德一般、他們的人生被視為是古怪的，然而，這兩位同伴彼此支持——即使並不總是在媒體的聚光燈之下，也在他們心靈的深處。

結語　超越愛因斯坦與薛丁格：對統一持續不斷的追尋

關於攝影至少有一樣好處：當你拍完照後，這件事便完成了，它就此結束。但是，關於一個理論，它永遠不會結束。

——愛因斯坦，《基督教科學箴言報》，一九四〇年十二月十四日

誰會是下一個愛因斯坦呢？他的卓越貢獻是否有可能被超越？是否會有夠聰明的人，能夠完成他統一自然理論的夢想？我們已然看到，儘管薛丁格是卓然有成的物理學家、諾貝爾獎得主和多才多藝的學者，但他的國際知名度仍遠遠不及愛因斯坦（在一九四〇年代的愛爾蘭除外）。事實上，真正成名的反而是他的「貓」——牠至少成為了一種文化象徵。然而，他肯定不是唯一試圖繼承愛因斯坦衣缽的人。

自一九一九年日食測量結果的宣布，普羅大眾首次認識到相對論以來，愛因斯坦及其可能的繼承者便一直是大眾所追逐的新聞話題。我們已然看到，愛因斯坦在世時，每當他提出一個統一場論模型，媒體便會將之當成又一次重要突破來大肆宣傳；在他去世之後，有關差一點就能完成他使命的天才們的故事仍然屢見報端。總而言之，愛因斯坦、他的未竟追求，以及誰可能繼承他衣缽的疑問，已經成為將近一個世紀以來的重要話題。

科學家都知道，任何一個領域的研究進展通常都由逐步累積而來，可能需要數年甚至數十年才能有所成，真正的突破性發現寥寥無幾且費時耗日，一位科學家往往需要幸運地在天時地利均配合的情況下才能嶄露頭角；此外，如今大多數的科學研究並非靠個人單打獨鬥，而是由大型團隊所完成。

然而，單一天才改變一切的神話依然存在，在任何網路搜尋引擎中輸入「下一個愛因斯坦」，你會得到各種結果——從教育成功的祕訣到履歷或個人廣告中的自我宣傳不一而足。以下是一些近期出現在媒體上的例子：下一位愛因斯坦會是一個「衝浪男孩」嗎？[1]他是一個擁有超高智商的神童嗎？[2]如果下一個愛因斯坦是一台電腦又會如何？[3]可以用智慧型手機的應用程式辨認出他嗎？[4]有沒有辦法從為幼兒設計的DVD下手？

二〇〇九年《紐約時報》甚至用半開玩笑的標題建議：「嬰兒床裡沒有愛因斯坦？請索取退款！」[5]

塑造愛因斯坦的公式完美結合了需要從根本處著手的關鍵科學難題、往往能推翻成見的卓越洞見、意外上鏡的形象（誰能想到皺巴巴的毛衣、鋼絲般的鬍鬚和一頭蓬亂的灰髮竟如此引人注目？）以及無所不在的鎂光燈。愛因斯坦的成名與好萊塢黃金時代幾乎同步，當時在電影院中的新聞短片向大眾放映著最新的時尚潮流與名人八卦。就像一九二〇、三〇、四〇年代的范朋克（Douglas Fairbanks）、畢克馥（Mary Pickford）、卓別林和貝瑞摩家族（the Barrymores）等眾多電影明星一樣，愛因斯坦的形象在無數大街小巷中的電影院裡播出。公眾看到他在散步時停下腳步向粉絲揮手、評論時事、為各種慈善機構代言，並偶爾報告他的研究進展。飢渴的記者如同瘦骨嶙峋的貓舔著灑出的牛奶，渴求著這位德國猶太科學家的新聞。

這樣的公式是否還能重現我們不得而知。首先，科學理論的發表數量激增，競爭之激烈遠超愛因斯坦和薛丁格的時代。此外，測試這些理論所需的巨大能量使得研究項目——例如瑞士日內瓦附近的歐洲大強子對撞機（Large Hadron Collider）——愈發耗時且成本高昂。與日食測量不同的是，實驗科學的進展速度普遍放緩且益發嚴謹，需要更多數據來支持結果。此外，在高能物理學領域，研究團隊通常由數百名研究人員組成，而不再有單打獨鬥的先鋒。同時，媒體變得更為多元，不再集中報導單一科學名人。

二〇一三年諾貝爾物理學獎得主之一希格斯（Peter Higgs）成為少數幾位備受矚目的當代理論物理學家之一，但他的知名度仍難以與愛因斯坦比肩。以他命名的粒子——希格斯玻色子——因其俗稱「上帝粒子」而聞名，二〇一二年它被發現時，希格斯在新聞報導中還與上帝分享了曝光率。（印度則不滿他們的科學家玻色幾乎未被提及。）

標準模型的勝利號角

希格斯玻色子的發現為粒子物理學的標準模型提供了最後一塊拼圖——這是我們目前最接近統一場論的理論。標準模型包括對電磁力和弱相互作用的統合解釋，這兩種作用力合稱為電弱相互作用（electroweak interaction）；它還包含對強相互作用的描述——這是將質子和中子結合成原子核的自然力；唯一缺少的奇怪作用力是重力，它不屬於標準模型的範疇。

電弱統一的發展始於一九六一年——即薛丁格逝世的那一年——當時物理學家格拉

肖（Sheldon Glashow）提出，電磁力和弱相互作用可以使用一個包含四種交換（傳遞力的）玻色子的理論來統一：光子、兩種代表弱衰變（weak decay）的帶電玻色子（W^+和W^-），以及第四種代表弱中性交換（weak neutral exchange）的玻色子，後來稱為Z^0。當時尚未觀察到兩個帶相似電荷粒子之間的第四種作用力，格拉肖所使用的拉格朗日函數（能量的描述）因此有所偏差，但他關於四種交換粒子的概念是正確無誤的。

然而，將電磁力與弱相互作用統一的難題在於：這兩種作用力的作用範圍和強度截然不同。電磁力的作用範圍非常廣，我們可以通過觀察來自數兆英里外的星光來見證這一點。相較之下，弱相互作用僅在原子核尺度上發揮作用。此外，在次原子級別上，電磁力比弱相互作用強約一千萬倍。如果在宇宙早期這些作用力是統合的一體，為何今天它們看來如此不同？

物理學家逐漸了解到，（在物質粒子之間來回傳遞的）交換玻色子的特性決定了作用力的範圍和強度，無質量玻色子（如光子）產生強而遠距的作用力，大質量玻色子（如W和Z交換粒子）產生較弱且短程的作用力。因此，解釋現今電磁力和弱相互作用之間差異的關鍵在於理解W和Z玻色子是如何獲得質量的。

希格斯機制於此時粉墨登場，這是一種理解——當宇宙從熾熱的大霹靂後開始冷卻之時——為何大多數粒子獲得質量、而光子卻沒有的巧妙方法。這個機制由幾組研究人員於一九六四年獨立提出，包括希格斯、恩格勒（François Englert，與希格斯共同獲得諾貝爾獎）和布勞特（Robert Brout），以及由古拉尼（Gerald Guralnik）、哈根（Carl Richard Hagen）和基博爾（Thomas Kibble）組成的團隊。這個機制設想早期宇宙中存在著一個具有某種規範對稱的場，這種對稱性隨著宇宙溫度降低而自動喪失，使得大多數粒子獲得質量，而光子則保持無質量狀態。

我們可以將規範對稱想像成在場中的每一點放置了一個正在旋轉且送氣中的風扇，向四面八方吹出氣流。當宇宙冷卻時，希格斯場自動喪失其初始對稱性，每個風扇都固定不再旋轉，且指向相同的方向。在風扇固定之前，它們的旋轉互相抵消，使所有粒子可以自由運動。然而，當風扇固定並朝相同的方向送氣時，這股氣流阻礙了大多數粒子的運動，縮短它們的作用範圍並減弱它們的強度。換句話說，它們獲得了質量。只有光子由於不受氣流影響，仍然保持無質量，因此保留了其原有的強度和遠距作用的範圍。

在一九六〇年代後期，美國物理學家溫伯格（Steven Weinberg）和巴基斯坦物理學家薩拉姆（Abdus Salam）分別構建了拉格朗日函數（類似於早前描述過的楊－米爾斯規範理論），其中包含希格斯場、交換玻色子和代表物質粒子的費米子場。他們的拉格朗日函數被設計為在低於某一溫度時將發生自發失稱（spontaneous symmetry breaking），此時三種交換玻色子W^+、W^-和Z^0將經由希格斯機制獲得質量，而光子則保持無質量。費米子也會獲得質量。原始希格斯場的一部分將成為被稱為希格斯玻色子的大質量粒子。

在那時，許多新的基本粒子已被發現，因此決定哪些費米子是基本粒子至關重要。大多數物理學家懷疑質子和中子並非基本粒子，而是由更小的部分所構成。這些更小的部分最初具有不同的名稱，但最終物理學界選擇了「夸克」（quark）這個名稱——由蓋爾曼（Murray Gell-Mann）從喬伊斯的小說《芬尼根守靈》（*Finnegans Wake*）中「向馬克老大三呼夸克」這句話中選出，因為他覺得這個詞聽起來合適。由於質子和中子（以及所有重子〔baryon〕類的粒子）各具有三個夸克，這個名稱顯得恰到好處。

若將夸克分類，它們將落入不同的族系（稱為世代〔generation〕）。第一代包括上（up）夸克和下（down）夸克，構成質子和中子；第二代稱為奇（strange）夸克和魅（charm）夸克，包含了質量更大、更為奇特的粒子；第三代質量更大的粒子稱為頂（top）夸克和底（bottom）夸克，分別於一九八〇年代（底夸克）和一九九〇年代（頂夸克）被發現。每一世代還包括質量相同但帶有相反電荷的反物質粒子，稱為反夸克

（antiquarks）。夸克的類型——如「上」或「奇」——被稱為「味」（flavor）。

輕子（leptons）——不參與強相互作用的粒子——同樣分為三個世代：第一代由電子和微中子（neutrinos）組成，這些是質量極小、以高速運動的粒子；第二代包括緲子和緲微中子（muon neutrinos）；質量更大的陶子（tauon）和陶微中子（tau neutrinos）則組成第三代。

與愛因斯坦和薛丁格的統一場論模型不同，電弱統一理論提供了許多具體可檢驗的預測，其中包括弱中性流（weak neutral current，相同電荷粒子之間的弱相互作用）；W^+、W^-和Z^0交換玻色子的質量；以及希格斯玻色子的存在。在一九七〇和八〇年代，位於瑞士日內瓦附近的歐洲核子研究組織（CERN）以粒子加速器進行的實驗證實了除最後一項之外的所有預測。最終，希格斯玻色子也經由從CERN取得的粒子對撞數據被證實。

除了電弱統一，標準模型還包含了描述強相互作用的理論，其中涉及被稱為膠子的交換粒子。膠子形成了將夸克黏在一起的「膠水」，並使它們被限制在三個一組（或在介子的情況下是夸克－反夸克對〔quark-antiquark pairs〕）的狀態中。以正負電荷的概念來比喻，每個夸克都有一種「色荷」（color charge）。在這裡，「色」與視覺外觀無關，它僅是某種守恆量的簡稱。經由在具有不同色荷的夸克之間傳遞膠子，強相互作用自然產生，描述這一過程的量子場論被稱為量子色動力學（quantum chromodynamics，QCD），與量子電動力學有異曲同工之妙。

有鑑於標準模型至今的發展，想到報上曾宣告愛因斯坦和薛丁格的統一場論為宇宙的終極理論，不由得讓人會心一笑。近幾十年來大自然呈現的圖景與二戰時期任何人所預期的都截然不同。顯然，宇宙中仍然隱藏著許多驚喜，未來的新發現是否會讓標準模型也顯得過時呢？

留意那些差距

多年來，標準模型作出的預測經反覆驗證，已獲得了極高的精確度。從這個角度看來，標準模型是非常成功的理論，解釋了從廚房磁鐵到太陽發電機的一切。它達到了前所未有的統一，涵蓋了自然界中四種基本力中的三種，只有重力被排除在外。

廣義相對論也具有同樣的準確性，一眾高精度實驗證實了愛因斯坦重力理論作出的許多預測。最近的測試包括衛星對「參考系拖曳」現象的測量，該現象由薛丁格的老友提爾岑和奧地利物理學家倫斯於一九一八年提出，參考系拖曳牽涉到地球旋轉所造成的時空扭曲。廣義相對論唯一尚未被直接證實的重要預測是重力波的存在，這是愛因斯坦本人（同樣在一九一八年）作出的預測。[11]

將標準模型與廣義相對論相結合，你便擁有一個探索大自然特性的強大工具箱。但這樣就夠了嗎？如果你發現出現了兩者均無法解釋的明顯疏漏，那麼答案顯然是否定的。暗能量（加速宇宙膨脹的動力）和暗物質（使星系不會解體的看不見的物質）是與量子先驅們所面臨的難題不相上下的謎團。我們之前提過，暗能量似乎符合愛因斯坦提出（後來又撤回）且後來由薛丁格支持的宇宙常數項。然而，沒有人知道——表現得像是一種反重力的——暗能量的物理來源。

暗物質的性質是另一個當代面臨的物理學難題。一九三〇年代，瑞士天文學家茨維基（Fritz Zwicky）發現后髮星系團（Coma cluster）中看不見的質量在重力上滿足了使天文結構穩定的要求，首度發現了暗物質。然而，茨維基的發現並未被嚴肅以待，直到半個世紀後，科學家才開始認真尋找暗物質，其觸發點是天文學家魯賓（Vera Rubin）和福特（Kent Ford）發現室女座星系（Andromeda galaxy）及其他星系中的可見物質不足以維持它們外圍恆星的高速運動。星系似乎像旋轉木馬一樣運行，其快速運行的外圍馬匹被未知的機制所牽引。從一九八〇年代開始，天文學家和粒子物理學家開始尋找暗淡的天體或具有足夠重力的不可見粒子來拼湊成暗物質，他們的研究焦點開始轉向冷（低速運動）的暗物質粒子，它們對弱相互作用和重力有反應，但對電磁力無反應（因此它們不可見）。尋找這類粒子的工作已在深入地下的礦井中及太空中進行，以避免由普通粒子發出的「噪音」。截至撰寫本書時，科學家仍未發現暗物質粒子存在的確鑿證據。

如果暗能量和暗物質是罕見的現象，我們或許可以暫時擱置對其作出解釋，並試著先修整物理學中其他未解的問題。然而，事實恰恰相反，它們總共佔據了太空中百分之九十五的成分。根據最新的天文學估計，宇宙的組成成分有高達百分之六十八是暗能量，百分之二十七是暗物質，僅有百分之五可以由標準模型與傳統廣義相對論來解釋。有些人建議修改廣義相對論，沿著愛因斯坦走過的路徑來進行增補。然而，物理學界普遍認為標準模型和廣義相對論在描述我們可以實際觀測到的現象上非常成功，這種不想

⑪ 譯註：重力波在二〇一五年九月十四日被ＬＩＧＯ（The Laser Interferometer Gravitational-Wave Observatory）首度偵測到，其成果發表於二〇一六年二月十一日。在本書寫作之時，重力波的偵測結果應尚未被發表。

破壞成功理論的願望，使得要如何超越（甚至可能是統一）這兩個二十世紀傑作成為一大困境。

除了宇宙中暗物質和暗能量的問題外，標準模型亦具有其他的謎團。為什麼有些粒子（夸克）受強相互作用作用，而其他粒子（輕子）則不受影響？科學能否解釋為什麼可觀測宇宙（observable universe）中的物質遠多於反物質？為什麼夸克只有三個世代且具有特定的質量？費米子和玻色子是否能以某種方式被交換，從而建立物質粒子和能量場之間的連繫？這些是當今粒子物理學中的許多未解之謎之一二。

幾何學、對稱性與統一之夢

在過去幾十年裡，愛因斯坦、薛丁格、愛丁頓、希爾伯特等人希望經由純幾何學來解釋宇宙萬物的夢想經歷了顯著的復興，每當科學偏離「萬物皆數」的畢達哥拉斯理想時，偏好抽象思考的思想家們總是試圖將其拉回正軌。

如今，許多理論家不再僅僅想像物質波（如德布羅意或薛丁格型波）在原子層級上振動，而是設想能量的弦（細絲）和膜（表面）在更小的尺度上振動。這些弦和膜是純粹的幾何結構，它們的扭動和搖擺生成已知的粒子特性。弦論（string theory）是一門龐大的學科，接下來讓我們簡要地介紹一下。

弦論最初源自日本物理學家南部陽一郎和其他人在一九六〇年代末和一九七〇年代初的一次未竟嘗試（在膠子概念成為主流之前），他們試圖以具彈性的能量弦將粒子連結起來以模擬強相互作用。這些所謂的「玻色弦」（bosonic strings）像狗的皮帶一樣，將粒子限制在微小的區域（核子的尺度），但在這範圍內它們能自由振動。

一九七一年，法國物理學家拉蒙（Pierre Ramond）找到了一種將費米子模擬為弦的方法。他發展出一種名為「超對稱」（supersymmetry）的方法，其中玻色弦可以通過在抽象空間中的「旋轉」轉化為費米弦。他的突破啟發了施瓦茨（John Schwarz）和奈芙（André Neveu）利用以不同方式振動的弦，構建一個包含費米子和玻色子的全面性理論，這樣的萬用弦被稱為「超弦」（superstrings）。超弦理論的一個特點是，它只有在十維或更高維度的空間中在數學上才能完整（沒有不具物理意義的項）。同年稍早，物理學家洛夫萊斯（Claud Lovelace）發表玻色弦需要二十六個維度的結果，因此僅需十維被視為一種進步。

到了一九七〇年代中期，物理學家重拾高維度的卡魯扎－克萊恩理論，研究如何處理超過四維的空間。伯格曼在一九四〇年代撰寫的關於廣義相對論的入門書（由愛因斯坦作序）幫助理論物理學界重新熟悉處理超過四個維度的方法。克萊恩關於「緊緻化」（compactification）的舊有理論——將額外維度緊密纏繞使其無法被觀測到——重新引起關注。理論學家找到了一種方法，將額外的六個維度捲成微小且緊密的空間——就像極小的線團。數學家卡拉比（Eugenio Calabi）和丘成桐為這些扭曲的空間開發了一套分類系統，稱為「卡拉比－丘流形」（Calabi-Yau manifolds）。

一九七五年，施瓦茲和法國物理學家舍克（Joël Scherk）提出了利用超對稱來解釋重力的方法，在物理學界中掀起熱潮。他們展示了如何經由在其他類型的粒子上使用超對稱方法，使重力子（gravitons）——一種傳遞重力作用的假想玻色子——自然而然地在其理論中出現。研究者認為，重力是玻色子和費米子結合之下的自然產物，將這兩種類型的粒子結合，重力子便應運而生。

一些研究員——特別像是巴黎高等師範學院（École Normale Supérieure）的法國理論物理學家克雷默（Eugène Cremmer）、朱利亞（Bernard Julia）和舍克，以及荷蘭物理學家德威特（Bernard de Wit）及其與合作的德國物理學家尼古萊（Hermann Nicolai），加上石溪大學（Stony Brook University）荷蘭物理學家范紐文赫伊曾（Peter van Nieuwenhuizen）領導的團隊等——將超對稱應用於標準（非基於弦論的）量子場論中，這種方法被稱為「超重力」（supergravity）。克雷默、朱利亞和舍克展示了這樣的理論如何能理想地在十一維時空——其中有七個維度是緊緻化的——中構建。儘管超重力理論最初展現出極大的潛力，但在描述粒子世界的某些方面時遇到了困難。

施瓦茨與英國物理學家葛林（Michael Green）合作，繼續研究超弦的特性。一九八四年，格林和施瓦茲宣布他們開發出一個沒有反常（anomaly，數學上的瑕疵）的十維模型。此外，與量子電動力學、電弱理論以及其他標準量子場論不同的是，超弦場論產生有限值，因此不需經由重整化來抵消無限項。他們的成果被稱為「超弦革命」（superstring revolution），引起物理學界一片歡欣鼓舞。許多物理學家認為——或許藉由超弦——愛因斯坦追求統一理論的夢想最終有可能實現。

正如愛因斯坦、薛丁格及其他人發現有許多方法可以擴展廣義相對論，葛林、施瓦茨及其他研究員——例如普林斯頓高等研究院的傑出理論物理學家威滕（Edward Witten），他證明了一些關鍵定理——也逐漸認識到超弦理論的多種形式。事實上，這種豐富性亦令人困惑。超弦理論很快成為一個迷宮，充滿了無數可能的路徑。那麼，誰能提供導向一個完整自然理論的「亞莉雅德妮之線」（Ariadne's thread）⑫呢？

在一九九五年加利福尼亞的一次會議上，威滕宣布了第二次超弦革命，這次革命是關於將膜引入弦論中。他將這種新的方法稱為「M理論」（M-theory），並神祕地表示「M」既可以代表「膜」（membrane），也可以代表「魔法的」（magical）或「謎團」（mystery）。M理論將多種不同的弦論及超重力統合為一種方法論。一九九〇年代末，阿爾卡尼–哈米德（Nima Arkani-Hamed）、季莫普洛斯（Savas Dimopoulos）、德瓦利（Gia Dvali）、藍道爾（Lisa Randall）、桑德魯姆（Raman Sundrum）等人提出一個創新想法，即其中一個額外維度可以是「大」的（即非微觀的），但對除了重力子以外的所有場都不可觸及，這可以解釋為何重力遠比其他自然力弱得多。

與標準模型和廣義相對論不同，目前沒有任何實驗證據支持超對稱性、超弦理論、M理論或額外維度。那麼，為什麼這些理論仍然得到許多理論家的支持？數學之美、對稱性和完整性等因素——與愛因斯坦的某些標準驚人地類似——都發揮了作用。此外，其他可信的替代方案並不多。

阿希提卡（Abhay Ashtekar）、羅威利（Carlo Rovelli）、斯莫林（Lee Smolin）等人提出的迴圈量子重力（loop quantum gravity）理論，也許是弦論之外最被廣泛支持的量子化重力方法。與薛丁格的一般統一理論相似，它強調仿射聯絡的核心角色，並將其修改成為量子變量使用。在這樣的理論中，時空被替換為一種幾何泡沫（geometric foam）。弦論學者常指出迴圈量子重力並未提供一個統合的萬有理論，而僅僅是重力的量子化理論。迴圈量子重力的支持者則反駁道，弦論將重力同時視為背景（即場在其中運行的時空度量）和場（重力子），而非一個統合的整體。他們的目標是首先理解量子重力，然後再嘗試將其與其他基本相互作用結合。

要探索弦論、M理論和迴圈量子重力的全部意義，需要進入量子理論與重力在其上交匯的、極其微小的普朗克尺度，要達到這樣巨大的能量遠超出現有技術的範疇。幸運的是，高能理論往往在較低能量的尺度中也有其意義，因此，大強子對撞機可以檢測到能揭示標準模型之外物理學的粒子狀態。其中的一個例子是超伴子（supersymmetric companion particles）：具有玻色子性質的費米子夥伴，或具有費米子性質的玻色子夥伴。這類粒子的發現將為超對稱提供有力的證據，並可能成為組成暗物質的潛在成分。

---

⑫ 編案：希臘神話中英雄忒修斯前往除去牛頭人時，公主亞莉雅德妮所贈與的線，助其事成後離開迷宮。後用以譬喻解決複雜問題時所遵從的線索。

雖然目前尚未發現此類粒子，但許多物理學家依然保持希望——他們認為在收集並分析足夠的對撞機數據後，超伴子將有望出現。

比光速還快：一則警世故事

現今，研究人員、學生、資助機構、科學愛好者、作家以及其他對標準模型之外還有什麼感興趣的人士，都在熱切地等待著新的、無法解釋的現象的蛛絲馬跡。隨著對大強子對撞機和其他大型科學實驗投入的巨額時間與金錢，人們自然對突破性的結果充滿期待。

然而，物理學家需要謹慎以待，避免匆促地吹響勝利的號角，即使這有多麼誘人。發現希格斯玻色子的研究團隊耐心等待統計數據以排除其他可能性，即便這過程耗費了數月。他們為大眾上了有關毅力的一課，然而，有時也有研究人員未經其他團隊的關鍵佐證就言之過早地宣布新發現。

儘管愛因斯坦－薛丁格災難發生在一九四〇年代，其教訓在今天依然適用。緊絀的資金往往要求科學家透過發布新聞來證明其研究的重要性，然而，過早地宣布未經驗證的發現，可能會對該領域未來的研究造成不良影響。即使這樣的聲明被推翻，公眾仍可能會長期留有這是一項突破而非虛假報告的印象。

例如在二〇一一年九月，義大利格蘭薩索（Gran Sasso）的研究團隊宣布他們檢測到超光速粒子。儘管科學界多持懷疑或至少是謹慎的態度，但此結果在國際媒體中被廣泛報導。是否需要修改愛因斯坦狹義相對論的爭辯在媒體上展開，人們好奇這個結果是否將通向標準模型之外的新物理學。忽視了經數十年實驗證實的相對論和光速限制，這一結果被包裝為相對論以及「因先於果」原則的試金石。例如，英國報章《衛報》（*the Guardian*）的一篇報導寫道：「位於格蘭薩索設施的科學家將公布證據……這引發了一種令人不安的可能性：一種可以將信息傳回過去、模糊過去與現在的界線，並摧毀基本因果原則的方法。」[6]

超光速旅行的所謂證據由名為OPERA（Oscillation Project with Emulsion-tRacking Apparatus，以感光乳膠追蹤微中子振盪）的團隊所提出，他們追蹤了從約四百五十英里之外的CERN加速器實驗室發射出的微中子流。經過三年的運行，該團隊測得微中子的抵達時間比以光速到達的時間早約六十奈秒——假設他們的實驗設備準確無誤。「這一結果完全出人意料。」OPERA發言人埃雷迪塔托（Antonio Ereditato）在新聞稿中宣布，「經過數月的研究和交叉檢查，我們還沒有找到任何可以解釋這個測量結果的儀器誤差。」[7]

該新聞稿和報導強調，這些結果需要獨立驗證，不應僅憑其表象就被視為既定事實。然而，這一發現所具有的重大意涵很快讓網路上——包括推特（Twitter）在內的社交平台——充滿了猜測及老掉牙的玩笑。

《洛杉磯時報》（*Los Angeles Times*）在聲明發表幾天後刊登標題為〈微中子笑話比光速還快地衝上推特界〉（Neutrino Jokes Hit Twittersphere Faster Than the Speed of Light）的文章。該文章包括了幾個笑話，例如：「酒保說：『超光速的微中子不准入場』，一顆微中子走進酒吧。」[8]

歌曲創作者也很快加入了熱潮，包括一支愛爾蘭樂隊「柯里根兄弟與彼特・克萊頓」（Corrigan Brothers and Pete Creighton），他們創作了〈微中子之歌〉（*Neutrino Song*）。「老阿爾伯特錯了嗎？」其中一句歌詞問道，「那傳奇性的相對論原理被打破了。」[9]

如果愛因斯坦的理論真的被打破，理論物理學將面臨意想不到的挑戰。或許需要一個新的愛因斯坦來收拾殘局，並將碎片組裝成更為堅韌的理論。但如往常一般，有關相對論末日的報導被極度地誇大了。

在二〇一二年六月，CERN發布了一份艾蜜莉．利泰拉（Emily Litella）式「不必擔心」的新聞稿，聲明「原始的OPERA測量結果可歸因於實驗中光纖定時系統的故障」。根據OPERA和其他三項實驗的確認，微中子的速度並未超過光速。CERN研究主任貝托魯奇（Sergio Bertolucci）表示，這是「我們所有人內心深處所期望的結果」。[10]

在OPERA事件落幕時，超光速微中子的迷因早已淡出推特界和其他媒體。然而，毫無疑問，最初的公告不必要地在科學上混淆了公眾的視聽，例如，在谷歌搜尋引擎上，若輸入「微中子」作為關鍵字查詢，至今仍會在常見的相關項目顯示「超光速」。誰知道有多少正在寫作業的學生，在查資料時發現了一些早期的報導，並在他們的文章中加入超光速粒子的資訊呢？

由於這一事件，埃雷迪塔托和OPERA物理總監奧特羅（Dario Autiero）決定引咎辭職，就在團隊中的大多數成員在不信任投票中對他們投了反對票之後。這次表決和他們隨後的辭職反映了團隊成員認為領導人作出了言之過早的聲明。

前路

新聞媒體並不以耐心著稱，特別是在新聞報導層出不窮的網路時代，媒體飢渴地狼吞虎嚥著只要能讓公眾覺得新穎有趣的內容。未在期刊上發表的報告、猜測、初步結果，以及其他尚未通過科學審查的發現，有時與經過嚴格驗證的結論一樣具新聞價值。

耐心也不是常見於政客身上的特質（尤其是在選舉期間）。我們已經看到，都柏林高等研究院和它的其他計畫是極為成功、還是成為耗費巨額資金的無用之工，某程度上都與德瓦勒拉的政治命運緊緊連繫。這種壓力驅使薛丁格——以及德瓦勒拉的喉舌《愛爾蘭日報》——將他初步的計算結果大肆宣傳，彷彿這些計算是從西奈山（Mount Sinai）流傳下來的神聖石板。薛丁格在完成他的數學運算僅數週後便急於發表結果，未經任何的審查流程檢查。而在現代，科學預算已成為容易被刪減的項目，這增加了研究人員發布成果的壓力。

然而，耐心恰恰是當前基礎物理學所需要的特質，因為在抵達下一個重要里程碑之前，它似乎面臨著漫漫長路，沒有人知道標準模型無法解釋的第一個現象何時會被發現。成功的代價又是什麼呢？需要多少年的數據收集和統計分析才能夠確立新的物理學證據？

我們已經見識過倉促報導忽視了需要經過時間考驗的驗證過程，這種報導混淆公眾視聽，最終也於科學家無益。雖然愛因斯坦和薛丁格有時也會因心之所願與不恰當的宣傳而落入陷阱，被他們實屬高度推論的統一假設所蒙蔽；但在靜下心來時，他們強調科學需要深入、反思與冷靜的解讀。我們應該閱讀他們的著作，以及那些啟發他們的科學家與哲學家的著作，以思考物理學的現狀以及由此出發的未來方向。

謝辭

我要感謝我的家人、朋友和同事們無與倫比的支持，幫助我完成了這本書。感謝科學大學的教職員工，包括Helen Giles-Gee、Heidi Anderson、Suzanne Murphy、Elia Eschenazi、Kevin Murphy、Brian Kirschner和Jim Cummings，以及我在數學、物理與統計學系與人文學系的同事們對我研究和寫作的支持。感謝科學史社群的友情支持，包括美國物理學會物理學史論壇、費城地區科學史中心以及美國物理學研究所物理學史中心。費城科學作家協會的溫情支持，包括Greg Lester、Michal Mayer、Faye Flam、Dave Goldberg、Mark Wolverton、Brian Siano和Neil Gussman，我深表感謝。感謝科學史學家David C. Cassidy、Diana Buchwald、Tilman Sauer、Daniel Siegel、Catherine Westfall、Robert Crease和Peter Pesic提供了有用的建議，感謝Don Howard提供了有益的參考資料。我非常感謝薛丁格的家人，包括Leonhard、Arnulf和Ruth Braunizer，為我解答有關他生活和工作的問題。我感謝音樂家Roland Orzabal和哲學家Hilary Putnam，感謝他們友善地回答了我對他們工作的問題。感謝科學作家Michael Gross對德國文化和語言的友好建議。感謝David Zitarelli、Robert Jantzen、Linda Dalrymple Henderson、Roger Stuewer、Lisa Tenzin-Dolma、Jen Govey、Cheryl Stringall、Tony Lowe、Michael LaBossiere、Peter D. Smith、Antony Ryan、David Bood、Michael Erlich、Fred Schuepfer、Pam Quick、Carolyn Brodbeck、Marlon Fuentes、Simone Zelitch、Doug Buchholz、Linda Holtzman、Mark Singer、Jeff Shuben、Jude Kuchinsky、Kris Olson、Meg、Woody Carsky-Wilson、Carie Nguyen、Lindsey Poole、Greg Smith、Joseph Maguire、Doug DiCarlo、Patrick Pham和Vance Lehmkuhl的鼓勵。我衷心感謝Ronan和Joe Mehigan為我拍攝了薛丁格在都柏林相關地點的照片。感謝普林斯頓大學圖書館手稿部允許我查閱愛因斯坦的副本檔案和其他研究材料，感謝美國哲學學會圖書館提供量子物理史檔案的門禁許可。特別感謝Barbara Wolff和位於耶路撒冷的阿爾伯特・愛因斯坦檔案館，審核了我引用愛因斯坦致薛丁格信件的要求。感謝愛爾蘭皇家學院提供了關於他們會議的資訊。我感謝約翰・西蒙・古根海姆基金會二〇〇二年的獎助金，在這段期間我首次接觸到愛因斯坦與薛丁格的通信。

感謝我的編輯T. J. Kelleher的傑出引導和有用建議，以及Basic Books的工作人員，包括Collin Tracy、Quynh Do、Betsy DeJesu和Sue Warga的幫助。感謝我的出色經理人Giles Anderson給我的熱情支持。

特別感謝我的妻子Felicia，我的兒子Eli和Aden，我的父母Bernice和Stanley Halpern，我的岳父母Arlene和Joseph Finston，我的家人們Richard、Anita、Jake、Emily、Alan、Beth、Tessa和Ken Halpern；Aaron Stanbro；Lane和Jill Hurewitz；Shara Evans；以及其他的家人們，感謝他們給予的愛、耐心、建議和支持。

延伸閱讀

（帶*標註為學術性著作）

Aczel, Amir, *Present at the Creation: Discovering the Higgs Boson* (New York: Random House, 2010).

Cassidy, David C., *Beyond Uncertainty: Heisenberg, Quantum Physics, and the Bomb* (New York: Bellevue Literary Press, 2010).

——, *Einstein and Our World* (Amherst, NY: Humanity Books, 2004).

Clark, Ronald W., *Einstein: The Life and Times* (New York: Avon Books, 1971).

Crease, Robert P., and Charles C. Mann, *The Second Creation: Makers of the Revolution in Twentieth-Century Physics* (New Brunswick, NJ: Rutgers University Press, 1996).

Davies, Paul, *Superforce: The Search for a Grand Unified Theory of Nature* (New York: Simon and Schuster, 1984).

Einstein, Albert, *Autobiographical Notes*, translated and edited by Paul Arthur Schilpp (La Salle, IL: Open Court, 1979).

——, *Ideas and Opinions*, translated by Sonja Bargmann (New York: Bonanza Books, 1954).

——, *The Meaning of Relativity* (Princeton: Princeton University Press, 1956).

——, *Out of My Later Years* (New York: Citadel Press, 2000).

*Einstein, Albert, and Peter Bergmann, "On a Generalization of Kaluza's Theory of Electricity," *Annals of Mathematics* 39 (1938): 683–701.

Farmelo, Graham, *Churchill's Bomb: How the United States Overtook Britain in the First Nuclear Arms Race* (New York: Basic Books, 2013).

——, *The Strangest Man: The Hidden Life of Paul Dirac, Mystic of the Atom* (New York: Basic Books, 2009).

Fine, Arthur, *The Shaky Game: Einstein, Realism and the Quantum Theory* (Chicago: University of Chicago Press, 1986).

Fölsing, Albrecht, *Albert Einstein: A Biography, translated by Ewald Osers* (New York: Penguin, 1997).

Frank, Philipp, *Einstein: His Life and Times* (New York: 1949).

Freund, Peter, *A Passion for Discovery* (Hackensack, NJ: World Scientific, 2007).

Gefter, Amanda, *Trespassing on Einstein's Lawn: A Father, a Daughter, the Meaning of Nothing, and the Beginning of Everything* (New York: Bantam, 2014).

Goenner, Hubert, "Unified Field Theories: From Eddington and Einstein up to Now," in *Proceedings of the Sir Arthur Eddington Centenary Symposium*, edited by V. de Sabbata and T. M. Karade, 1:176–196 (Singapore: World Scientific, 1984).

Greene, Brian, *Fabric of the Cosmos: Space, Time and the Texture of Reality* (New York: Vintage, 2005).

Gribbin, John, *Erwin Schrödinger and the Quantum Revolution* (Hoboken, NJ: Wiley, 2013).

——, *In Search of Schrödinger's Cat: Quantum Physics and Reality* (New York: Bantam, 1984).

——, *Schrödinger's Kittens and the Search for Reality: Solving the Quantum Mysteries* (New York: Little, Brown, 1995).

Halpern, Paul, *Collider: The Search for the World's Smallest Particles* (Hoboken, NJ: Wiley, 2009).

——, *Edge of the Universe: A Voyage to the Cosmic Horizon and Beyond* (Hoboken, NJ: Wiley, 2012).

——, *The Great Beyond: Higher Dimensions, Parallel Universes, and the Extraordinary Search for a Theory of Everything* (Hoboken, NJ: Wiley, 2004).

Henderson, Linda Dalrymple, *The Fourth Dimension and Non-Euclidean Geometry in Modern Art* (Cambridge, MA: MIT Press, 2013).

Hoffmann, Banesh, with Helen Dukas, *Albert Einstein: Creator and Rebel* (New York: Viking, 1972).

Holton, Gerald, and Yehuda Elkana, editors, *Albert Einstein: Historical and Cultural Perspectives* (Princeton, NJ:

Princeton University Press, 1982).

Howard, Don, "Albert Einstein as a Philosopher of Science," *Physics Today* 58 (2005): 34–40.

*——, "Einstein on Locality and Separability," *Studies in History and Philosophy of Science* 16 (1987): 171–201.

*——, "Who Invented the Copenhagen Interpretation? A Study in Mythology," *Philosophy of Science* 71 (2004): 669–682.

Howard, Don, and John Stachel, editors, *Einstein: The Formative Years 1879–1909* (Boston: Birkhäuser, 2000).

Isaacson, Walter, *Einstein: His Life and Universe* (New York: Simon and Schuster, 2008).

Jammer, Max, *The Conceptual Development of Quantum Mechanics* (New York: McGraw-Hill, 1966).

Kaku, Michio, *Einstein's Cosmos: How Albert Einstein's Vision Transformed Our Understanding of Space and Time* (New York: W. W. Norton, 2005).

Kragh, Helge, *Quantum Generations: A History of Physics in the Twentieth Century* (Princeton: Princeton University Press, 1999).

Mach, Ernst, *The Science of Mechanics: A Critical and Historical Exposition of Its Principles*, translated by Thomas McCormack (Chicago: Open Court, 1897).

——, *Space and Geometry*, translated by Thomas McCormack (Chicago: Open Court, 1897).

Mehra, Jagesh, *Erwin Schrödinger and the Rise of Wave Mechanics, Part 1: Schrödinger in Vienna and Zurich, 1887–1925*, The Historical Development of Quantum Theory, volume 5 (New York: Springer, 1987).

Moore, Walter, *Schrödinger: Life and Thought* (New York: Cambridge University Press, 1982).

Pais, Abraham, *Subtle Is the Lord . . . : The Science and the Life of Albert Einstein* (Oxford: Oxford University Press, 1982).

Parker, Barry, *Einstein's Dream: The Search for a Unified Theory of the Universe* (New York: Plenum, 1986).

——, *Search for a Supertheory: From Atoms to Superstrings* (New York, Plenum, 1987).

*Pesic, Peter, *Beyond Geometry: Classic Papers from Riemann to Einstein* (New York: Dover, 2006).

Pickover, Clifford, *Surfing Through Hyperspace: Understanding Higher Universes in Six Easy Lessons* (New York: Oxford University Press, 1999).

*Putnam, Hilary, "A Philosopher Looks at Quantum Mechanics (Again)," *British Journal for the Philosophy of Science* 26 (2005): 615–634.

Sayen, Jamie, *Einstein in America* (New York: Crown, 1985).

*Schrödinger, *Erwin, Space-Time Structure* (Cambridge: Cambridge University Press, 1950).

——, *My View of the World*, translated by Cecily Hastings (Woodbridge, CT: Ox Bow Press, 1983).

——, *What Is Life?* (Cambridge: Cambridge University Press, 1950).

Seelig, Carl, *Albert Einstein: A Documentary Biography*, translated by Mervyn Savill (London: Staples Press, 1956).

Smith, Peter D., *Einstein: Life and Times* (London: Haus Publishing, 2005).

Stachel, John, *Einstein from "B" to "Z"* (Boston: Birkhäuser, 2002).

——, "History of Relativity," in *Twentieth Century Physics*, vol. 1, edited by Laurie Brown et al. (New York: American Institute of Physics Press, 1995).

Thirring, Walter, *Cosmic Impressions: Traces of God in the Laws of Nature*, translated by Margaret A. Schellenberg (Philadelphia: Templeton Foundation Press, 2007).

*Vizgin, Vladimir, "The Geometrical Unified Field Theory Program," in *Einstein and the History of General Relativity*, edited by Don Howard and John Stachel, 300–314 (Boston: Birkhäuser, 1989).

*——, *Unified Field Theories: In the First Third of the 20th Century*, translated by J. B. Barbour (Boston: Birkhäuser, 1994).

Weinberg, Steven, *Dreams of a Final Theory: The Scientist's Search for the Ultimate Laws of Nature* (New York: Vintage, 1992).

Weyl, Hermann, *Space, Time, Matter* (New York: Dover, 1950).

註釋

序章：亦友亦敵

1 Erwin Schrödinger, "The New Field Theory," January 1947, Albert Einstein Duplicate Archive, Princeton, NJ, 22-152.

2 "Unifying the Cosmos," *New York Times*, February 16, 1947.

3 Elihu Lubkin, "Schrödinger's Cat," *International Journal of Theoretical Physics* 18, no. 8 (1979): 520.

4 Hilary Putnam, personal correspondence with the author, August 4, 2013.

5 Walter Thirring, *Cosmic Impressions: Traces of God in the Laws of Nature*, trans. Margaret A. Schellenberg (Philadelphia: Templeton Foundation Press, 2007), 54.

6 Ibid., 55.

7 "Einstein Tribute to Schroedinger," *Irish Times,* June 29, 1943, 3.

8 Albert Einstein, "Statement to the Press," February 1947, Albert Einstein Duplicate Archive, 22-146.

9 Albert Einstein, quoted in "Einstein's Comment on Schroedinger Claim," *Irish Press,* February 27, 1.

10 Myles na gCopaleen [Brian O' Nolan], "Cruiskeen Lawn," *Irish Times,* March 10, 1947, 4.

11 John Moffat, *Einstein Wrote Back: My Life in Physics* (Toronto: Thomas Allen, 2010), 67.

12 Peter Freund, *A Passion for Discovery* (Hackensack, NJ: World Scientific, 2007), 5–6.

第一章：發條宇宙

1 Albert Einstein, *Autobiographical Notes*, trans. and ed. Paul Arthur Schilpp (La Salle, IL: Open Court, 1979), 9.

2 John Casey, *The First Six Books of the Elements of Euclid* (Dublin: Hodges, Figgis, 1885), 6.

3 Einstein's ideas were anticipated by British mathematician William Kingdon Clifford, who in 1870 made use of Riemann's description of curvature to try to model matter through geometry. Clifford also translated Riemann's treatise into English, publishing his rendition in 1873. However, it wasn't until well after Einstein developed general relativity in 1915 that Clifford's contributions to the study of how matter and geometry were connected would become widely recognized.

4 Ernst Mach, "Die Leitgedanken meiner naturwissenschaftlichen Errkenntnislehre und ihre Aufnahme durch die Zeitgenossen," *Scientia* 8 (1910), trans. as "The Guiding Principles of My Scientific Theory of Knowledge and Its Reception by My Contemporaries," in S. Toulmin, ed., *Physical Reality* (New York: Harper & Row, 1970), 37–38.

5 Erwin Schrödinger, Antrittsrede des Herrn Schrödinger, *Sitz. Ber. Preuss. Akad. Wiss.* (Berlin) 1929, p. C, quoted in Jagesh Mehra and Helmut Rechenberg, *Erwin Schrödinger and the Rise of Wave Mechanics, Part 1: Schrödinger in Vienna and Zurich, 1887–1925,* The Historical Development of Quantum Theory, volume 5 (New York: Springer, 1987), 81.

6 The reasons for Hasenöhrl's near-miss are discussed in Stephen Boughn, "Fritz Hasenöhrl and *E* = *mc2*," *European Physical Journal H* 38 (2013): 261–278.

7 Interview with Dr. Hans Thirring by Thomas S. Kuhn in Vienna, Austria, April 4, 1963, Archive for the History of Quantum Physics, American Philosophical Society, Philadelphia, PA.

8 Einstein, *Autobiographical Notes,* 15.

9 Albert Einstein to Anna Keller Grossmann, reprinted in Carl Seelig, *Albert Einstein: A Documentary Biography*, trans. Mervyn Savill (London: Staples Press, 1956), 208.

10 Max Talmey, "Einstein as a Boy Recalled by a Friend," *New York Times*, February 10, 1929, 11.

11 Max von Laue, quoted in Seelig, *Albert Einstein*, 78.

12 Hermann Minkowski, address delivered at the Eightieth Assembly of German Natural Scientists and Physicians, September 21, 1908.

第一章・重力的試煉

1 *Punch*, November 19, 1919, 422, cited in Alistair Sponsel, "Constructing a 'Revolution in Science': The Campaign to Promote a Favourable Reception for the 1919 Solar Eclipse Experiments," *British Journal for the History of Science* 35, no. 4 (2002): 439.

2 Jagdish Mehra and Helmut Rechenberg, *Erwin Schrödinger and the Rise of Wave Mechanics, Part 1: Schrödinger in Vienna and Zurich, 1887–1925,* The Historical Development of Quantum Theory, volume 5 (New York: Springer, 1987), 166.

3 George de Hevesy to Ernest Rutherford, October 14, 1913. Rutherford Papers, University of Cambridge, quoted in Ronald W. Clark, *Einstein: The Life and Times* (New York: World Publishing, 1971), 158.

4 Erwin Schrödinger, *Space-Time Structure* (Cambridge: Cambridge University Press, 1963), 1.

5 Albert Einstein, speech given in Kyoto, Japan, on December 14, 1922, quoted in Engelbert L. Schücking and Eugene J. Surowitz, "Einstein's Apple," unpublished manuscript, 2013.

6 Albert Einstein to Arnold Sommerfeld, October 29, 1912, in Albert Einstein, *The Collected Papers of Albert*

Einstein, vol. 5, *The Swiss Years: Correspondence, 1902–1914*, English translation supplement, ed. Don Howard, trans. Anna Beck (Princeton, NJ: Princeton University Press, 1995), Doc. 421.

7 Carl Seelig, *Albert Einstein: A Documentary Biography*, trans. Mervyn Savill (London: Staples Press, 1956), 108.

8 Albert Einstein to Paul Ehrenfest, January 1916, in Seelig, *Albert Einstein*, 156.

9 Richard Feynman, *"Surely You're Joking, Mr. Feynman!": Adventures of a Curious Character* (New York: Norton, 2010), 58.

10 Walter Moore, *Schrödinger: Life and Thought* (New York: Cambridge University Press, 1982), 105.

11 Erwin Schrödinger, translated and quoted in Alex Harvey, "How Einstein Discovered Dark Energy," 2012, http://arxiv.org/abs/1211.6338.

12 Albert Einstein, "Bemerkung zu Herrn Schrödingers Notiz Über ein Lösungssystem der allgemein kovarianten Gravitationsgleichungen," *Physikalische Zeitschrift* 19 (1918): 165–166, translated and edited by M. Janssen et al. in *The Collected Papers of Albert Einstein*, vol. 7, *The Berlin Years: Writings, 1918–1921* (Princeton: Princeton University Press, 2002), doc. 3.

13 Harvey, "How Einstein Discovered Dark Energy."

14 Ben Almassi, "Trust in Expert Testimony: Eddington's 1919 Eclipse Expedition and the British Response to General Relativity," *Studies in History and Philosophy of Science Part B* 40, no. 1 (2009): 57–67.

15 Ibid.

16 "Eclipse Showed Gravity Variation," *New York Times*, November 8, 1919, 6.

17 Ibid.

18 "Revolution in Science . . . New Theory of the Universe . . . Newtonian Ideas Overthrown," *Times* (London), November 7, 1919, 1.

19 Erwin Schrödinger, *Space-Time Structure* (Cambridge: Cambridge University Press, 1963), 2.

20 Albert Einstein, "On the Method of Theoretical Physics" (1933 lecture at Oxford), translated by S. Bargmann in *Albert Einstein: Ideas and Opinions* (New York: Bonanza Books, 1954), 270–276.

21 David Hilbert, MacTutor online biography, University of St. Andrews, http://www-history.mcs.st-andrews.ac.uk/Biographies/Hilbert.html.

22 Albert Einstein to Hermann Weyl, March 8, 1918, in Albert Einstein, *The Collected Papers of Albert Einstein,* vol. 8, *The Berlin Years: Correspondence, 1914–1918,* English translation supplement, ed. Klaus Hentschel, trans. Ann M. Hentschel (Princeton, NJ: Princeton University Press, 1998).

23 Daniela Wünsch, *Der Erfinder der 5. Dimension, Theodor Kaluza* (Göttingen: Termessos, 2007), 66.

24 Theodor Kaluza Jr., interviewed in *NOVA: What Einstein Never Knew,* PBS, originally broadcast October 22, 1985.

25 Arthur S. Eddington, "A Generalisation of Weyl's theory of the Electromagnetic and Gravitational Fields," *Proceedings of the Royal Society of London, Ser. A* 99 (1921): 104–122.

第三章：物質波與量子躍遷

1 Omar Khayyam, *The Rubaiyat of Omar Khayyam*, trans. Edward Fitzgerald (New York: Dover, 2011).

2 Jagdish Mehra and Helmut Rechenberg, *Erwin Schrödinger and the Rise of Wave Mechanics, Part 1: Schrödinger in Vienna and Zurich, 1887–1925,* The Historical Development of Quantum Theory, volume 5 (New York: Springer, 1987), 408.

3 Erwin Schrödinger, *My View of the World*, trans. Cecily Hastings (Woodbridge, CT: Ox Bow Press, 1983), 7.

4 Baruch Spinoza, *Ethics*, in *The Collected Writings of Spinoza,* vol. 1, trans. Edwin Curley (Princeton: Princeton

University Press, 1985).
5 Albert Einstein, quoted in "Einstein Believes in 'Spinoza's God,'" *New York Times,* April 25, 1929, 1.
6 Albert Einstein, "Religion and Science," *New York Times Magazine,* November 9, 1930, SM1.
7 Schrödinger, *My View of the World*, 21.
8 W. Heitler, "Erwin Schrödinger Obituary" *Roy. Soc. Obit.* 7 (1961): 223–234.
9 Wolfgang Pauli, quoted in Werner Heisenberg, *Physics and Beyond* (New York: Harper and Row, 1971), 25–26.
10 Peter Freund, *A Passion for Discovery* (Hackensack, NJ: World Scientific, 2007), 162.
11 Erwin Schrödinger to Albert Einstein, November 3, 1925, Albert Einstein Duplicate Archive, Princeton, NJ, 22-004.
12 Schrödinger, *My View of the World*, p. 54.
13 Hermann Weyl, reported by Abraham Pais, *Inward Bound: Of Matter and Forces in the Physical World* (New York: Oxford University Press, 1988), 252.
14 Arnold Sommerfeld to Erwin Schrödinger, February 3, 1926, reported in Mehra and Rechenberg, *Erwin Schrödinger and the Rise of Wave Mechanics*, 537.
15 Interview with Annemarie Schrödinger by Thomas S. Kuhn in Vienna, Austria, April 5, 1963, Archive for the History of Quantum Physics, American Philosophical Society, Philadelphia, PA.
16 Erwin Schrödinger to Albert Einstein, April 23, 1926, Albert Einstein Duplicate Archive, 22-014.
17 Erwin Schrödinger to Niels Bohr, May 24, 1924, quoted and translated in O. Darrigol, "Schrödinger's Statistical Physics and Some Related Themes," in M. Bitbol and O. Darrigol, eds., *Erwin Schrödinger, Philosophy and the Birth of Quantum Mechanics* (Gif-sur-Yvette, France: Editions Frontières, 1992).
18 Albert Einstein to Max Born, December 4, 1926, in *Albert Einstein-Max Born, Briefwechsel (Correspondence)*,

ed. Max Born (Munich, 1969), 129, quoted in Alice Calaprice and Trevor Lipscombe, *Albert Einstein: A Biography* (Westport, CT: Greenwood Press, 2005), 92.

19 Albert Einstein to Max Born, May 1927, reprinted in A. Einstein, H. Born, and M. Born, *Albert Einstein, Hedwig und Max Born, Briefwechsel: 1916–1955 / kommentiert von Max Born; Geleitwort von Bertrand Russell; Vorwort von Werner Heisenberg* (Frankfurt am Main: Edition Erbrich, 1982), 136, quoted and translated in Hubert Goenner, "On the History of Unified Field Theories," *Living Reviews in Relativity,* 2004, http://relativity.livingreviews.org/Articles/lrr-2004-2/download/lrr -2004-2Color.pdf.

20 Albert Einstein to Erwin Schrödinger, May 31, 1928, Albert Einstein Duplicate Archive, 22-022, quoted and translated in G. G. Emch, *Mathematical and Conceptual Foundations of 20th-Century Physics* (Amsterdam: North Holland, 2000), 295.

21 Abraham Pais, *Einstein Lived Here* (New York: Oxford University Press, 1994), 43.

第四章：對統一的追求

1 Interview with Annemarie Schrödinger by Thomas S. Kuhn in Vienna, Austria, April 5, 1963, Archive for the History of Quantum Physics, American Philosophical Society, Philadelphia, PA.

2 Paul Heyl, "What Is an Atom?," *Scientific American* 139 (July 1928): 9–12.

3 "Current Magazines," *New York Times*, July 1, 1928.

4 Albert Einstein, quoted in "Einstein Declares Women Rule Here," *New York Times*, July 8, 1921.

5 "Woman Threatens Prof. Einstein's Life," *New York Times*, February 1, 1925.

6 "A Deluded Woman Threatens Krassin and Professor Einstein," *The Age* (Melbourne, Australia), February 3, 1925, 9.

7 Wythe Williams, "Einstein Distracted by Public Curiosity," *New York Times*, February 4, 1929.
8 Einstein to Zangger, end of May 1928, Einstein Archives, Hebrew University of Jerusalem, call no. 40-069, translated and quoted in Tilman Sauer, "Field Equations in Teleparallel Spacetime: Einstein's *Fernparallelismus* Approach Towards Unified Field Theory," *Historia Mathematica* 33 (2006): 404–405.
9 "Einstein Extends Relativity Theory," *New York Times*, January 12, 1929, 1.
10 Albert Einstein, quoted in "Einstein Is Amazed at Stir over Theory; Holds 100 Journalists at Bay for a Week," *New York Times*, January 19, 1929.
11 Albert Einstein, quoted in "News and Views," *Nature,* February 2, 1929, reprinted in Hubert Goenner, "On the History of Unified Field Theories," in *Proceedings of the Sir Arthur Eddington Centenary Symposium,* edited by V. de Sabbata and T. M. Karade, 1:176–196 (Singapore: World Scientific, 1984).
12 H. H. Sheldon, quoted in "Einstein Reduces All Physics to 1 Law," *New York Times*, January 25, 1929.
13 "Einstein Is Viewed as Near the Mystic," *New York Times*, February 4, 1929.
14 Will Rogers, "Will Rogers Takes a Look at the Einstein Theory," *New York Times*, February 1, 1929.
15 "Byproducts: Some Parallel Vectors," *New York Times*, February 3, 1929.
16 Wolfgang Pauli, "[Besprechung von] Band 10 der Ergebnisse der exakten Naturwissenschaften," *Ergebnisse der exakten Naturwissenschaften* 11 (1931): 186, quoted and translated in Goenner, "On the History of Unified Field Theories."
17 "Einstein Flees Berlin to Avoid Being Feted," *New York Times*, March 13, 1929.
18 "Einstein Is Found Hiding on Birthday," *New York Times*, March 14, 1929.
19 Walter Moore, *Schrödinger: Life and Thought* (New York: Cambridge University Press, 1982), 242.
20 Paul Dirac, quoted in "Erwin Schrödinger," Archive for the History of Quantum Physics.

21 Albert Einstein, quoted in "Einstein Affirms Belief in Causality," *New York Times*, March 16, 1931, 1.

22 "Physicists Scan Cause to Effect with Skepticism," *Christian Science Monitor*, November 13, 1931, 8.

23 Albrecht Fölsing, *Albert Einstein: A Biography,* trans. Ewald Osers (New York: Penguin, 1997), 617.

24 Moore, *Schrödinger*, 255.

第五章：殭屍貓與幽靈般的連結

1 Annemarie Schrödinger, reported in Walter Moore, *Schrödinger: Life and Thought* (New York: Cambridge University Press, 1982), 265.

2 "Relative Tide and Sand Bars Trap Einstein; He Runs His Sailboat Aground at Old Lyme," *New York Times*, August 4, 1935, 1.

3 Don Duso, reported in Sandi Fairbanks, *All Points North Magazine,* Summer 2008, www.apnmag.com/summer_2008/fairbanks_einstein.php.

4 Albert Einstein to Elisabeth, Queen of Belgium, autumn 1935, quoted in Ronald Clark, *Einstein: The Life and Times* (New York: World Publishing, 1971), 529.

5 Albert Einstein, quoted in "Einsteinhaus in Caputh," www.einstein sommerhaus.de.

6 Moore, *Schrödinger*, 294.

7 Erwin Schrödinger to Albert Einstein, June 7, 1935, quoted and translated in Don Howard, "Revisiting the Einstein-Bohr Dialogue," *Iyyun: The Jerusalem Philosophical Quarterly* 56 (January 2007): 21–22.

8 Albert Einstein to Erwin Schrödinger, June 19, 1935, Albert Einstein Duplicate Archive, Princeton, NJ, 22-047.

9 Ibid.

10 "Einstein Attacks Quantum Theory," *New York Times*, May 4, 1935.

11 Albert Einstein to Erwin Schrödinger, August 8, 1935, Albert Einstein Duplicate Archive, 22-049.

12 Ibid.

13 Erwin Schrödinger to Albert Einstein, August 19, 1935, Albert Einstein Duplicate Archive, 22-051.

14 Ruth Braunizer, reported by Leonhard Braunizer, personal correspondence with the author, May 6, 2014.

15 Albert Einstein to Erwin Schrödinger, September 4, 1935, Albert Einstein Duplicate Archive, 22-052.

16 Erwin Schrödinger, "Die Gegenwärtigen Situation in der Quantenmechanik," *Die Naturwissenschaften* 23 (1935): 807–812, 824–828, quoted and translated in Arthur Fine, *The Shaky Game: Einstein, Realism and the Quantum Theory* (Chicago: University of Chicago Press, 1986), 65.

17 Erwin Schrödinger, "Indeterminism and Free Will," *Nature*, July 4, 1936.

18 Ibid.

19 Interview with Annemarie Schrödinger by Thomas S. Kuhn in Vienna, Austria, April 5, 1963, Archive for the History of Quantum Physics, American Philosophical Society, Philadelphia, PA.

20 Helge Kragh, *Quantum Generations: A History of Physics in the Twentieth Century* (Princeton: Princeton University Press, 1999), 218–229.

21 Jamie Sayen, *Einstein in America* (New York: Crown, 1985), 147.

22 Lucien Aigner, "A Book May Be Written, a Shoe Made—But a Theory—It's Never Finished," *Christian Science Monitor*, December 14, 1940, 3.

23 Nathan Rosen, "Reminiscences," in Gerald Holton and Yehuda Elkana, eds., *Albert Einstein: Historical and Cultural Perspectives* (Princeton: Princeton University Press, 1982), 406.

24 Erwin Schrödinger, "Confession to the Führer," *Graz Tagespost*, March 30, 1938, quoted and translated in Moore, *Schrödinger: Life and Thought,* 337.

25 Erwin Schrödinger, quoted in "History of the Dublin Institute for Advanced Studies: 1935–1940: Formation of the School," Dublin Institute for Advanced Studies, www.dias.ie/.

26 Erwin Schrödinger, unpublished manuscript, Dublin Institute for Advanced Studies Archive, quoted in Moore, *Schrödinger: Life and Thought,* 348.

27 Brian Fallon, *An Age of Innocence: Irish Culture, 1930–1960* (London: Palgrave Macmillan, 1998), 14.

第六章．愛爾蘭之幸

1 Walter Thirring, *Cosmic Impressions: Traces of God in the Laws of Nature*, translated by Margaret A. Schellenberg (Philadelphia: Templeton Foundation Press, 2007), 55.

2 Nicola Tallant, "Dev Tricked Public into Investing in Irish Press, File Reveals," *Irish Independent*, October 31, 2004, 1.

3 L. Mac G., "A Professor at Home," *Irish Press*, November 1, 1940, 5.

4 "People and Places," *Irish Press*, August 11, 1942, 2.

5 "The 'Atom Man' at Home: Dr. Erwin Schrödinger Takes a Day Off," *Irish Press*, February 1, 1946, 7.

6 Gespräch mit Ruth Braunizer über Erwin Schrödinger (interview with Ruth Braunizer about Erwin Schrödinger), Österreichische Mediathek, 1997, http://www.oesterreich-am-wort.at/treffer/atom/14957620 -36E-00084-00000AF8-1494EDB5.

7 Ruth Braunizer, "Memories of Dublin—Excerpts from Erwin Schrödinger's Diaries," in Gisela Holfter, ed., *German-Speaking Exiles in Ireland 1933–1945* (Amsterdam: Rodopi, 2006), 265.

8 Albert Einstein, quoted in Robert P. Crease, *The Great Equations: Breakthroughs in Science from Pythagoras to Heisenberg* (New York: W. W. Norton, 2010), 197.

9 Leopold Infeld, "Visit to Dublin," *Scientific American* 181, no. 4 (October 1949): 11.

10 Erwin Schrödinger, "Some Thoughts on Causality," *Irish Times*, November 15, 1939, 5.

11 Myles na gCopaleen [Brian O'Nolan], reported in Paddy Leahy, "How Myles na gCopaleen Belled Schrödinger's Cat," *Irish Times*, February 22, 2001, 15.

12 Myles na gCopaleen [Brian O'Nolan], "Cruiskeen Lawn," *Irish Times*, August 3, 1942, 3.

13 Flann O'Brien [Brian O'Nolan], *The Third Policeman* (Chicago: Dalkey Archive Press, 2006), 116.

14 "Observer Says," *Irish Press*, November 9, 1943, 3.

15 Ibid.

16 "Famous Physicist's Memory to Be Honoured by Special Stamp," *Irish Press*, November 6, 1943, 1.

17 Albert Einstein to Hans Muehsam, early summer 1942, quoted in Carl Seelig, *Albert Einstein: A Documentary Biography*, translated by Mervyn Savill (London: Staples Press, 1956), 230.

18 Peter Seyyfart, "Einstein, Mann Popular at Princeton; Students 'Praise' Them in Jingles," *Milwaukee Journal*, August 12, 1939.

19 Léon Rosenfeld to Friedrich Herneck, 1962, published in F. Herneck, *Einstein und sein Weltbild* (Berlin: Buchverlag der Morgen, 1976), 280.

20 Albert Einstein, address to the American Scientific Congress, May 15, 1940, reported in William L. Laurence, "Einstein Baffled by Cosmos Riddle," *New York Times*, May 16, 1940, 23.

21 Institute for Advanced Study School of Mathematics, Confidential Memo, April 19, 1945, IAS Archive, Princeton, NJ.

22 Albert Einstein and Wolfgang Pauli, "On the Non-Existence of Regular Stationary Solutions of Relativistic Field Equations," *Annals of Mathematics* 44 (April 1943): 13.

23 Michael Lawlor, "Forward from Einstein," *Irish Press*, February 1, 1943, 2.

24 "Scholars Acclaim His Theory," *Irish Press*, February 2, 1943, 2.

25 "Science: Schroedinger," *Time*, April 5, 1943.

26 "Einstein's Comment on Schroedinger Theory," *Irish Press*, April 10, 1943, 1.

27 "Einstein Tribute to Schroedinger," *Irish Times*, June 29, 1943, 3.

28 George Prior Woollard, "Transcontinental Gravitational and Magnetic Profile of North America and Its Relation to Geologic Structure," *Geological Society of America Bulletin* 54, no. 6 (June 1, 1943): 747–789.

29 "Schroedinger's New Theory Confirmed," *Irish Press*, June 28, 1943, 1.

30 Erwin Schrödinger to Albert Einstein, August 13, 1943, Albert Einstein Duplicate Archive, 22-075.

31 Albert Einstein to Erwin Schrödinger, September 10, 1943, Albert Einstein Duplicate Archive, 22-076.

32 Erwin Schrödinger to Albert Einstein, October 31, 1943, Albert Einstein Duplicate Archive, 22-088.

33 Albert Einstein to Erwin Schrödinger, December 14, 1943, Albert Einstein Duplicate Archive, 22-090.

34 Reported in Walter Moore, *Schrödinger: Life and Thought* (New York: Cambridge University Press, 1982), 418. Moore has speculated that because Schrödinger always wanted a son, he hoped that she would get pregnant on the chance she would have a boy.

35 John Gribbin, *Erwin Schrödinger and the Quantum Revolution* (Hoboken, NJ: Wiley, 2013), 285.

36 Matthew Benjamin, "Catcher, Spy: Moe Berg," *US News and World Report*, January 27, 2003.

第七章：公共關係下的物理學

1 Walter Winchell, "Scientists See Steel Block Melted by Light Beam," *Spartanburg Herald Journal*, May 23, 1948, A4.

2 D. M. Ladd, Office Memorandum to the Director, Federal Bureau of Investigation, February 15, 1950, *FBI Records: The Vault*, http://vault.fbi.gov /Albert Einstein.

3 Robin Pogrebin, "Love Letters by Einstein at Auction." *New York Times*, June 1, 1998.

4 Reported in Carl Seelig, *Albert Einstein: A Documentary Biography,* trans. Mervyn Savill (London: Staples Press, 1956), 115.

5 "A Summary of Fianna Fáil's Self Claimed Achievements as Used by the Party During the General Election of 1948," University College Dublin Archive P150/2756, reprinted in Diarmaid Ferriter, *Judging Dev: A Reassessment of the Life and Legacy of Éamon de Valera* (Dublin: Royal Irish Academy Press, 2007), 296.

6 James Dillon, "Constituent School of the Dublin Institute for Advanced Studies—Motion," *Dáil Éireann Proceedings* 104 (February 13, 1947).

7 Wolfgang Pauli, quoted in Vladimir Vizgin, *Unified Field Theories: In the First Third of the 20th Century,* trans. J. B. Barbour (Boston: Birkhäuser, 1994), 218.

8 Albert Einstein to Erwin Schrödinger, January 22, 1946, Albert Einstein Duplicate Archive, Princeton, NJ, 22-093.

9 Erwin Schrödinger to Albert Einstein, February 19, 1946, Albert Einstein Duplicate Archive, 22-094.

10 Erwin Schrödinger to Albert Einstein, March 24, 1946, Albert Einstein Duplicate Archive, 22-102.

11 Albert Einstein to Erwin Schrödinger, April 7, 1946, Albert Einstein Duplicate Archive, 22-103.

12 Erwin Schrödinger to Albert Einstein, June 13, 1946, Albert Einstein Duplicate Archive, 22-107.

13 Albert Einstein to Erwin Schrödinger, July 16, 1946, Albert Einstein Duplicate Archive, 22-109.

14 Albert Einstein to Erwin Schrödinger, January 27, 1947, Albert Einstein Duplicate Archive, 22-136.

15 William Rowan Hamilton, quoted in Robert Percival Graves, *Life of Sir William Rowan Hamilton* (Dublin:

Hodges, Figgis, 1882).

16 Erwin Schrödinger, "The Final Affine Field-Laws," Address to the Royal Irish Academy, January 27, 1947, Albert Einstein Duplicate Archive, 22-143.

17 Ibid.

18 Erwin Schrödinger, quoted in "Dr. Schroedinger: Einstein Theory of Relativity," *Irish Press*, January 28, 1947, 5.

19 "Dublin Man Outdoes Einstein," *Christian Science Monitor*, January 31, 1947, 13.

20 Erwin Schrödinger to Albert Einstein, February 3, 1947, Albert Einstein Duplicate Archive, 22-138.

21 "Science: Einstein Stopped Here," *Time,* February 10, 1947.

22 John L. Synge, "Letter to the Editor," *Time,* March 3, 1947.

23 Petros S. Florides, "John Lighton Synge," *Biographical Memoirs of Fellows of the Royal Society* 54 (December 2008): 401.

24 Nichevo [R. M. Smyllie], "Higher Maths," *Irish Times*, March 22, 1947, 7.

25 S. McC., "And Now Cosmic Physics," *Tuam Herald*, April 12, 1947.

26 William L. Laurence to Albert Einstein, February 7, 1947, Albert Einstein Duplicate Archive, 22-141.

27 "Einstein Declines Comment," *New York Times*, January 30, 1947.

28 "Einstein's Theory Reportedly Widened," *New York Times*, January 30, 1947.

29 "Unifying the Cosmos," *New York Times*, February 16, 1947.

30 Jacob Landau to Albert Einstein, February 18, 1947, Albert Einstein Duplicate Archive, 22-149.

31 Albert Einstein, "Statement to the Press," February 1947, Albert Einstein Duplicate Archive, 22-146.

32 Erwin Schrödinger, quoted in "Schroedinger Replies to Einstein," *Irish Press*, March 1, 1947, 7.

33 Peter Freund, *A Passion for Discovery* (Hackensack, NJ: World Scientific, 2007), 5.

34 Myles na gCopaleen [Brian O'Nolan], "Cruiskeen Lawn," *Irish Times*, March 10, 1947, 4.
35 John Archibald Wheeler, interview with the author, Princeton, November 5, 2002.
36 "Einstein Leaves Hospital," *New York Times*, January 14, 1949.
37 William L. Laurence, "World Scientists Hail Einstein at 70," *New York Times*, March 13, 1949.

第八章：最後的華爾滋：愛因斯坦與薛丁格的晚年時光

1 Lincoln Barnett, "U.S. Science Holds Its Biggest Powwow and Finds It Has a New Einstein Theory to Ponder—The Meaning of Einstein's New Theory," *Life,* January 9, 1950.
2 Datus Smith to Lincoln Barnett, January 6, 1950, Princeton University Press Archive, Box 7, Princeton University Library; Lincoln Barnett to Datus Smith, January 18, 1950, Princeton University Press Archive.
3 Datus Smith to Lincoln Barnett, January 23, 1950, Princeton University Press Archive.
4 Frances Hagemann to Albert Einstein (copy to Herbert Bailey), January 14, 1950, Princeton University Press Archive.
5 Herbert Bailey to Frances Hagemann, January 18, 1950, Princeton University Press Archive.
6 Frances Hagemann to Herbert Bailey (copy to Albert Einstein), January 26, 1950, Princeton University Press Archive.
7 *Irish Times,* January 2, 1950, 5.
8 William L. Laurence, "Einstein Publishes His 'Master Theory,'" *New York Times*, February 15, 1950.
9 Robert Oppenheimer, "On Albert Einstein," *New York Review of Books*, March 17, 1966.
10 Erwin Schrödinger, Interviewed in "Einstein Has New Theory of Laws of Gravitation," *Irish Press*, December 26, 1949, 1.

11 Erwin Schrödinger, *Space-Time Structure* (Cambridge: Cambridge University Press, 1963), 114.
12 Ibid., 116.
13 Albert Einstein to Erwin Schrödinger, September 3, 1950, Albert Einstein Duplicate Archive, 22-171.
14 Erwin Schrödinger to Albert Einstein, May 15, 1953, Albert Einstein Duplicate Archive, 22-210.
15 Albert Einstein to Erwin Schrödinger, June 9, 1953, Albert Einstein Duplicate Archive, 22-212.
16 Robert Romer, "My Half Hour with Einstein," *Physics Teacher* 43 (2005): 35.
17 Albert Einstein, quoted in Werner Heisenberg, *Encounters with Einstein* (Princeton, NJ: Princeton University Press, 1989), 121.
18 Eugene Shikhovtsev, "Biographical Sketch of Hugh Everett, III," edited by Kenneth W. Ford, http://space.mit.edu/home/tegmark/everett/everett .html.
19 Arthur I. Miller, *Deciphering the Cosmic Number: The Strange Friendship of Wolfgang Pauli and Carl Jung* (New York: Norton, 2010), 269.
20 Wolfgang Pauli to George Gamow, March 1, 1958, reported in Miller, *Deciphering the Cosmic Number,* 263.
21 Erwin Schrödinger, 1942 poem, translated by Arnulf Braunizer, reprinted in Amir Aczel, *Present at the Creation: Discovering the Higgs Boson* (New York: Random House, 2010), 33.
22 Ursula K. Le Guin, interviewed by Irv Broughton, *Conversations with Ursula K. Le Guin* (Jackson: University Press of Mississippi, 2008), 59.
23 Roland Orzabal, personal correspondence with the author, September 17, 2013.
24 Klaus Taschwer, "Der Streit um Schrödingers Kiste," *Der Standard* (Austria), December 19, 2007.
25 "Schrödingers Erbe: Gerichtlicher Streit beigelegt," Österreichischen Rundfunk, May 13, 2009.

結語：超越愛因斯坦與薛丁格：對統一持續不斷的追尋

1 "Laid-Back Surfer Dude May Be Next Einstein," FoxNews.com, November 16, 2007, www.foxnews.com/story/2007/11/16/laid-back-surfer-dude-may-be-next-einstein.

2 "Autistic Boy, 12, with Higher IQ than Einstein Develops His Own Theory of Relativity," *Daily Mail Online*, March 24, 2011, www.dailymail.co.uk/news/article-1369595/Jacob-Barnett-12-higher-IQ-Einstein-develops-theory-relativity.html.

3 "Will the Next Einstein Be a Computer?," KitGuru Online Forum, www.kitguru.net/channel/science/jules/will-the-next-einstein-be -a-computer.

4 Kane Fulton, "Ubuntu on Android May Help Find Next Einstein," TechRadar, June 18, 2013, www.techradar.com/us/news/software/operating -systems/-ubuntu-on-android-may-help-find-next-einstein--1159142.

5 Tamar Lewin, "No Einstein in Your Crib? Get a Refund!," *New York Times*, October 24, 2009, A1.

6 Ian Sample, "Faster Than Light Particles Found, Claim Scientists," *The Guardian*, September 22, 2011.

7 Antonio Ereditato, press release, OPERA experiment, September 23, 2011.

8 "Neutrino Jokes Hit Twittersphere Faster Than the Speed of Light," *Los Angeles Times*, September 24, 2011.

9 Corrigan Brothers and Pete Creighton, "Neutrino Song," October 10, 2011, www.youtube.com/watch?v=vpMY84T8WY0.

10 Sergio Bertolucci, press release, CERN, June 8, 2012.